Tobias Glosauer

Einführung in die
Differenzialrechnung

ISBN-13: 978-1650798554

ISBN-10: 1650798554

Einführung in die Differenzialrechnung

1. Auflage, 2019; korrigierte Version, Stand Mai 2020

Tobias Glosauer, Kepler-Gymnasium, Alteburgstraße 26, 72762 Reutlingen

Druck: Siehe letzte Seite.

Vorwort

Teile dieses Skripts entstanden begleitend zum Mathe-Unterricht der Klasse 10 im Schuljahr 2015/16 und seine Fertigstellung erfolgte im Schuljahr 2019/20. Herzlichen Dank an alle Schülerinnen und Schüler, die in diesen Jahren durch ihre Mitarbeit und vor allem ihre Fragen und Probleme mein Verständnis für das Unterrichten dieses Stoffes maßgeblich geprägt haben. Julia Buck, Leonie Junginger, Carlo Krivec, Jasmin Seibert, Jan Lukas Thöni und Julius Wilhelm haben mich auf (Tipp-)Fehler hingewiesen, besten Dank dafür! Herr Dr. Hatzky hat das fertige Buch mit großer Sorgfalt gelesen und ich danke ihm herzlich für die zahlreichen Rückmeldungen. Und wie immer gebührt ein großer Dank auch meiner Frau, die alle Versionen des Skripts kritisch begutachtet und zahlreiche Fehler ausgemerzt hat.

Während ich früher mein Publikum direkt zu Schuljahresbeginn mit Differenzialquotienten und der h-Methode malträtiert habe, erfolgt der Einstieg hier nun sanfter: Das „Wie“ kommt vor dem „Warum“. Es werden erstmal ganz pragmatisch die Ableitungsregeln angewendet, noch ohne zu wissen, warum sie gelten und wieso $f'(x)$ etwas mit der Steigung des Schaubilds K_f zu tun haben sollte. Erst in Kapitel 2 kommt die Rechtfertigung hierfür und manch einer wird dadurch hoffentlich zu einem tieferen Verständnis der Grundideen der Differenzialrechnung gelangen.
Grafisches Ableiten in Kapitel 3 kann man kaum früh genug lernen – legt es doch die Grundlagen für das Verständnis der gesamten „Kurvendiskussion“. Die weiteren Kapitel folgen mehr oder weniger dem klassischen Aufbau eines jeden Schulbuchs zur Differenzialrechnung. Einzig auf die „Steckbriefaufgaben“ zum Bestimmen ganzrationaler Funktionsgleichungen habe ich verzichtet, da wir in Baden-Württemberg keinen Taschenrechner mehr haben, mit dem man LGS lösen kann und das Gauß-Verfahren erst nächstes Jahr kommt.

Genug geredet, ich wünsche viel Erfolg und vielleicht sogar etwas Freude beim Durcharbeiten dieses Buchs. Über Fehler- und sonstige Rückmeldungen an glosauer@jkg-reutlingen.de freue ich mich. Die aktuellste korrigierte Version ist unter

https://matherialien.jimdofree.com

als pdf kostenlos abrufbar. Eins noch: Dank der diesjährigen Mathe-Video-AG an meiner Schule wird es voraussichtlich bis Sommer 2020 zu (fast) allen Kapiteln Erklär-Videos geben, die auf dem YouTube-Kanal „Der Matheflüsterer“ abrufbar sind.

Reutlingen, im Dezember 2019 / Mai 2020 Tobias Glosauer

Inhalt

1 Ableiten: so geht's . . . 1
1.1 Wie leitet man ab? . . . 1
1.1.1 Die Potenzregel . . . 1
1.1.2 Die Faktorregel . . . 4
1.1.3 Die Summenregel . . . 4
1.1.4 Achtung bei Produkten . . . 5
1.1.5 Die Ableitung von Sinus und Kosinus . . . 6
1.2 Die Steigung einer Kurve . . . 8
1.3 Tangente und Normale . . . 10
1.3.1 Die Tangentengleichung . . . 10
1.3.2 Die Normalengleichung . . . 15
1.4 Tangenten „von außen" . . . 16

2 Ableiten: das steckt dahinter . . . 19
2.1 Vom Differenzen- zum Differenzialquotienten . . . 19
2.1.1 Die Sekantensteigung . . . 19
2.1.2 Von den Sekanten zur Tangente . . . 21
2.1.3 Vertiefung zum Grenzwertbegriff . . . 25
2.1.4 Historisches . . . 25
2.1.5 Und was soll das? . . . 26
2.2 Berechnen von Differenzialquotienten . . . 26
2.3 Differenzierbarkeit . . . 30
2.4 Die Ableitungsfunktion . . . 31
2.5 Beweis der Ableitungsregeln . . . 33
2.5.1 Beweis der Potenzregel . . . 33
2.5.2 Beweis der Faktor- und Summenregel . . . 34
2.5.3 Beweis der Ableitungsregel für den (Ko)Sinus . . . 34
2.6 Fazit . . . 37

3 Grafisches Ableiten . . . 38
3.1 Extrempunkte grafisch verstehen . . . 38
3.2 Wendepunkte grafisch verstehen . . . 42

4 Monotonie . . . 47
4.1 Der Monotoniesatz . . . 47
4.2 Monotonie: Das steckt dahinter . . . 52

5 Extrem- und Wendepunkte berechnen . . . 57
5.1 Vorbemerkung: Notwendig und hinreichend . . . 57
5.2 Extrempunkte berechnen . . . 58
5.3 Wendepunkte berechnen . . . 65
5.4 Wendepunkte und Krümmung . . . 68

6 Vollständige Kurvenuntersuchung **71**
6.1 Worum geht es? 71
6.2 Definitions- und Wertebereich 72
6.3 Nullstellen ganzrationaler Funktionen 73
6.3.1 Altbekanntes 73
6.3.2 Polynomdivision 74
6.3.3 Linearfaktorzerlegung 77
6.4 Symmetrie 82
6.4.1 Achsensymmetrie zur y-Achse 82
6.4.2 Punktsymmetrie zum Ursprung 83
6.5 Globalverlauf 87
6.6 Extrem- und Wendepunkte 89
6.7 Beispiel einer „Kurvendiskussion“ 89
6.8 Mehrfache Nullstellen und Kurvenverlauf 91
6.9 Klassifikation kubischer Parabeln 95

7 Anwendungen der Ableitung **97**
7.1 Lineare Approximation 97
7.2 Bewegungsaufgaben 99
7.3 Weitere Anwendungen 102

8 Extremwertaufgaben **105**
8.1 Einfache(re) Extremwertaufgaben 105
8.2 Komplexe(re) Extremwertaufgaben 108

9 Kurvenscharen **113**
9.1 Was sind Kurvenscharen? 113
9.2 Ortskurven 117
9.3 Kurvendiskussion mit Parameter 121

Anhang: Funktionen und Schaubilder **125**
A.1 Grundlegendes 125
A.2 Lineare Funktionen 130
A.3 Quadratische Funktionen 133
A.3.1 Wir erinnern uns an Klasse 8 133
A.3.2 Verschieben und Strecken von Parabeln 134
A.4 Potenzfunktionen 138
A.4.1 ... mit natürlichen Hochzahlen 138
A.4.2 ... mit negativen, ganzen Hochzahlen 139
A.4.3 ... mit rationalen Hochzahlen 140
A.5 Vermischte Übungen 142

Deutsch – Mathe; Mathe – Deutsch **144**

Lösungen der Übungsaufgaben **147**

1 Ableiten: so geht's

Wir lernen jetzt das sogenannte *Ableiten* kennen – eine neue Rechenart, die für die weitere Entwicklung der Mathematik ebenso grundlegend ist wie z.B. das Addieren und Multiplizieren von Zahlen. Nur dass es beim Ableiten nicht mehr um Zahlen geht, sondern um Funktionen.
Was die Ableitung wirklich ist und woher sie kommt, bleibt vorerst unklar und wird erst im nächsten Kapitel näher beleuchtet. Dieser Zugang ist mathematisch vielleicht fragwürdig, aber besser, als alle gleich mit Differenzenquotienten und Grenzwerten zu vergraulen.

1.1 Wie leitet man ab?

Wir lernen ein paar ganz simple Regeln kennen, wie man einer Funktion f ihre *Ableitungsfunktion* f' (lies: „eff Strich“) zuordnet. Wie gesagt zunächst ganz ohne zu verstehen, warum man das machen sollte.

1.1.1 Die Potenzregel

Beispiel 1.1 Die gute alte Quadratfunktion f mit der Funktionsgleichung

$$f(x) = x^2$$

besitzt die Ableitung (lies: „eff Strich von iks“)

$$f'(x) = 2 \cdot x^{2-1} = 2x^1 = 2x.$$

Man holt also einfach die Hochzahl 2 als Vorfaktor „nach unten“ und zieht von der ursprünglichen Hochzahl 1 ab.

Beispiel 1.2 Die Potenzfunktion dritten Grades f mit

$$f(x) = x^3$$

besitzt die Ableitung

$$f'(x) = 3 \cdot x^{3-1} = 3x^2.$$

Es wurde einfach wieder die Hochzahl 3 nach unten geholt und im Exponenten um 1 vermindert.
Entsprechend gilt für alle Potenzfunktionen höheren Grades:

$$\begin{aligned} f(x) = x^4 &\implies f'(x) = 4x^3 \\ f(x) = x^5 &\implies f'(x) = 5x^4 \\ &\vdots \\ f(x) = x^n &\implies f'(x) = nx^{n-1}. \end{aligned}$$

Diese erfreulich einfache Regel, die sogenannte *Potenzregel* für Ableitungen, gilt nicht nur für natürliche Hochzahlen $n \in \mathbb{N} = \{1, 2, 3, \dots\}$, sondern auch für negative und sogar rationale Hochzahlen, also Brüche.

Zur Vorbereitung des nächsten Beispiels erinnern wir uns an die Definition negativer Hochzahlen:

$$x^{-n} = \frac{1}{x^n}\,.$$

Beispiel 1.3 Um die „1-durch-Funktion" f mit

$$f(x) = \frac{1}{x}$$

ableiten zu können, schreiben wir sie um als

$$f(x) = x^{-1}.$$

Dann bestimmt man ihre Ableitung mit Hilfe der Potenzregel zu

$$f'(x) = (-1) \cdot x^{-1-1} = -x^{-2} = -\frac{1}{x^2}\,.$$

Für das nächste Beispiel brauchen wir die Definition von Potenzen mit rationalen (gebrochenen) Hochzahlen $\frac{m}{n} \in \mathbb{Q}$ (mit $n > 0$):

$$x^{\frac{m}{n}} = \sqrt[n]{x^m}\,.$$

Beispiel 1.4 Die Ableitung der Wurzelfunktion

$$f(x) = \sqrt{x}$$

ergibt sich nach Umschreiben zu

$$f(x) = x^{\frac{1}{2}}$$

unter Verwendung der Potenzregel:

$$f'(x) = \frac{1}{2} \cdot x^{\frac{1}{2}-1} = \frac{1}{2} \cdot x^{-\frac{1}{2}} = \frac{1}{2} \cdot \frac{1}{x^{\frac{1}{2}}}\,,$$

oder kompakter geschrieben

$$f'(x) = \frac{1}{2\sqrt{x}}\,.$$

Anmerkung zur Schreibweise: Für die Ableitung von $f(x)$ schreibt man immer

$$f'(x) \quad \text{und nicht} \quad f(x)'.$$

Ist ein konkreter Funktionsterm gegeben, wie z.B. $f(x) = \sqrt{x}$, so kann man auch

$$\left(\sqrt{x}\right)'$$

für die Ableitung von f schreiben.

Beispiel 1.5 Zum Abschluss noch zwei sehr wichtige Spezialfälle, die man als Anfänger gerne falsch macht.

a) Die lineare Funktion f mit

$$f(x) = x = x^1$$

besitzt die Ableitung

$$f'(x) = 1 \cdot x^{1-1} = x^0 = 1,$$

also die konstante Funktion, die überall den Wert 1 hat.

b) Um die konstante Funktion f mit

$$f(x) = 1,$$

die ja gar kein x mehr enthält, ableiten zu können, schreibt man sie um als

$$f(x) = x^0$$

und wendet die Potenzregel an:

$$f'(x) = 0 \cdot x^{0-1} = 0 \qquad \text{(Null mal irgendwas ergibt Null}^1\text{)}.$$

Die Ableitung von $f(x) = 1$ ist also die Nullfunktion.

Fassen wir zusammen.

Potenzregel: Für jede rationale Hochzahl $r \in \mathbb{Q}$ besitzt die Funktion $f(x) = x^r$ die Ableitung

$$f'(x) = (x^r)' = r \cdot x^{r-1}.$$

Auf deutsch: Um x^r abzuleiten, hole die Hochzahl r als Vorfaktor nach unten und ziehe im Exponenten 1 von r ab.

Fülle folgende Tabelle aus und prügle sie dir ins Hirn.

$f(x)$	1	x	x^2	x^3	$\frac{1}{x}$	$\sqrt{x}$
$f'(x)$						

[1]Hier sind wir etwas unpräzise: $0 \cdot x^{0-1} = \frac{0}{x}$ ist nur für $x \neq 0$ definiert, während $f'(x) = 0$ auch für $x = 0$ die Ableitung von $f(x) = 1$ ist.

1.1.2 Die Faktorregel

Wenn es sich bei f nicht um eine reine Potenzfunktion handelt, sondern diese noch einen Vorfaktor besitzt, so bleibt dieser beim Ableiten einfach stehen.

Beispiel 1.6 Die Ableitung der Funktion f mit

$$f(x) = 3x^5$$

ist demnach

$$f'(x) = 3 \cdot (5x^4) = 15x^4.$$

Den Zwischenschritt mit der Klammer lässt man weg, sobald man etwas Übung hat. Falls es hilft, hier nochmal ganz ausführlich aufgeschrieben:

$$f'(x) = (3x^5)' = (3 \cdot x^5)' = 3 \cdot (x^5)' = 3 \cdot 5x^4 = 15x^4.$$

Mehr gibt's auch nicht zu sagen zu dieser simplen Regel, außer, dass sie nicht nur für Potenzfunktionen, sondern ganz allgemein gilt (wir können allerdings bisher noch keine anderen Funktionen ableiten).

Faktorregel: Ein konstanter Vorfaktor bleibt beim Ableiten einfach stehen, d.h. für $c \in \mathbb{R}$ gilt

$$\big(c \cdot f(x)\big)' = c \cdot f'(x).$$

1.1.3 Die Summenregel

Inzwischen können wir *Monome*[2] wie $3x^2$ oder $\frac{1}{3}x^6$ ableiten. Die nächst-einfacheren Funktionen, die man sich daraus durch Addition basteln kann, sind *Polynome*[3] wie

$$3x^2 + \frac{1}{3}x^6.$$

Auch für deren Ableitung gilt eine erfreulich simple Regel.

Summenregel: Summen von Funktionen leitet man summandenweise ab, d.h.

$$\big(f(x) + g(x)\big)' = f'(x) + g'(x).$$

Beispiel 1.7 Um also obiges Polynom abzuleiten, lässt man das + stehen, und leitet beide Monome mit Hilfe von Faktor- und Potenzregel jeweils für sich ab:

$$\left(3x^2 + \frac{1}{3}x^6\right)' = (3x^2)' + \left(\frac{1}{3}x^6\right)' = 3 \cdot 2x + \frac{1}{3} \cdot 6x^5 = 6x + 2x^5.$$

---

[2] Von „mono“ für einzig oder allein, da nur eine x-Potenz inklusive Vorfaktor auftritt. Man spricht allerdings nur bei natürlichen Hochzahlen von Monomen und nicht bei z.B. x^{-1} oder $x^{\frac{1}{2}}$.

[3] Von „poly“ für viele.

Man kann die Summenregel leicht auf mehrere Summanden ausdehnen: Will man z.B. die Ableitung einer Funktion s der Gestalt

$$s(x) = f(x) + g(x) + h(x)$$

bestimmen, so klammert man geschickt und wendet die Summenregel zweimal an:

$$\Big(f(x) + \big(g(x) + h(x)\big)\Big)' = f'(x) + \big(g(x) + h(x)\big)' = f'(x) + g'(x) + h'(x).$$

Diese Regel gilt natürlich auch für vier oder mehr Summanden.

Auch auf Differenzen von Funktionen lässt sich die Summenregel anwenden. Um eine Funktion d mit

$$d(x) = f(x) - g(x)$$

abzuleiten, geht man wie folgt vor:

$$d'(x) = \big(f(x) - g(x)\big)' = \big(f(x) + (-g(x))\big)' = f'(x) + (-g(x))' = f'(x) - g'(x),$$

wobei im letzten Schritt die Faktorregel einging:

$$(-g(x))' = (-1 \cdot g(x))' = -1 \cdot g'(x) = -g'(x).$$

Erweiterte Summenregel:

$$\big(f(x) + g(x) + h(x) + \dots\big)' = f'(x) + g'(x) + h'(x) + \dots$$

$$\big(f(x) - g(x)\big)' = f'(x) - g'(x)$$

1.1.4 Achtung bei Produkten

Produkte darf man leider *nicht* einfach faktorweise ableiten, d.h. im Allgemeinen ist

$$\big(f(x) \cdot g(x)\big)' \neq f'(x) \cdot g'(x).$$

Beispiel 1.8 Für $f(x) = g(x) = x$ ist nämlich

$$f'(x) \cdot g'(x) = 1 \cdot 1 = 1,$$

was offensichtlich nicht die korrekte Ableitung von

$$f(x) \cdot g(x) = x \cdot x = x^2$$

darstellt. Wie man Produkte richtig ableitet, lernt ihr nächstes Jahr. Wer's jetzt schon wissen will: Es gilt die LEIBNIZ-Regel

$$\big(f(x) \cdot g(x)\big)' = f'(x) \cdot g(x) + f(x) \cdot g'(x).$$

Beispiel 1.9 Um Funktionen f wie z.B.

$$f(x) = x^2 \cdot \sqrt{x}$$

ableiten zu können (ohne auf die Leibniz-Regel vorzugreifen), muss man sie zunächst umformen, wobei die Potenzgesetze (hurra!) helfen:

$$f(x) = x^2 \cdot \sqrt{x} = x^2 \cdot x^{\frac{1}{2}} = x^{2+\frac{1}{2}} = x^{\frac{5}{2}}.$$

Nun folgt mit Hilfe der Potenzregel

$$f'(x) = \frac{5}{2} \cdot x^{\frac{5}{2}-1} = \frac{5}{2} x^{\frac{3}{2}} = \frac{5}{2} \sqrt{x^3}.$$

(Die letzte Umformung muss man nicht unbedingt machen, vor allem, wenn man nochmal ein zweites Mal ableiten soll.)

Bei Quotienten von Funktionen ist dasselbe wie bei Produkten zu beachten, d.h.

$$\left(\frac{f(x)}{g(x)}\right)' \neq \frac{f'(x)}{g'(x)}.$$

im Allgemeinen. Finde hierzu selbst ein Beispiel.

1.1.5 Die Ableitung von Sinus und Kosinus

Die Ableitungsregeln für die trigonometrischen Grundfunktionen Sinus und Kosinus sind erfreulich einfach; man muss sich nur eine Eselsbrücke dafür bauen, wo ein Minus hinzukommt. Etwas später, wenn wir verstanden haben, was die Ableitung eigentlich soll, kann man sich das Minuszeichen anhand der Kosinuskurve plausibel machen.

Ableitung von Sinus und Kosinus: Es gilt

$$\sin'(x) = \cos(x) \qquad \text{und} \qquad \cos'(x) = -\sin(x).$$

Anmerkungen:

(1) Normalerweise sparen wir uns die Klammer um das x im Argument von sin oder cos; weil aber $\sin' x$ etwas komisch aussieht, setzen wir sie hier.

(2) Obige Ableitungsformeln gelten nur, wenn x im *Bogenmaß* gemessen wird. Will man $\sin(\alpha)$ oder $\cos(\alpha)$ ableiten, mit α im Gradmaß, so fängt man sich einen Vorfaktor ein (siehe Seite 36). Aus diesem Grund arbeitet man beim Umgang mit Sinus- oder Kosinusfunktionen stets im Bogenmaß.

Beispiel 1.10 Auch diese Ableitungsregeln kann man natürlich mit Faktor- und Summenregel kombinieren:

$$\begin{aligned}\left(\pi\sin(x) - \sqrt{2}\cos(x)\right)' &= \left(\pi\sin(x)\right)' - \left(\sqrt{2}\cos(x)\right)' \\ &= \pi\sin'(x) - \sqrt{2}\cos'(x) = \pi\cos(x) - \sqrt{2}\cdot(-\sin(x)) \\ &= \pi\cos(x) + \sqrt{2}\sin(x).\end{aligned}$$

Bestimme die Ableitung. Schreibe die Ergebnisse ohne negative oder gebrochene Hochzahlen.

A **1.1** a) $f(x) = x^{17}$ b) $g(x) = \dfrac{1}{x^2}$ c) $h(x) = \sqrt[3]{x}$ d) $i(x) = \dfrac{1}{\sqrt[5]{x^7}}$

A **1.2** a) $f(x) = 20x^3$ b) $g(x) = \dfrac{5}{x}$ c) $h(x) = c \ \ (= c \cdot 1)$

A **1.3** a) $a(x) = x^2 + 5$ b) $b(x) = \dfrac{1}{3}x^3 + 4\sqrt{x}$ c) $c(x) = \dfrac{\pi}{x^2} - 3\cos(x)$

Ein paar Hinweise zur nächsten Aufgabe:

- Genauso wie das Funktionssymbol nicht f heißen muss, muss die Variable, nach der abgeleitet wird, nicht x heißen. So besitzt die Funktion $h(t) = t^3$ die Ableitung $h'(t) = 3t^2$.
- Aber **Vorsicht**: Ist $h(t) = x^3$, so ist t die Funktionsvariable, während x nur eine (nicht näher bestimmte) Konstante ist. Somit ist $h(t) = x^3$ eine konstante Funktion, da sie nicht von der Variablen t abhängt, und es folgt $h'(t) = 0$, wenn wir nach t ableiten!
  Die Ableitung von $g(t) = x^2 \cdot t^4$ nach t ist $g'(t) = x^2 \cdot 4t^3$; das x^2 wird wie eine gewöhnliche Konstante behandelt.
- Du darfst ausschließlich die bekannten Ableitungsregeln verwenden. Da wir keine Regeln zum Ableiten von Produkten oder Quotienten von Funktionen haben, müssen solche Ausdrücke durch Umformungen (z.B. mit den Potenzgesetzen) in eine Form gebracht werden, die du ableiten kannst.

A **1.4** Leite ab (immer nach der Variablen in der Funktionsklammer). Die Ergebnisse sollen keine negativen oder gebrochenen Hochzahlen enthalten.

a) $f(x) = \dfrac{1}{2019}x^{6057} + \sqrt{3}$ b) $g(z) = 2\sqrt{z} - \cos(z)$ c) $h(t) = \dfrac{1}{t^4} + \dfrac{3}{\sqrt[3]{t}}$

d) $k(x) = t\,x^2 + t^2\,x$ e) $k(t) = t\,x^2 + t^2\,x$ f) $n(t) = \pi \cdot \sin(x)$

g) $p(x) = x \cdot \sqrt{x} + 1$ h) $q(x) = (2x-1)^2$ i) $r(x) = \dfrac{x - x^3}{2x^2}$

 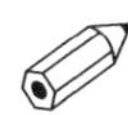 

1.2 Die Steigung einer Kurve

Das folgende Beispiel zeigt, dass die Zahlenwerte der Ableitung f' einer Funktion f eine Aussage über die Steigung / Steilheit des Schaubilds K_f machen.

Beispiel 1.11 Das in Abbildung 1.1 dargestellte Schaubild K_f gehört zu

$$f(x) = \frac{1}{3}x^3 - x + 2.$$

Leite f ab und setze die x_0-Werte aus der Tabelle in $f'(x)$ ein.

x_0	-2	-1	0	1	2
$f'(x_0) =$					

Zeichne nun in Abbildung 1.1 in den Punkten $(x_0 \mid f(x_0)) \in K_f$, also z.B. $(0 \mid 2)$, jeweils eine Gerade mit der Steigung $f'(x_0)$ ein. Was fällt auf?

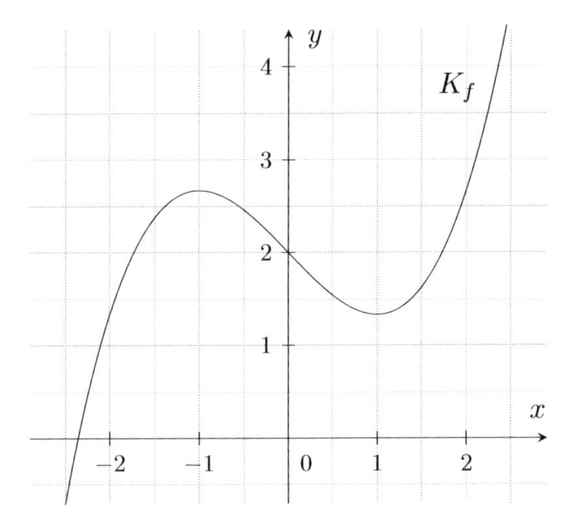

Abbildung 1.1

Oho! Die Geraden im Kurvenpunkt $P(x_0 \mid f(x_0))$ mit Steigung $m = f'(x_0)$ „berühren" das Schaubild K_f. Beim Kreis haben wir solche Geraden als Tangenten bezeichnet, und diesen Begriff übernehmen wir nun auch für beliebige Schaubilder.

Achtung: Im Gegensatz zum Kreis gibt es leider k e i n e einfache geometrische Definition der Tangente an ein beliebiges Schaubild; insbesondere kann man sie nicht dadurch charakterisieren, dass sie das Schaubild nur in einem Punkt berührt – so wie sie es bei einem Kreis tut. Bei linearen Funktionen z.B. ist die Tangente des Schaubilds die Gerade selbst und berührt somit das Schaubild in unendlich vielen Punkten (in jeder noch so kleinen Umgebung des Punktes).
Allerdings kann man die Tangente als „lokal beste lineare Approximation (d.h. Näherung) von K_f" charakterisieren. Auf deutsch: Zoomt man ganz nahe an P heran, so ist

der Kurvenverlauf von K_f kaum noch von dem der Tangente zu unterscheiden. Und bei der Tangente ist diese Annäherung an K_f besser als bei jeder anderen Geraden durch P, deren Steigung nicht $f'(x_0)$ ist.

Merke: Die *Tangente* im Punkt $P\,(\,x_0\,|\,f(x_0)\,)$ eines Schaubilds K_f ist die Gerade, die durch P verläuft und die Steigung

$$m_t = f'(x_0)$$

besitzt, also den Wert der Ableitung von f an der Stelle x_0. Die *Steigung des Schaubilds K_f* in P ist definiert als eben diese Tangentensteigung.

Das Schaubild K_f in Abbildung 1.1 besitzt also z.B. an der Stelle $x_0 = 1$ die Steigung

$$f'(1) = 0.$$

Somit liegt dort eine *waagerechte Tangente* vor, sprich eine Tangente mit Steigung Null, die parallel zur x-Achse verläuft.
An der Stelle $x_0 = 2$ verläuft das Schaubild offenbar steiler als in 1; den exakten Wert der Steigung erhält man als

$$f'(2) = 3 > 0.$$

Das negative Vorzeichen der Ableitung

$$f'(0) = -1$$

bedeutet, dass die Tangente hier nach unten verläuft, da ihre Steigung negativ ist.

A **1.5** Berechne die Steigung des Schaubilds K_f an der Stelle $x_0 = 4$. Deute das Ergebnis von c).

a) $f(x) = \dfrac{4}{x} - 3$ b) $f(x) = 2\sqrt{x}$ c) $f(x) = 2x - 1$

A **1.6** Bestimme die Stellen, an denen K_f eine waagerechte Tangente besitzt. Interpretiere die Ergebnisse von a) und b) anschaulich.

a) $f(x) = x^2 - 2x + 1$ b) $f(x) = \sin(x)$ c) $f(x) = x^3 + \dfrac{3}{2}x^2 - 18x$

A **1.7** Bestimme das Intervall, auf dem das Schaubild K_f von

$$f(x) = -x^2 + 3x - 2$$

eine positive Steigung besitzt. Geometrische Deutung?

  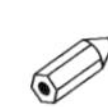

1.3 Tangente und Normale

1.3.1 Die Tangentengleichung

Wir lernen, wie man die Gleichung der Tangente an das Schaubild K_f einer Funktion f im Punkt $P\,(\,x_0\,|\,f(x_0)\,)$ aufstellt. Zur Erinnerung: Die Tangente an K_f in P ist die Gerade, die durch P verläuft mit Steigung

$$m_t = f'(x_0).$$

Beispiel 1.12 Bestimmen der Gleichung der Tangente an das Schaubild K_f von

$$f(x) = \frac{1}{4}\,x^2 \qquad \text{an der Stelle } x_0 = 1.$$

Hierbei gibt es zwei verschiedene Methoden – such dir am Ende die aus, die dir sympathischer ist.

Methode 1: (*Punktprobe*)

(1) Ableiten von f:

$$f'(x) = \frac{1}{4} \cdot 2x = \frac{1}{2}\,x.$$

(2) Die Tangentensteigung m_t ist definitionsgemäß die Ableitung von f an der Stelle x_0. Also einfach $x_0 = 1$ in $f'(x) = \frac{1}{2}x$ einsetzen:

$$m_t = f'(x_0) = f'(1) = \frac{1}{2} \cdot 1 = \frac{1}{2}\,.$$

(3) Da die Tangente eine Gerade ist, lautet ihre Gleichung

$$t(x) = m_t \cdot x + c, \qquad \text{hier:} \quad t(x) = \frac{1}{2}\,x + c.$$

(4) Der noch fehlende y-Achsenabschnitt c wird durch eine *Punktprobe* bestimmt. Dazu braucht man zunächst den y-Wert des Punktes $P \in K_f$; dieser ist

$$y = f(1) = \frac{1}{4} \cdot 1^2 = \frac{1}{4}\,.$$

Da die Tangente K_t durch P verläuft, muss bei Einsetzen von $x_0 = 1$ in $t(x)$ genau diese y-Koordinate von P rauskommen, sprich

$$t(1) \stackrel{!}{=} \frac{1}{4} \quad\Longleftrightarrow\quad \frac{1}{2} \cdot 1 + c = \frac{1}{4} \quad\Longleftrightarrow\quad c = \frac{1}{4} - \frac{1}{2} = -\frac{1}{4}\,.$$

(5) Die komplette Tangentengleichung lautet somit

$$t(x) = \frac{1}{2}\,x - \frac{1}{4}\,.$$

Zeichne die Tangente K_t in Abbildung 1.2 ein und überzeuge dich mit eigenen Augen vom „tangentialen Verlauf“ dieser Geraden.

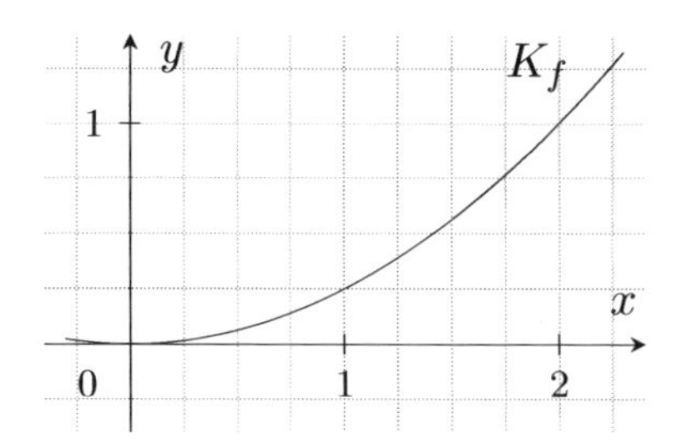

Abbildung 1.2

Methode 2: (*Allgemeine Tangentengleichung*)

Anstelle die Punktprobe jedes Mal aufs Neue durchführen zu müssen, führt man diese lieber einmal allgemein aus (siehe unten) und erhält die folgende *allgemeine Tangentengleichung*:

$$t(x) = f'(x_0) \cdot (x - x_0) + f(x_0).$$

Wenn du die auswendig kannst (Merkhilfe kommt weiter unten), brauchst du nur noch Zahlen einzusetzen, nachdem du wie in Methode 1 zunächst f abgeleitet hast:

$$\begin{aligned} t(x) &= f'(1) \cdot (x - 1) + f(1) = \frac{1}{2} \cdot (x - 1) + \frac{1}{4} \\ &= \frac{1}{2}\, x - \frac{1}{2} + \frac{1}{4} = \frac{1}{2}\, x - \frac{1}{4}\, . \end{aligned}$$

Gechillt, oder? Einen beliebten Schüler-Fehler gilt es jedoch unbedingt zu vermeiden: Manche verwechseln x mit x_0, und dann bleiben nach Einsetzen diverse x-e stehen, wie z.B.

$$t(x) = \frac{1}{2}\, x \cdot (1 - x) + \frac{1}{4}\, x^2 \qquad (\text{FAIL!}),$$

so dass am Ende gar keine Geradengleichung bzw. keine lineare Funktion herauskommt. Das x_0 ebenso wie $f(x_0)$ und $f'(x_0)$ sind feste Zahlen, während die Variable x nach Einsetzen der x_0-Ausdrücke nur noch ein einziges Mal vorkommt, nämlich zu Beginn der Klammer!

Merke: Um die Gleichung der Tangente an K_f im Punkt $P\,(\,x_0\,|\,f(x_0)\,)$ zu bestimmen, leitet man f ab und rechnet die Tangentensteigung $m_t = f'(x_0)$ aus. Dann bestimmt man c in

$$t(x) = m_t \cdot x + c$$

durch eine Punktprobe, $t(x_0) \stackrel{!}{=} f(x_0)$, oder man verwendet direkt die allgemeine Tangentengleichung

$$t(x) = f'(x_0) \cdot (x - x_0) + f(x_0).$$

Beweis der allgemeinen Tangentengleichung: Dass die Tangente durch den Punkt $P(\,x_0\,|\,f(x_0)\,)$ verläuft, bedeutet, dass

$$t(x_0) = f(x_0)$$

ist, also gilt

$$t(x_0) = m_t \cdot x_0 + c = f(x_0) \quad \Longleftrightarrow \quad c = f(x_0) - m_t \cdot x_0.$$

Eingesetzt in $t(x)$ ergibt dies

$$\begin{aligned} t(x) = m_t \cdot x + f(x_0) - m_t \cdot x_0 &= m_t \cdot x - m_t \cdot x_0 + f(x_0) \\ &= m_t(x - x_0) + f(x_0). \end{aligned}$$

Da $m_t = f'(x_0)$ ist, steht sie da, die allgemeine Tangentengleichung. □

Wer Schwierigkeiten in Mathe hat, lernt einfach obige Formel auswendig und übt bis zum Erbrechen das sture Einsetzen. Oft ist die Tangenten-Formel dann nach einer Woche aber wieder weg, oder man vertauscht irgendwelche Ausdrücke.
Viel besser ist es deshalb, wenn man sich merkt, was geometrisch hinter der allgemeinen Tangentengleichung steckt – siehe Abbildung 1.3.

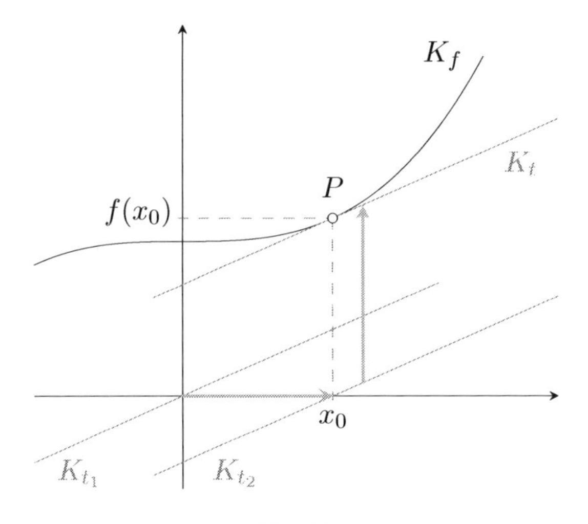

Abbildung 1.3

Beginnen wir mit der Geraden K_{t_1}, deren Gleichung

$$t_1(x) = f'(x_0) \cdot x$$

lautet. Diese hat zwar schon die korrekte Tangentensteigung, verläuft aber noch nicht durch P (außer P ist zufällig der Ursprung). Deshalb verschieben wir K_{t_1} zunächst um x_0 in x-Richtung:

$$t_2(x) = t_1(x - x_0) = f'(x_0) \cdot (x - x_0),$$

und die entstehende Gerade K_{t_2} anschließend noch um $f(x_0)$ in y-Richtung. Dadurch erhalten wir schließlich die Tangente K_t mit der Gleichung

$$t(x) = t_2(x) + f(x_0) = f'(x_0) \cdot (x - x_0) + f(x_0).$$

Wenn man das einmal verstanden hat, kann man die allgemeine Tangentengleichung eigentlich nie wieder vergessen. Für viele ist das vermutlich zu hart – in diesem Fall einfach die Formel auswendig lernen, oder hoffen, dass eine Formelsammlung zur Verfügung steht.

Beispiel 1.13 Gesucht sind alle Tangenten an das Schaubild K_f der Funktion

$$f(x) = x^3 - x,$$

die parallel zur Geraden K_g mit $g(x) = 2x$ verlaufen.

Die Tangentensteigung an einer beliebigen Stelle x_0 ist

$$m_t(x_0) = f'(x_0) = 3x_0^2 - 1.$$

Diese soll gleich der Steigung von K_g sein, welche 2 beträgt, also folgt:

$$3x_0^2 - 1 = 2 \iff x_0^2 = 1 \iff x_0 = \pm 1.$$

Einsetzen dieser beiden Stellen in die Tangentengleichung liefert die gesuchten Tangenten:

$$t_1(x) = f'(1) \cdot (x - 1) + f(1) = 2 \cdot (x - 1) + 0 = 2x - 2 \qquad \text{und}$$
$$t_{-1}(x) = f'(-1) \cdot \big(x - (-1)\big) + f(-1) = 2 \cdot (x + 1) + 0 = 2x + 2.$$

A 1.8 Bestimme die Gleichung der Tangente für die folgenden Funktionen im Punkt $P\,(\,x_0 \,|\, f(x_0)\,)$. Zeichne das Schaubild der Funktion samt Tangente.

a) $f(x) = -x^2 + 2x\,; \quad x_0 = 2$ b) $g(x) = 2\sqrt{x} + 1\,; \quad x_0 = 4$

c) $h(x) = \cos(x)\,; \quad x_0 = \pi$ d) $i(x) = 2x - 1\,; \quad x_0 = 1$

A 1.9 Die Tangente an das Schaubild der Funktion

$$f(x) = \frac{1}{2}\,(x - 3)^2 + 1$$

an der Stelle $x_0 = 1$ schließt mit den Koordinatenachsen ein Dreieck ein. Bestimme den Flächeninhalt dieses Dreiecks.

A **1.10** Gegeben ist die Funktion f mit

$$f(x) = -\frac{1}{2}x^2 + 2x.$$

a) Die Tangenten an K_f in den beiden Nullstellen N_1 und N_2 von K_f schließen zusammen mit der x-Achse eine Fläche ein. Skizziere diese Fläche und bestimme ihren Inhalt.

b) Die Punkte $P = N_1$ und $Q = N_2$ werden nun auf K_f aufeinander zu geschoben und zwar so, dass sie weiterhin symmetrisch zur Symmetrieachse der Parabel liegen, also dieselbe y-Koordinate besitzen. Die Tangenten an K_f durch P und Q schließen gemeinsam mit der x-Achse nach wie vor ein Dreieck ein. Wo liegen die Punkte, wenn der Inhalt dieses Dreiecks $\frac{25}{4}$ beträgt? ☠☠

Hinweis: Am Ende deiner Rechnung stößt du auf eine Gleichung, die du nur noch durch Raten lösen kannst!

A **1.11** (*Tangentenaufgabe mit Parameter*)

Gegeben ist die „Kehrbruch-Funktion“

$$f(x) = \frac{1}{x},$$

deren Schaubild K_f eine Hyperbel ist.

a) Stelle für $a \in \mathbb{R}\backslash\{0\}$ die Gleichung $t_a(x)$ der Tangente an K_f in $A\,(\,a\,|\,f(a)\,)$ auf.

b) Jede Tangente K_{t_a} schließt mit den Koordinatenachsen ein Dreieck ein. Zeige, dass die Fläche dieses Dreiecks unabhängig von a ist.

A **1.12** Wir betrachten die zur Normalparabel gehörige Funktion

$$f(x) = x^2.$$

a) Stelle für $a \in \mathbb{R}\backslash\{0\}$ die Gleichung $t_a(x)$ der Tangente an K_f in $A\,(\,a\,|\,f(a)\,)$ auf und berechne deren Nullstelle. Was ist mit $a = 0$?

b) Formuliere unter Verwendung des Nullstellen-Ergebnisses aus a) eine einfache Regel für die Konstruktion der Tangente an die Normalparabel in einem beliebigen Kurvenpunkt. Überprüfe dies für $P\,(\,-1\,|\,1\,)$ und $Q\,(\,2\,|\,4\,)$.

 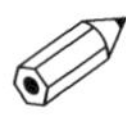 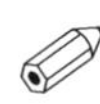

1.3.2 Die Normalengleichung

In der folgenden Aufgabe geht es um die Definition der sogenannten Normalen einer Kurve. Das Wörtchen „normal“ besitzt in der Mathematik verschiedene Bedeutungen; hier bedeutet es einfach nur „senkrecht“ (orthogonal).

A **1.13** (*Allgemeine Normalengleichung*)

a) Zur Vorbereitung: Zeichne Geraden mit den Steigungen 1, $\frac{1}{2}$ und $\frac{2}{3}$ sowie drei dazu orthogonale Geraden und lies deren Steigungen ab. Stelle eine Vermutung auf, welche Beziehung zwischen den Steigungen m_1 und m_2 zweier zueinander orthogonaler Geraden besteht und versuche diese allgemein zu begründen.

b) Sei K_t die Tangente an eine Kurve K_f im Punkt P. Eine zu K_t orthogonale Gerade K_n, die ebenfalls durch P verläuft, heißt *Normale* an K_f im Punkt P. Stelle in Anlehnung an die allgemeine Tangentengleichung die allgemeine Funktionsvorschrift $n(x)$ der Normalen auf. Welche Bedingung muss erfüllt sein, damit man überhaupt eine Funktionsvorschrift für n aufstellen kann?

c) Bestimme die Normalengleichungen für die Funktionen aus Aufgabe 1.8 und zeichne sie in dortige Schaubilder mit ein. Achtung: Für K_h kann die Normalengleichung nicht mehr als $y = n(x)$ angegeben werden. Versuche ihre Lage trotzdem geometrisch zu beschreiben.

A **1.14** Gegeben ist ein beliebiger Punkt $P_a\,(\,a\,|\,a^2\,)$ auf der Normalparabel. Bestimme den Flächeninhalt des Dreiecks, das von Tangente und Normale in P_a sowie der x-Achse eingeschlossen wird. Finde einen Wert von a, für den dieser Inhalt ganzzahlig ist. (☠)

A **1.15** Gegeben ist die zu

$$f(x) = -x^2 + 2x + 1$$

gehörige Parabel K_f. Diese wird im Punkt $P\,(\,2\,|\,1\,)$ von einem Kreis K berührt, dessen Mittelpunkt die Gestalt $M\,(\,4\,|\,y\,)$ besitzt. Bestimme den Radius von K. ☠

Tipps:

- Dass K und K_f sich in P berühren, bedeutet, dass sie dort die gleiche Tangente besitzen.
- Wie kommt man von der Tangente zum Mittelpunkt eines Kreises?

1.4 Tangenten „von außen“

Die folgende Fragestellung ist vor allem in Anwendungsaufgaben im Abitur sehr beliebt: Kann man von einem bestimmten Punkt P aus eine Tangente an eine Kurve K_f legen? Die Schwierigkeit dabei ist, dass P im Allgemeinen *nicht* auf K_f liegt.

Beispiel 1.14 Es sei $f(x) = -x^2$ und $P\,(\,0\,|\,1\,) \notin K_f$.

Frage: Wie viele Tangenten lassen sich von P aus an K_f legen? Oder anders gefragt: Welche Tangenten von K_f verlaufen durch den Punkt P?
Anschaulich (siehe Abbildung 1.4) sollte es genau zwei solche Tangenten geben, aber wie bestimmt man ihre Berührpunkte $B \in K_f$?

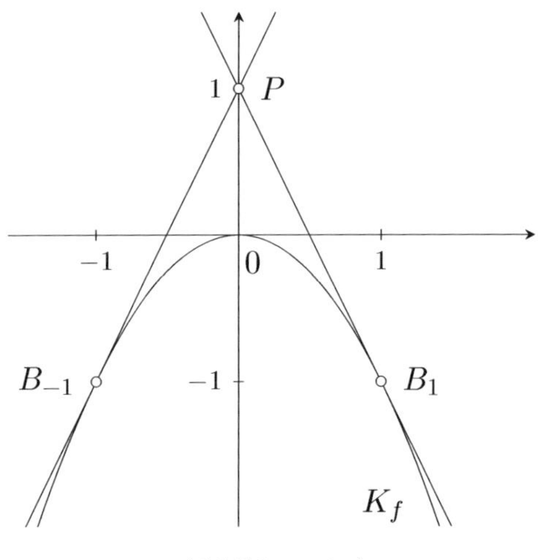

Abbildung 1.4

Da wir ihre Koordinaten nicht kennen, nennen wir sie allgemein $B\,(\,b\,|\,f(b)\,)$ mit einem zu bestimmenden Parameter b. Um die Werte von b und die zugehörigen Tangenten zu finden, gehen wir ganz stur nach folgendem Schema vor.

(1) Aufstellen der allgemeinen Tangentengleichung an K_f im Punkt $B\,(\,b\,|\,f(b)\,)$:

$$t_b(x) = f'(b) \cdot (x - b) + f(b) = -2b \cdot (x - b) - b^2.$$

Ausmultiplizieren und Zusammenfassen lohnt sich aufgrund des nächsten Schrittes meist gar nicht; insbesondere, wenn $x = 0$ eingesetzt wird.

(2) Punktprobe: Da die Tangenten durch P verlaufen sollen, muss $P\,(\,0\,|\,1\,) \in K_{t_b}$ gelten, woraus folgt:

$$t_b(0) \stackrel{!}{=} 1 \quad \Longleftrightarrow \quad -2b \cdot (0 - b) - b^2 = 1 \quad \Longleftrightarrow \quad b^2 = 1 \quad \Longleftrightarrow \quad b = \pm 1.$$

Somit gibt es zwei Berührpunkte: $B_{-1}\,(\,-1\,|\,-1\,)$ und $B_1\,(\,1\,|\,-1\,)$, und die Antwort auf die erste Frage oben lautet: Zwei.

(3) Sind die Tangentengleichungen verlangt, so setzt man die b's oben ein:

$$t_{-1}(x) = -2 \cdot (-1) \cdot \big(x - (-1)\big) - (-1)^2 = 2x + 1 \qquad \text{und}$$

$$t_1(x) = -2 \cdot 1 \cdot (x - 1) - 1^2 = -2x + 1.$$

A 1.16 Wiederhole Beispiel 1.14 für $Q(0\,|\,0)$ und $R(0\,|\,-1)$.

A 1.17 Skizziere zunächst das Schaubild K_f der Funktion

$$f(x) = \frac{1}{2}x^2 + 2.$$

a) Bestimme die Gleichungen aller Tangenten, die sich von $P(0\,|\,0)$ aus an K_f legen lassen.

b) Bestimme rechnerisch die Anzahl der möglichen Tangenten von den Punkten $Q(2\,|\,1)$ und $R(1\,|\,3)$ aus.

A 1.18 Berechne, wie viele Tangenten sich von $P(0\,|\,-1)$ aus an das Schaubild K_f der Funktion

$$f(x) = x^4 - 2x^2$$

legen lassen.

A 1.19 Herr G. fährt bei Nacht mit seinem Smart durch eine Kurve in einem Waldstück, deren Verlauf durch die Funktion

$$f(x) = -\frac{1}{4}x^2 + 2x, \quad 0 \leqslant x \leqslant 8,$$

beschrieben wird, wobei 1 LE (Längeneinheit) in echt 20 m entspricht. Die Fahrt verläuft nach rechts.
In einem Kurvenpunkt strahlen die Scheinwerfer des Smarts ein Reh im Punkt $R(5\,|\,6)$ an. In welcher Entfernung vom Smart befindet sich das Reh?
Hinweis: der Strahl des Scheinwerferlichts verlaufe immer tangential zur Straße.

A 1.20 Das Schaubild K_f der Funktion f mit der Gleichung

$$f(x) = -\frac{1}{8}x^4 + x^2 - 2$$

stellt für $-2 \leqslant x \leqslant 2$ den Querschnitt eines Kanals dar (x und $f(x)$ in Meter). Die sich bei $|x| = 2$ anschließende Landfläche liegt auf der Höhe $y = 0$.
An Land steht eine Person und bohrt in der Nase. In welcher Entfernung vom Kanalrand darf sie höchstens stehen, damit sie bei leerem Kanal den tiefsten Punkt des Kanals gerade noch sehen kann (Augenhöhe 1,50 m)? Stelle diese Situation zunächst zeichnerisch dar; verwende dazu auf der x-Achse 2 cm als Einheit, y-Achse normal.

 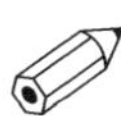 

2 Ableiten: das steckt dahinter

In Kapitel 1 wurde die Steigung einer Kurve K_f im Punkt $P\,(\,x_0\,|\,f(x_0)\,)$ ganz schmerzfrei als $f'(x_0)$ definiert, ohne zu hinterfragen, warum das sinnvoll sein sollte bzw. wie man überhaupt auf die Ableitungsregeln zur Berechnung von f' kommt. Dies alles soll in diesem Kapitel genauer beleuchtet werden.

2.1 Vom Differenzen- zum Differenzialquotienten

2.1.1 Die Sekantensteigung

Wir müssen zunächst eine geometrische Idee entwickeln, wie man die Steigung einer Kurve K_f wie in Abbildung 2.1 im Punkt P zahlenmäßig erfassen könnte.

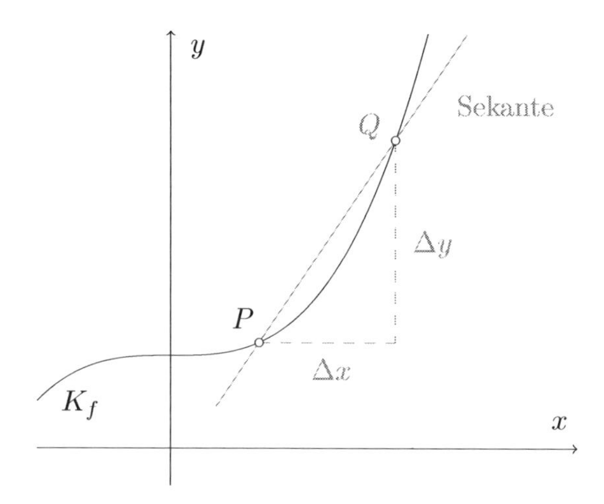

Abbildung 2.1

Da wir die Steigung von etwas „Krummem" noch nicht berechnen können (vergiss für den Moment Kapitel 1), greifen wir auf etwas zurück, was wir bereits können: Die Steigung von Geraden mittels eines Steigungsdreiecks bestimmen.
Wir wählen in Abbildung 2.1 einen weiteren Punkt Q auf dem Schaubild und zeichnen die Verbindungsgerade g_{PQ} ein, welche man als *Sekante* bezeichnet. Die Steigung dieser Sekante beträgt

$$m_s = \frac{\Delta y}{\Delta x}$$

und lässt sich leicht berechnen: Wir müssen für Δy nur die y-Werte der Punkte Q und P voneinander abziehen, und für Δx deren x-Werte. In Abbildung 2.1 ergäbe dies ungefähr (lies selbst ab):

$$m_s \approx$$

Nun hat aber diese Steigung noch wenig mit der Steigung der Kurve in P zu tun, denn m_s ist offensichtlich viel zu groß. Bevor wir dieses Problem beheben, führen wir noch ein paar Bezeichnungen ein, die uns später die Arbeit erleichtern.

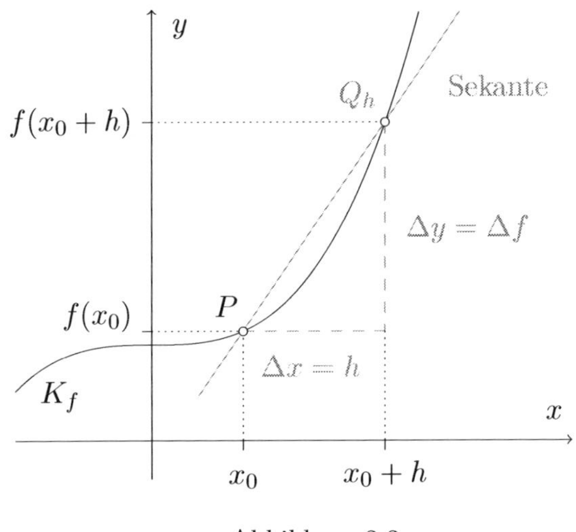

Abbildung 2.2

Damit wir nicht immer das lästige Δ mitschleppen müssen, kürzen wir ab sofort Δx mit h ab; der Punkt $Q = Q_h$ besitzt damit die Koordinaten

$$Q_h\,(\,x_0 + h \,|\, f(x_0 + h)\,).$$

Außerdem nennen wir Δy nun Δf, weil hier die Funktionswerte von f voneinander abgezogen werden. Wie man in Abbildung 2.2 ablesen kann, beträgt der Unterschied der Funktionswerte, also der y-Werte von P und Q_h,

$$\Delta f = f(x_0 + h) - f(x_0),$$

d.h. der Ausdruck für die Sekantensteigungen m_s wird zu

$$m_s = \frac{\Delta f}{\Delta x} = \frac{f(x_0 + h) - f(x_0)}{h}.$$

Weil in Zähler und Nenner dieses Quotienten Differenzen (der f- bzw. x-Werte) auftreten, nennt man diesen Bruch auch *Differenzenquotient*.

Merke: Der Differenzenquotient

$$\frac{f(x_0 + h) - f(x_0)}{h}$$

beschreibt die Steigung der Sekante an das Schaubild K_f, welche das Schaubild in den Punkten $P\,(\,x_0 \,|\, f(x_0)\,)$ und $Q_h\,(\,x_0 + h \,|\, f(x_0 + h)\,)$ schneidet.

A **2.1** Zeichne das Schaubild K_f für $f(x) = \frac{1}{9}x^3 + 1$ im Intervall $[-1\,;3]$. Berechne die Sekantensteigungen für $x_0 = 1$ zu den h-Werten 1, 2 und -1. Zeichne mindestens eine Sekante samt Steigungsdreieck mit ein.

2.1.2 Von den Sekanten zur Tangente

Wir lassen in Abbildung 2.3 den Punkt Q, der bisher noch zu weit weg liegt, immer näher an P heranwandern. Dabei scheinen sich die Sekanten immer mehr einer Geraden anzunähern, welche sich an die Kurve K_f „anschmiegt". Diese „Grenzgerade[4]" nennen wir (ebenfalls) *Tangente*. Was dieser (geometrische) Tangentenbegriff mit der formalen Definition der Tangente auf Seite 9 zu tun hat, arbeiten wir im Folgenden heraus.

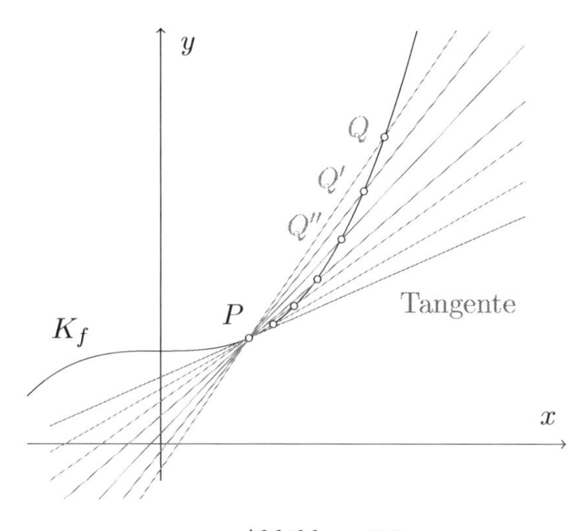

Abbildung 2.3

Dazu werden wir die geometrische Idee der Annäherung an eine „Grenzgerade" mathematisch präzise fassen, um dann algebraisch und mit Hilfe eines „Grenzübergangs" die Steigung dieser ominösen Grenzgeraden exakt berechnen zu können – ohne dazu eine geometrische Definition der Tangente an sich zu brauchen.
Dass hierbei etwas höchst Merkwürdiges passiert, zeigt die folgende Überlegung: Wenn die Punkte $Q, Q', Q'', \ldots$ sich P immer weiter nähern, werden die Seitenlängen Δx und Δf der Steigungsdreiecke der Sekanten offenbar immer kleiner, und wenn im Falle

[4]So intuitiv dieser Begriff auch erscheinen mag, wir können ihn auf rein geometrische Weise nicht weiter präzisieren; siehe hierzu auch die Warnung auf Seite 8.

der Tangente schließlich „$P = Q_{h=0}$“ wäre, dann hätten wir ja $\Delta x = 0$ und $\Delta f = 0$, d.h. die Tangentensteigung wäre

$$m_t = \frac{0}{0},$$

was sicherlich kein sinnvolles Ergebnis darstellt. Das Magische ist jedoch, dass bei diesem Prozess eine „normale“ Zahl herauskommt, d.h. dass man dem dubiosen $\frac{0}{0}$-Ausdruck am Ende einen Sinn verleihen kann.
Um hier mathematisch präzise argumentieren zu können, müsstet ihr zunächst etwas über „Grenzwerte von Folgen“ lernen, was euch laut Bildungsplan aber erst am Ende der Kursstufe beigebracht werden soll. Wir arbeiten hier deshalb mit einem intuitiven Grenzwertbegriff (für Interessierte gibt es auf Seite 25 ein paar Ausblicke) und schauen uns anhand von Beispielen an, was passiert, wenn die Sekantenpunkte sich P nähern und dabei die Sekanten zur Tangente werden.

Beispiel 2.1 Wir betrachten die Sekantensteigungen der zu $f(x) = \frac{1}{4}x^2$ gehörigen Parabel im Punkt $P\,(1\,|\,\frac{1}{4})$.

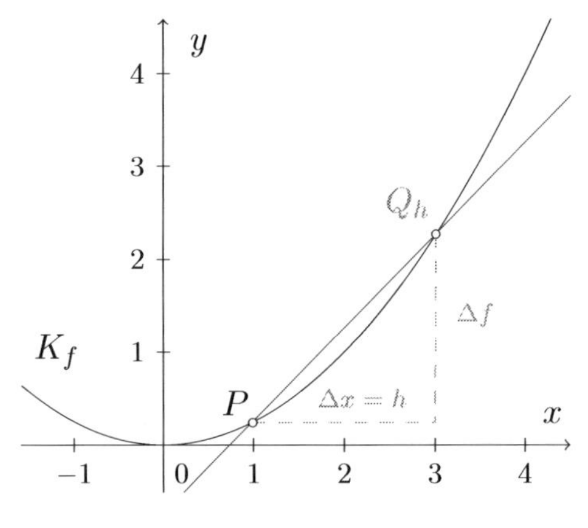

Abbildung 2.4

In Abbildung 2.4 wurde $h = 2$ gewählt, d.h. der Punkt Q_h hat die Koordinaten $(\,3\,|\,\frac{9}{4}\,)$. Für die Steigung der Sekante, sprich für den Differenzenquotienten zu $h = 2$, ergibt sich somit

$$m_s = \frac{\Delta f}{\Delta x} = \frac{f(3) - f(1)}{h} = \frac{\frac{9}{4} - \frac{1}{4}}{2} = 1.$$

Der allgemeine Differenzenquotient in $x_0 = 1$ besitzt für ein beliebiges $h \neq 0$ die Gestalt

$$m_s(h) = \frac{f(1+h) - f(1)}{h}.$$

Jetzt kommt die entscheidende Idee:

> Um von den Sekanten zur Tangente überzugehen, lassen wir h immer kleiner werden, d.h. gegen Null gehen, was man kurz als „$h \to 0$“ schreibt (lies: „h geht gegen Null“).

Was dabei mit den Sekantensteigungen $m_s(h)$ geschieht, sollst du nun selbst herausfinden, indem du mit Hilfe des TRs die folgende Tabelle ausfüllst. Dazu gibst du

$$m_s(h) = \frac{f(1+h) - f(1)}{h} = \frac{\frac{1}{4}(1+h)^2 - \frac{1}{4}}{h}$$

als Funktion in den TR ein (mit x anstelle von h) und wertest diese Funktion für die verschiedenen h's aus.

h	1	0,5	0,1	0,01	0,001	0,0001
$m_s(h)$						

Die Sekantensteigungen m_s scheinen sich für $h \to 0$ offenbar der Zahl 0,5 anzunähern. In Abbildung 2.5 wurde eine Gerade durch P mit Steigung 0,5 eingezeichnet (dunkelgrau), und man erkennt: Je näher die Punkte Q_h an P heranrücken, desto mehr nähern sich die Sekanten dieser Geraden.

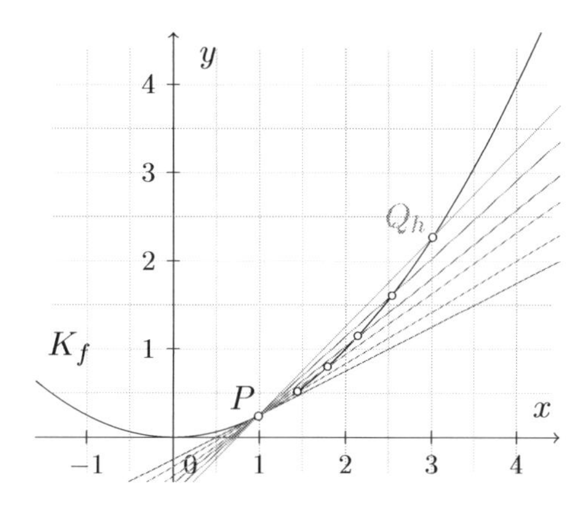

Abbildung 2.5

Bislang war $h > 0$, weshalb die Punkte Q_h sich P von rechts her angenähert haben. Vielleicht kommt ja eine andere Grenzsteigung heraus, wenn wir uns mittels $h < 0$ von links an P heranschleichen? Probieren wir's aus:

h	−1	−0,5	−0,1	−0,01	−0,001	−0,0001
$m_s(h)$						

Scheint wieder zu passen, wie auch Abbildung 2.6 suggeriert. Die Sekanten scheinen sich wieder der Geraden durch P mit Steigung 0,5 anzunähern, nur eben jetzt von unten her. Dass rechts- und linksseitiges Annähern nicht zwingend dasselbe Ergebnis liefern muss, zeigt Aufgabe 2.4. Allerdings stimmt es bei fast allen in der Schule bedeutsamen Funktionen.

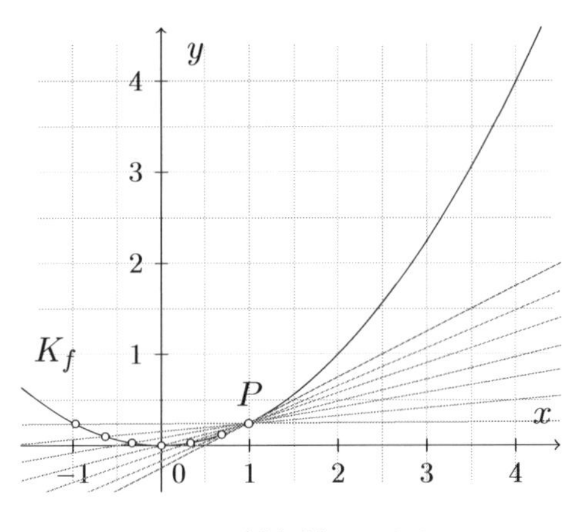

Abbildung 2.6

Wir haben nun also durch Ausprobieren mit dem TR die Zahl 0,5 als sogenannten *Grenzwert* der Sekantensteigungen ermittelt. Die Tatsache, dass die Zahlen $m_s(h)$ für $h \to 0$ beliebig nahe an 0,5 herankommen, schreibt man mathematisch so auf:

$$\lim_{h \to 0} m_s(h) = 0{,}5$$

(lies: „*Limes* von $m_s(h)$ für h gegen Null"). Um die mathematisch saubere Berechnung solcher Grenzwerte kümmern wir uns in 2.2. Zuvor führen wir jedoch als Essenz obiger Betrachtung einen der grundlegendsten Begriffe der gesamten Analysis ein.

Merke: Lässt man beim Differenzenquotienten $\Delta x = h$ gegen Null gehen, so erhält man die Zahl[5]

$$f'(x_0) := \lim_{\Delta x \to 0} \frac{\Delta f}{\Delta x} = \lim_{h \to 0} \frac{f(x_0 + h) - f(x_0)}{h},$$

welche man als *Differenzialquotient* oder *Ableitung* der Funktion f an der Stelle x_0 bezeichnet. Diese Zahl definieren wir als Tangentensteigung m_t der Kurve K_f in $P\,(\,x_0 \,|\, f(x_0)\,)$, was ein Synonym für die Steigung der Kurve selbst ist.

Bleibt bloß noch zu klären, was das hier definierte $f'(x_0)$ mit den in Kapitel 1 vom Himmel gefallenen Ableitungsregeln zu tun hat. Das wird mit einiger Mühe verbunden in Abschnitt 2.2 und 2.5 geschehen. Erst dann schließt sich der Kreis zu Kapitel 1 und erst dann haben wir wirklich verstanden, was die Ableitung eigentlich ist.

[5]Falls der Grenzwert überhaupt existiert; tut er in der Schule aber (fast) immer, mit Ausnahme von Funktionen wie in Aufgabe 2.4.

A **2.2** Gehe vor wie in Beispiel 2.1 und hole dir mit Hilfe des TRs eine Vermutung für die Steigung der Kurve K_f an der Stelle x_0. (Setze dazu einfach ein „sehr kleines“ h in $m_s(h)$ ein.) Überprüfe diese Vermutung mit Hilfe deines Wissens aus Kapitel 1.

a) $f(x) = 2x^2; \quad x_0 = 1$ b) $f(x) = x^3 - x; \quad x_0 = 2$

2.1.3 Vertiefung zum Grenzwertbegriff

Alles bezieht sich auf die Tabellen für die Sekantensteigungen $m_s(h)$ in Beispiel 2.1. Die Zahl $m_t = 0{,}5$ selbst wird niemals in diesen Tabellen auftreten, egal wie klein man h ($\neq 0$) auch werden lässt. (Der TR zeigt z.B. für $h = 0{,}00000001$ zwar exakt 0,5 an, was aber nur daran liegt, dass seine Rechengenauigkeit überschritten ist.) Aber die Zahlen $m_s(h)$ kommen *beliebig nahe* an 0,5 heran. Das bedeutet: Gibst du mir eine Abweichung ε zu 0,5 an, z.B. $\varepsilon = 0{,}00007$, so kann ich dir ein h_ε finden, so dass $m_s(h)$ um weniger als ε von 0,5 abweicht, sobald h betragsmäßig kleiner als h_ε ist:

$$0{,}49993 < m_s(h) < 0{,}50007 \quad \text{für alle } h \text{ mit } -h_\varepsilon < h < h_\varepsilon.$$

Durch Ausprobieren mit dem TR findet man, dass z.B. $h_\varepsilon = 0{,}0001$ für das hier gewählte ε das Gewünschte leistet. Das Entscheidende ist, dass dies nicht nur für ein oder zwei Epsilons klappt, sondern für jede noch so kleine Abweichung ε.
Für jedes (noch so kleine) $\varepsilon > 0$ gibt es also ein h_ε, so dass gilt

$$0{,}5 - \varepsilon < m_s(h) < 0{,}5 + \varepsilon \quad \text{für alle } h \text{ mit } -h_\varepsilon < h < h_\varepsilon.$$

Ist dies erfüllt, dann nennt man die Zahl 0,5 den *Grenzwert* der Zahlenfolge $m_s(h)$ und schreibt

$$\lim_{h \to 0} m_s(h) = 0{,}5.$$

Keine Sorge, das musst du jetzt nicht alles verstanden haben. Merk dir am besten nur die Idee, die hinter dem Konzept „beliebig nahe an eine Zahl rankommen“ steckt.

2.1.4 Historisches

Die *Differenzialrechnung*, also die mathematische Disziplin, die sich mit der Ableitung befasst, wurde Ende des 17. Jahrhunderts unabhängig voneinander von zwei Genies entwickelt: Dem englischen Physiker Sir Isaac NEWTON und dem deutschen Universalgelehrten Gottfried Wilhelm LEIBNIZ.
Newton entwickelte die Ableitung, um seine physikalischen Ideen präziser formulieren zu können. Seine Bezeichnung

$$\dot{f}(t_0)$$

(lies: „f Punkt von t_0") ist bis heute üblich, wenn man nach der Zeit t ableitet. Leibniz hingegen näherte sich der Ableitung aus geometrischer Sicht, indem er versuchte, die Tangente einer Kurve zu bestimmen. Auf ihn geht die Notation

$$\lim_{\Delta x \to 0} \frac{\Delta f}{\Delta x} =: \frac{\mathrm{d}f}{\mathrm{d}x}(x_0) \quad \text{oder} \quad \left.\frac{\mathrm{d}f}{\mathrm{d}x}\right|_{x=x_0}$$

(lies: „$\mathrm{d}f$ nach $\mathrm{d}x$ an der Stelle x_0") für die Ableitung zurück. Das d soll andeuten, dass beim Grenzübergang $\Delta x \to 0$ aus dem Differenzenquotienten $\frac{\Delta f}{\Delta x}$ ein Quotient von „unendlich kleinen Dingern" wird, die Leibniz „Differenziale" taufte. Obwohl das Differenzial-Kalkül wunderbare Resultate lieferte, sorgte der ungerechtfertigte Umgang mit diesen „unendlich kleinen (infinitesimalen) Größen" (die aber doch irgendwie von Null verschieden sind) lange Zeit für Verwirrung.
Eine logisch befriedigende Präzisierung des Ableitungs- und vor allem des Grenzwertbegriffes an sich erfolgte erst viel später, u.a. durch CAUCHY und WEIERSTRAß; im Zuge davon wurde auch das Differenzial $\mathrm{d}f$ einer Funktion auf ein solides Fundament gestellt, ganz ohne „unendlich klein" sein zu müssen.
Einen Ausblick auf die Weierstraß-Definition des Grenzwerts gab 2.1.3.

2.1.5 Und was soll das?

„Wozu all der Aufwand; wen juckt es schon, wie steil so ein Schaubild ist?" wird sich manch einer fragen. Ob ihr's glaubt oder nicht: Die Differenzialrechnung ist eine der wichtigsten mathematischen Disziplinen, ohne die fast alle großen Fortschritte in Naturwissenschaft und Technik unmöglich gewesen wären.
Newton erfand die Differenzialrechnung quasi nebenher, um seine Gesetze der Mechanik in möglichst präziser Form niederschreiben zu können. Tatsächlich enthalten bis heute (so gut wie) alle Grundgleichungen der Physik die Ableitung in irgendeiner Form – sie sind sogenannte *Differenzialgleichungen*. So auch z.B. die Schrödingergleichung, die zentrale Gleichung der Quantenphysik, ohne deren Verständnis Dinge wie der Transistor und damit PCs oder Smartphones niemals hätten entwickelt werden können.

2.2 Berechnen von Differenzialquotienten

Nun kommen wir zum Herzstück der Differenzialrechnung, also der „Wissenschaft vom Ableiten". Wir lernen ein Verfahren kennen, mit dem wir die Werte von Differenzialquotienten berechnen können – und zwar ganz ohne kleine h-Werte mit dem TR in die Differenzenquotienten einsetzen zu müssen. Überdies hatten wir beim Probierverfahren in Beispiel 2.1 ja keinerlei Garantie, dass die Sekantensteigungen sich wirklich der Zahl 0,5 annähern und nicht etwa 0,50000000000000017 (hier würde die Rechengenauigkeit des TRs versagen).

Beispiel 2.2 Schauen wir uns die Sekantensteigung, d.h. den Differenzenquotienten der Funktion $f(x) = \frac{1}{4}x^2$ aus Beispiel 2.1 im Punkt $P\,(1\,|\,\frac{1}{4})$ genauer an:

$$m_s(h) = \frac{f(1+h) - f(1)}{h} = \frac{\frac{1}{4}(1+h)^2 - \frac{1}{4}\cdot 1^2}{h} = \frac{1}{4}\,\frac{(1+h)^2 - 1}{h}\,.$$

Wenn wir hier direkt $h \to 0$ gehen lassen, so passiert im Zähler Folgendes:

$$(1+h)^2 - 1 \to (1+0)^2 - 1 = 1 - 1 = 0,$$

d.h. insgesamt scheint $m_s(h)$ dem sinnlosen Ausdruck $\frac{0}{0}$ entgegen zu streben. Hier hilft uns verblüffenderweise eine simple algebraische Umformung des Zählers weiter:

$$(1+h)^2 - 1 \overset{\text{1. Binom}}{=} 1 + 2h + h^2 - 1 = 2h + h^2.$$

Damit wird der Differenzenquotient zu

$$m_s(h) = \frac{1}{4}\,\frac{(1+h)^2 - 1}{h} = \frac{1}{4}\,\frac{2h + h^2}{h} = \frac{1}{4}\,\frac{h(2+h)}{h} = \frac{1}{4}\,(2+h).$$

Der letzte Ausdruck macht nun überhaupt keine Probleme mehr, wenn wir $h \to 0$ gehen lassen. Er wird sich offenbar beliebig nahe an $\frac{1}{4} \cdot (2+0) = 0{,}5$ annähern, d.h. wir erkennen, dass tatsächlich

$$f'(1) = \lim_{h \to 0} m_s(h) = \lim_{h \to 0} \frac{1}{4}\,(2+h) = 0{,}5$$

für die Ableitung der Funktion $f(x) = \frac{1}{4}x^2$ an der Stelle $x_0 = 1$ gilt. Natürlich wissen wir aus Kapitel 1 bereits, dass

$$f'(x) = \frac{1}{4} \cdot 2x = \frac{1}{2}\,x$$

gilt, und deshalb $f'(1) = \frac{1}{2} = 0{,}5$ ist – aber wir wussten nicht, warum dies etwas mit der Tangentensteigung von K_f hätte zu tun haben sollen. Diese aufwändige Rechnung hier ist die Begründung dafür, dass die Sekantensteigungen sich für $h \to 0$ dem Wert $f'(1) = 0{,}5$ nähern und dieser somit ein sinnvoller Wert für m_t ist. Aber keine Sorge, sobald dieses Kapitel vorbei und verdaut ist, wird nur noch mit den Ableitungsregeln aus Kapitel 1 gearbeitet.

Beispiel 2.3 Wir bestimmen die Ableitung von

$$f(x) = x^2 - 2x + 3$$

an der Stelle $x_0 = 2$ mit der „h-Methode".

1. Aufstellen und Umformen des Differenzenquotienten (um nicht immer so lange Bruchstriche ziehen zu müssen, schreiben wir das Teilen durch h als Multiplikation mit $\frac{1}{h}$):

$$\begin{aligned} m_s(h) &= \frac{f(2+h) - f(2)}{h} = \frac{1}{h}\Big(f(2+h) - f(2)\Big) \\ &= \frac{1}{h}\Big((2+h)^2 - 2(2+h) + 3 - (2^2 - 2 \cdot 2 + 3)\Big) \\ &= \frac{1}{h}\Big(4 + 4h + h^2 - 4 - 2h + 3 - 3\Big) = \frac{1}{h}\Big(h^2 + 2h\Big) = h + 2. \end{aligned}$$

Vielen Schülern bereitet hier das Einsetzen Probleme, also der Schritt von der ersten in die zweite Zeile. Deshalb nochmal ganz langsam: In diesem Beispiel ist $f(\heartsuit) = \heartsuit^2 - 2\heartsuit + 3$, und wenn man nun einfach $\heartsuit$ durch $(2+h)$ ersetzt, so erhält man

$$f(2+h) = (2+h)^2 - 2(2+h) + 3.$$

Beim Abziehen von $f(2) = 2^2 - 2 \cdot 2 + 3$ darf man auf keinen Fall die Klammer vergessen, denn aufgrund der Minusklammer-Regel müssen alle Vorzeichen umgedreht werden (oder man rechnet erst $f(2) = 3$ aus und zieht das dann ab).

2. Grenzübergang $h \to 0$ vollziehen liefert die Ableitung (bzw. Differenzialquotient oder Tangentensteigung):

$$f'(2) = \lim_{h \to 0} m_s(h) = \lim_{h \to 0} (h+2) = 2.$$

Das Schaubild K_f besitzt im Punkt $P\,(\,2\,|\,3\,)$ somit die Steigung 2.

Tipp zum Grenzübergang: Sobald der Differenzenquotient so weit umgeformt wurde, dass nicht mehr durch Null geteilt wird, darfst du in Gedanken einfach $h = 0$ einsetzen (auch wenn h geometrisch niemals Null wird), um den Limes zu erhalten.

Beispiel 2.4 Dasselbe für die „Kehrbruch-Funktion“

$$f(x) = \frac{1}{x}$$

an der Stelle $x_0 = -1$.

1. Aufstellen und Umformen des Differenzenquotienten:

$$\begin{aligned} m_s(h) &= \frac{1}{h}\Big(f(-1+h) - f(-1)\Big) = \frac{1}{h}\left(\frac{1}{-1+h} - \frac{1}{-1}\right) \\ &= \frac{1}{h}\left(\frac{1}{h-1} + 1\right) = \frac{1}{h} \cdot \frac{1+(h-1)}{h-1} \\ &= \frac{1}{h} \cdot \frac{h}{h-1} = \frac{1}{h-1}. \end{aligned}$$

2. Grenzübergang $h \to 0$ liefert die Ableitung:

$$f'(-1) = \lim_{h \to 0} m_s(h) = \lim_{h \to 0} \frac{1}{h-1} = \frac{1}{0-1} = -1.$$

Die Hyperbel K_f besitzt im Punkt $P\,(\,-1\,|\,-1\,)$ somit die Steigung -1.

Beispiel 2.5 Weil's so schön war, noch ein letztes Mal für die Wurzelfunktion

$$f(x) = \sqrt{x}$$

an der Stelle $x_0 = 4$.

1. Aufstellen und Umformen des Differenzenquotienten:

$$m_s(h) = \frac{1}{h}\Big(f(4+h) - f(4)\Big) = \frac{1}{h}\left(\sqrt{4+h} - \sqrt{4}\,\right).$$

Den Klammerausdruck kann man *nicht* weiter zusammenfassen (auf *gar keinen Fall* als $\sqrt{4+h-4}\,!$), und wenn wir jetzt schon $h \to 0$ gehen lassen, wird $\sqrt{4+h}$ gegen $\sqrt{4}$ gehen, und wir landen beim unerfreulichen $\frac{0}{0}$. Hier hilft cleveres Erweitern und die dritte binomische Formel (ein mieser Trick, auf den man nicht selber kommt):

$$\begin{aligned}
m_s(h) &= \frac{1}{h}\left(\sqrt{4+h} - \sqrt{4}\,\right) \cdot \frac{\sqrt{4+h}+\sqrt{4}}{\sqrt{4+h}+\sqrt{4}} \\
&= \frac{1}{h} \cdot \frac{\left(\sqrt{4+h} - \sqrt{4}\,\right)\cdot\left(\sqrt{4+h} + \sqrt{4}\,\right)}{\sqrt{4+h}+\sqrt{4}} \qquad \Big|\ \text{3. Binom} \\
&= \frac{1}{h} \cdot \frac{\sqrt{4+h}^{\,2} - \sqrt{4}^{\,2}}{\sqrt{4+h}+\sqrt{4}} = \frac{1}{h} \cdot \frac{4+h-4}{\sqrt{4+h}+\sqrt{4}} \\
&= \frac{1}{h} \cdot \frac{h}{\sqrt{4+h}+\sqrt{4}} = \frac{1}{\sqrt{4+h}+\sqrt{4}}\,.
\end{aligned}$$

2. Jetzt können wir den Grenzübergang $h \to 0$ vollziehen, wenn wir $\sqrt{4+h} \to \sqrt{4}$ beachten (oder wieder ganz pragmatisch $h = 0$ einsetzen):

$$f'(4) = \lim_{h\to 0} m_s(h) = \lim_{h\to 0} \frac{1}{\sqrt{4+h}+\sqrt{4}} = \frac{1}{\sqrt{4}+\sqrt{4}} = \frac{1}{2+2} = \frac{1}{4}\,.$$

Das Schaubild K_f der Wurzelfunktion besitzt im Punkt $P\,(\,4\,|\,2\,)$ also die Steigung 0,25.

A **2.3** Berechne mit Hilfe der „h-Methode" die Ableitung $f'(x_0)$ der folgenden Funktionen an der angegebenen Stelle x_0.

a) $f(x) = 4x - 3\,;\quad x_0 = 2$

b) $f(x) = \dfrac{1}{2}\,x^2\,;\quad x_0 = 4$

c) $f(x) = \dfrac{1}{3}\,x^3\,;\quad x_0 = 2$

d) $f(x) = 2x^3 - 3x^2\,;\quad x_0 = 1$

e) $f(x) = \dfrac{1}{x+4}\,;\quad x_0 = -3$

f) $f(x) = \sqrt{2x-3}\,;\quad x_0 = 2$

Tipp zu c) und d): Hier musst du dich erinnern, was $(a+b)^3$ ist (Pascal-Dreieck). Falls du das nicht mehr weisst, rechne $(a+b)^3 = (a+b)\cdot(a+b)^2$ aus.
Tipp zu f): Wende den gleichen Trick wie in Beispiel 2.5 an.

 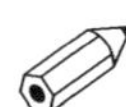 

2.3 Differenzierbarkeit

Eine Funktion f heißt *differenzierbar* an der Stelle x_0, wenn ihre Ableitung $f'(x_0)$ existiert, d.h. wenn der Grenzwert der Differenzenquotienten existiert.
Zwar sind fast alle in der Schul-Analysis bedeutsamen Funktionen differenzierbar, wir bringen aber dennoch ein Beispiel einer nicht differenzierbaren Funktion – allein schon um zu sehen, dass Differenzenquotienten auch mal keinen Grenzwert besitzen können.

Beispiel 2.6 Wir betrachten die *Betragsfunktion*

$$f(x) = |x| = \begin{cases} x, & \text{für } x \geqslant 0 \\ -x, & \text{für } x < 0, \end{cases}$$

welche das in Abbildung 2.7 dargestellte Schaubild besitzt. Es handelt sich um die erste Winkelhalbierende ($y = x$), deren Negativ-Teil einfach „nach oben geklappt“ wurde, sprich an der x-Achse gespiegelt.

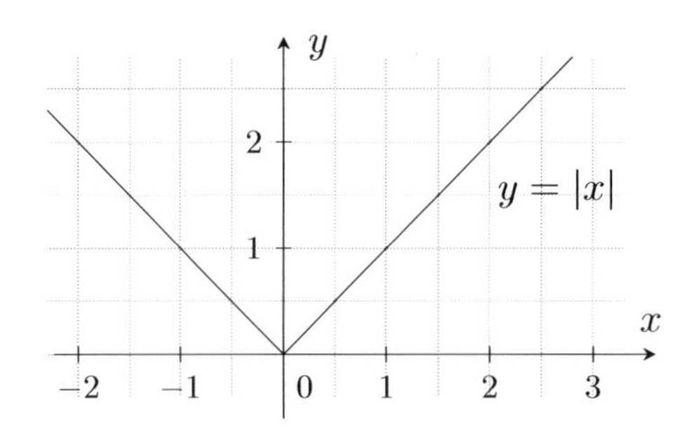

Abbildung 2.7

Da K_f in 0 einen „Knick“ besitzt, wird es dort vermutlich keine Ableitung bzw. Tangente geben, d.h. f wäre in $x_0 = 0$ nicht differenzierbar. Das wollen wir nun formal begründen.

Damit der Grenzwert der Differenzenquotienten, $\lim_{h \to 0} m_s(h)$, existiert, muss insbesondere der „linksseitige Grenzwert“ ($h \to 0$ mit $h < 0$) mit dem „rechtsseitigen Grenzwert“ ($h \to 0$ mit $h > 0$) übereinstimmen.
Hier ergeben sich jedoch unterschiedliche Grenzwerte der Differenzenquotienten, je nachdem ob wir uns von rechts oder links nähern: Nähern wir uns der Null von links, also mit $h < 0$, so gilt

$$f(0+h) = |0+h| = |h| = -h, \quad \text{da } h < 0,$$

und für die linksseitigen Differenzenquotienten folgt

$$m_{s,\,\text{links}}(h) = \frac{1}{h}\big(f(0+h) - f(0)\big) = \frac{1}{h}\big(|0+h| - 0\big) = \frac{1}{h} \cdot (-h) = -1.$$

Der linksseitige Grenzwert der Differenzenquotienten ist also -1:

$$\lim_{h \to 0} m_{s,\,\text{links}}(h) = -1,$$

was natürlich nicht überrascht, wenn man das Schaubild für $x < 0$ betrachtet, das eine Gerade mit Steigung -1 ist. Nähern wir uns hingegen von rechts der 0, also für $h > 0$, so gilt $|0+h| = |h| = h$ und es folgt

$$m_{s,\,\text{rechts}}(h) = \frac{1}{h}\big(f(0+h) - f(0)\big) = \frac{1}{h}\big(|0+h| - 0\big) = \frac{1}{h} \cdot h = 1.$$

Somit gilt

$$\lim_{h \to 0} m_{s,\,\text{rechts}}(h) = 1,$$

was laut Schaubild klar ist, da K_f für $x \geqslant 0$ eine Gerade mit Steigung 1 ist.
Da die links- und rechtsseitigen Grenzwerte nicht übereinstimmen, kann $\lim_{h\to 0} m_s(h)$ nicht existieren, da dieser Grenzwert einen eindeutigen Wert besitzen müsste.
Somit ist die Betragsfunktion in $x_0 = 0$ nicht differenzierbar. Für $x > 0$ bzw. $x < 0$ existiert die Ableitung selbstverständlich und ist 1 für $x > 0$ bzw. -1 für $x < 0$ (mit derselben Rechnung wie eben).

A 2.4 Skizziere zunächst das Schaubild der Funktion f und untersuche (anschaulich oder rechnerisch), ob f bei $x_0 = 1$ differenzierbar ist.

a) $f(x) = \begin{cases} x, & \text{für } x \leqslant 1 \\ 2x-1, & \text{für } x > 1 \end{cases}$ b) $f(x) = \begin{cases} x^2, & \text{für } x \leqslant 1 \\ 2x, & \text{für } x > 1 \end{cases}$ (☠)

2.4 Die Ableitungsfunktion

Nachdem wir das Bestimmen der Ableitung an einer Stelle x_0 nun gut geübt haben, sind wir bereit für den nächsten Schritt. Möchte man z.B. die Ableitung der Wurzelfunktion aus Beispiel 2.5 nicht bei $x_0 = 4$, sondern etwa an der Stelle $x_0 = 2$ berechnen, so wäre es natürlich extrem lästig, wenn man dieselbe mühsame Rechnung nochmal – nur eben mit anderen Zahlen – durchführen müsste.
Deshalb bestimmen wir die Ableitung jetzt allgemein, d.h. anstatt eine spezielle Zahl x_0 in den obigen Rechnungen einzusetzen, rechnen wir gleich mit einem beliebigen x. Anders ausgedrückt bestimmen wir nun die *Ableitungsfunktion* f', also die Funktion, die jedem x-Wert den Wert der Ableitung von f zuordnet (sofern dieser überhaupt existiert; siehe Aufgabe 2.4).

Beispiel 2.7 Wir bestimmen die Ableitungsfunktion von

$$f(x) = \sqrt{x}$$

für ein beliebiges $x > 0$. Warum $x = 0$ nicht zugelassen ist, obwohl 0 doch zum Definitionsbereich $D_f = \mathbb{R}_0^+$ von f gehört, wird erst am Ende der Rechnung klar.

1. Aufstellen und Umformen des Differenzenquotienten. Hier benötigt man denselben miesen Trick wie in Beispiel 2.5:

$$\begin{aligned} m_s(h) &= \frac{1}{h}\Big(f(x+h)-f(x)\Big) = \frac{1}{h}\left(\sqrt{x+h}-\sqrt{x}\right) \\ &= \frac{1}{h}\left(\sqrt{x+h}-\sqrt{x}\right)\cdot\frac{\sqrt{x+h}+\sqrt{x}}{\sqrt{x+h}+\sqrt{x}} \qquad \Big|\ \text{3. Binom} \\ &= \frac{1}{h}\cdot\frac{\sqrt{x+h}^2-\sqrt{x}^2}{\sqrt{x+h}+\sqrt{x}} = \frac{1}{h}\cdot\frac{x+h-x}{\sqrt{x+h}+\sqrt{x}} \\ &= \frac{1}{h}\cdot\frac{h}{\sqrt{x+h}+\sqrt{x}} = \frac{1}{\sqrt{x+h}+\sqrt{x}}. \end{aligned}$$

2. Wegen $\sqrt{x+h} \to \sqrt{x}$ für $h \to 0$ folgt für die Ableitung der Wurzelfunktion

$$f'(x) = \left(\sqrt{x}\right)' = \lim_{h\to 0} m_s(h) = \lim_{h\to 0}\frac{1}{\sqrt{x+h}+\sqrt{x}} = \frac{1}{\sqrt{x}+\sqrt{x}} = \frac{1}{2\sqrt{x}}.$$

Beachte: Für $x = 0$ lautet der umgeformte Differenzenquotient

$$\frac{1}{\sqrt{0+h}+\sqrt{0}} = \frac{1}{\sqrt{h}}$$

und dieser besitzt für $h \to 0$ keinen Grenzwert, sondern strebt gegen ∞. Wenn du dir das Schaubild der Wurzelfunktion aufzeichnest samt Tangenten für x-Werte nahe bei 0, wird anschaulich klar, warum $f'(x) \to \infty$ für $x \to 0$ gilt.

A 2.5 Bestimme die Ableitungsfunktion von

$$f(x) = \frac{1}{x} \qquad \text{für } x \neq 0.$$

Nun könnte ich euch auch noch die Ableitungsfunktionen der Potenzfunktionen $f(x) = x^2, x^3, \ldots$ bestimmen lassen, aber das wäre ein Overkill, da wir im nächsten Abschnitt die Potenzregel (für natürliche Hochzahlen) allgemein beweisen.

2.5 Beweis der Ableitungsregeln

Nachdem wir nun ein wenig mit Differenzialquotienten umgehen gelernt haben, beweisen wir zum Abschluss dieses anspruchsvollen Kapitels noch die in Kapitel 1 mitgeteilten Ableitungsregeln. Dieser Abschnitt ist nur für Käpsele gedacht.

2.5.1 Beweis der Potenzregel

Wir beweisen die Potenzregel für natürliche Hochzahlen, sprich dass für jedes $n \in \mathbb{N}$ die Ableitung der Potenzfunktion $x \mapsto x^n$ gegeben ist durch

$$\big(x^n\big)' = n\,x^{n-1}.$$

Beweis: Der Differenzenquotient lautet

$$\frac{1}{h}\big((x+h)^n - x^n\big)\,,$$

und um ihn weiter umformen zu können, müssen wir erst den $(x+h)^n$-Ausdruck in den Griff bekommen. Dazu brauchen wir die „höheren Binome“:

$$\begin{aligned}
(x+h)^2 &= x^2 + 2xh + h^2\\
(x+h)^3 &= x^3 + 3x^2h + 3xh^2 + h^3\\
(x+h)^4 &= x^4 + 4x^3h + 6x^2h^2 + 4xh^3 + h^4\\
&\vdots\\
(x+h)^n &= x^n + n\,x^{n-1}h + R(h^2)\,,
\end{aligned}$$

wobei der „Restterm“ $R(h^2)$ ausschließlich Summanden enthält, in denen ein h^2 oder noch höhere Potenzen von h auftreten. Damit folgt

$$\frac{1}{h}\Big((x+h)^n - x^n\Big) = \frac{1}{h}\Big(\cancel{x^n} + n\,x^{n-1}h + R(h^2) - \cancel{x^n}\Big) = n\,x^{n-1} + \frac{R(h^2)}{h}.$$

Nun enthalten aber alle Summanden von $R(h^2)$, auch nachdem man sie durch h geteilt hat, immer noch mindestens ein h (mache dir dies z.B. anhand von $(x+h)^4$ oben klar), und verschwinden somit im Grenzübergang $h \to 0$:

$$\big(x^n\big)' = \lim_{h\to 0}\frac{1}{h}\Big((x+h)^n - x^n\Big) = \lim_{h\to 0}\Big(n\,x^{n-1} + \underbrace{\tfrac{R(h^2)}{h}}_{\to 0}\Big) = n\,x^{n-1}. \qquad \square$$

Um die Potenzregel für negative oder gar rationale Hochzahlen $r \in \mathbb{Q}$ zu beweisen, fehlen uns hier die Mittel. Am elegantesten macht man dies mit Hilfe der e-Funktion und der sogenannten Kettenregel (siehe Kursstufe).

2.5.2 Beweis der Faktor- und Summenregel

Für den Differenzenquotienten von $g(x) := c \cdot f(x)$ gilt

$$\frac{1}{h}\Big(g(x+h) - g(x)\Big) = \frac{1}{h}\Big(c \cdot f(x+h) - c \cdot f(x)\Big) = c \cdot \frac{1}{h}\Big(f(x+h) - f(x)\Big),$$

und da der letzte Ausdruck für $h \to 0$ offenbar[6] gegen $c \cdot f'(x)$ geht, folgt die Faktorregel, nämlich dass $g(x) = c \cdot f(x)$ die Ableitungsfunktion $c \cdot f'(x)$ besitzt. □

Die Summenregel beweist man ebenso schnell: Für den Differenzenquotienten der Summenfunktion $s(x) := f(x) + g(x)$ gilt

$$\begin{aligned}\frac{1}{h}\Big(s(x+h) - s(x)\Big) &= \frac{1}{h}\Big(f(x+h) + g(x+h) - \big(f(x) + g(x)\big)\Big) \\ &= \frac{1}{h}\Big(f(x+h) - f(x)\Big) + \frac{1}{h}\Big(g(x+h) - g(x)\Big).\end{aligned}$$

Für $h \to 0$ geht diese Summe offensichtlich[7] gegen die Summe der Differenzialquotienten, also $f'(x) + g'(x)$, was die Summenregel beweist. □

2.5.3 Beweis der Ableitungsregel für den (Ko)Sinus

Schritt 1: Wir bestimmen die Ableitung der Sinusfunktion an der Stelle $x_0 = 0$. Interessanterweise lässt sich der allgemeine Fall auf diesen Spezialfall zurückführen (siehe Schritt 2). Der Differenzenquotient der Sinusfunktion in $x_0 = 0$ reduziert sich unter Beachtung von $\sin 0 = 0$ (und Verzicht auf Klammern) auf

$$\frac{1}{h}\big(\sin(0+h) - \sin 0\big) = \frac{1}{h}\big(\sin(h) - 0\big) = \frac{\sin h}{h}.$$

Um die Ableitung des Sinus in 0, sprich den Differenzialquotienten, zu erhalten, müssen wir also den Grenzwert

$$\sin'(0) = \lim_{h \to 0} \frac{\sin h}{h}$$

bestimmen. Hierzu müssen wir etwas tiefer in die Trickkiste greifen (durch Einsetzen kleiner h mit dem Taschenrechner kommt man zur Vermutung, dass er 1 sein wird). Betrachte den in Abbildung 2.8 dargestellten Einheitskreis-Ausschnitt. Es sei h das Bogenmaß des Winkels α_h, also die Länge des Kreisbogens DC. Nach Definition von Sinus und Cosinus am Einheitskreis ist $|AB| = \cos h$ und $|BC| = \sin h$. Zudem gilt $\tan h = \frac{|DE|}{1}$, d.h. die Länge der Strecke DE auf der Kreistangente ist $\tan h$ (daher stammt die Bezeichnung Tangens).
Nun betrachten wir das Dreieck ABC (Flächeninhalt A_1), welches im Kreissektor ADC (Flächeninhalt A_s) enthalten ist, welcher selbst wiederum innerhalb des Dreiecks ADE (Flächeninhalt A_2) liegt. Offenbar gilt die Beziehung

$$A_1 \leqslant A_s \leqslant A_2. \qquad (*)$$

[6] Strenggenommen braucht man hier einen der sogenannten Grenzwertsätze.
[7] Auch hier bräuchte man wieder einen der Grenzwertsätze.

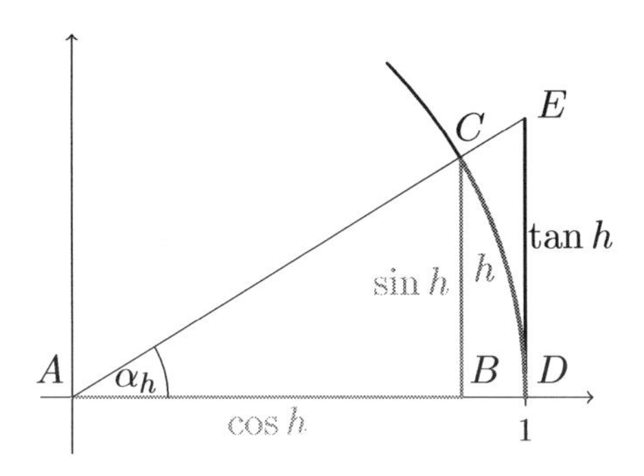

Abbildung 2.8

Die Flächeninhalte der rechtwinkligen Dreiecke sind

$$A_1 = \frac{1}{2} \cdot \cos h \cdot \sin h \qquad \text{und} \qquad A_2 = \frac{1}{2} \cdot 1 \cdot \tan h.$$

Für den Kreissektor gilt (ersetze in der bekannten Formel $A_s = \frac{\alpha_h}{360°}\pi r^2$ den Faktor $\frac{\alpha_h}{360°}$ durch $\frac{h}{2\pi}$, da wir im Bogenmaß arbeiten; und beachte $r = 1$)

$$A_s = \frac{h}{2\pi} \cdot \pi\, 1^2 = \frac{h}{2},$$

und eingesetzt in $(*)$ ergibt dies

$$\frac{1}{2} \cdot \cos h \cdot \sin h \leqslant \frac{h}{2} \leqslant \frac{1}{2} \tan h.$$

Multiplizieren mit 2 und teilen durch $\sin h > 0$ (für $0 < h < \pi$) liefert unter Beachtung von $\tan h = \frac{\sin h}{\cos h}$

$$\cos h \leqslant \frac{h}{\sin h} \leqslant \frac{\tan h}{\sin h} = \frac{1}{\cos h} \qquad \text{bzw.} \qquad \frac{1}{\cos h} \geqslant \frac{\sin h}{h} \geqslant \cos h.$$

Nun geht für $h \to 0$ aber sowohl $\cos h \to \cos 0 = 1$ (anschaulich klar am Einheitskreis[8]), als auch $\frac{1}{\cos h} \to \frac{1}{1} = 1$, und weil der interessierende Bruch zwischen diesen beiden Ausdrücken eingequetscht ist, folgt im Grenzübergang $h \to 0$

$$1 \geqslant \lim_{h \to 0} \frac{\sin h}{h} \geqslant 1,$$

was dem mittleren Grenzwert keine andere Wahl lässt, als selbst auch 1 zu sein. Damit haben wir mühsam bewiesen, dass die Ableitung des Sinus in 0 existiert und

$$\sin'(0) = \lim_{h \to 0} \frac{\sin h}{h} = 1$$

gilt. Weil $\cos 0 = 1$ ist, stimmt die Behauptung $\sin'(x) = \cos x$ zumindest für $x = 0$.

[8]Eigentlich brauchen wir hier die sogenannte Stetigkeit des Kosinus, aber der Begriff der Stetigkeit taucht in der Schule (fast) nicht mehr auf.

Schritt 2: Wir bestimmen die Ableitung des Sinus für ein beliebiges x. Um den Differenzenquotienten des Sinus für ein solches x vereinfachen zu können, müssen wir uns eines miesen Tricks bedienen. Für die Differenz zweier Sinuswerte gilt laut Formelsammlung

$$\sin\alpha - \sin\beta = 2\cos\left(\frac{\alpha+\beta}{2}\right)\sin\left(\frac{\alpha-\beta}{2}\right).$$

Wenden wir dies für $\alpha = x + h$ und $\beta = x$ an, so ergibt sich

$$\begin{aligned}\frac{1}{h}\big(\sin(x+h) - \sin x\big) &= \frac{1}{h}2\cos\left(\frac{x+h+x}{2}\right)\sin\left(\frac{x+h-x}{2}\right)\\ &= \frac{2}{h}\cos\left(\frac{2x+h}{2}\right)\sin\left(\frac{h}{2}\right) = \cos\left(\frac{2x+h}{2}\right)\frac{\sin\left(\frac{h}{2}\right)}{\frac{h}{2}}.\end{aligned}$$

Der Grund für die seltsame letzte Umformung ($\frac{h}{2}$ in den Nenner) sollte im Hinblick auf Schritt 1 nicht mehr ganz so überraschend wirken. Für $h \to 0$ geht der erste Faktor gegen $\cos\left(\frac{2x+0}{2}\right) = \cos x$ (siehe obige Fußnote). Beim zweiten Faktor setzen wir $\frac{h}{2} = u$ und beachten, dass mit $h \to 0$ dann auch $u \to 0$ geht. Geschickterweise wissen wir bereits aus Schritt 1, dass $\lim_{u\to 0}\frac{\sin u}{u} = 1$ ist, d.h. der zweite Faktor im Differenzenquotient geht gegen 1 für $h \to 0$. Somit folgt

$$\sin'(x) = \lim_{h\to 0}\frac{1}{h}\big(\sin(x+h) - \sin x\big) = \lim_{h\to 0}\Bigg(\underbrace{\cos\left(\frac{2x+h}{2}\right)}_{\to\cos x}\cdot\underbrace{\frac{\sin\left(\frac{h}{2}\right)}{\frac{h}{2}}}_{\to 1}\Bigg) = \cos x.$$

Die Ableitungsregel für den Kosinus beweist man völlig analog zu Schritt 2 mit Hilfe der Beziehung

$$\cos\alpha - \cos\beta = -2\sin\left(\frac{\alpha+\beta}{2}\right)\sin\left(\frac{\alpha-\beta}{2}\right).$$ □

Anmerkung: Dass x im Bogenmaß angegeben wird, geht nur an einer Stelle ganz subtil in den Beweis ein. Will man die Funktion $\sin\alpha$ ableiten, wobei α ein Winkel im Gradmaß ist, so ergibt sich für die Fläche des Kreissektors aus dem obigen Beweis $A_s = \frac{\alpha_h}{360°}\pi$ anstelle von $A_s = \frac{h}{2}$. Dadurch lautet die Ungleichung (∗) im Gradmaß

$$\frac{1}{2}\cos\alpha_h\sin\alpha_h \leqslant \frac{\pi}{360°}\alpha_h \leqslant \frac{1}{2}\tan\alpha_h\,,$$

und nach Umformen folgt $\frac{\pi}{180°}\frac{1}{\cos\alpha_h} \geqslant \frac{\sin\alpha_h}{\alpha_h} \geqslant \frac{\pi}{180°}\cos\alpha_h$. Durch Grenzwertbildung $\alpha_h \to 0$ ergibt sich schließlich

$$\lim_{\alpha_h\to 0}\frac{\sin\alpha_h}{\alpha_h} = \frac{\pi}{180°} \qquad \text{und damit} \qquad \sin'(\alpha) = \frac{\pi}{180°}\cos\alpha\,.$$

Um den störenden Vorfaktor $\frac{\pi}{180°}$ zu vermeiden, wird beim Ableiten von Sinus oder Kosinus stets mit dem Bogenmaß gearbeitet.

2.6 Fazit

Nach all diesen heftigen Rechnungen, Grenzübergängen und Beweisen treten wir einen entspannten Schritt zurück und schauen uns nochmals die Vorgehensweise in diesem Kapitel aus der Vogelperspektive an.

Gestartet sind wir mit dem Differenzenquotienten,

$$m_s(h) = \frac{f(x_0+h)-f(x_0)}{h},$$

der eine geometrisch motivierte Größe war, nämlich die Sekantensteigung einer Kurve K_f an der Stelle x_0. Sein Grenzwert

$$\lim_{h\to 0}\frac{f(x_0+h)-f(x_0)}{h} = f'(x_0),$$

die Ableitung bzw. der Differenzialquotient von f an der Stelle x_0, hingegen ist k e i n e geometrische Größe mehr, sondern muss algebraisch und mit Hilfe einer Limesbildung berechnet werden, wie wir es in Abschnitt 2.2 ausführlich getan haben.
Die Magie liegt nun darin, dass bei all diesen mühsamen Umformungen am Ende eine Zahl $f'(x_0)$ als Grenzwert rauskommt, die genau das leistet, was wir anschaulich von ihr erwarten: Zeichnet man eine Gerade im Kurvenpunkt $P\,(\,x_0\,|\,f(x_0)\,)$ mit der Steigung $m_t = f'(x_0)$ ein, so entspricht diese genau unserer Anschauung einer „Berührenden“ des Schaubilds, also der Tangente.
Ist K_f ein Stück eines Kreises, so können wir die Tangente auch rein geometrisch als Orthogonale zum Radius des Kreises, die durch P verläuft, bestimmen. Bei beliebigen Schaubildern K_f ist dies nicht mehr möglich, stattdessen muss die Tangente mit Hilfe der Tangentengleichung, die $f'(x_0)$ benötigt, aufgestellt werden und kann erst dann gezeichnet werden.

Abschließend soll noch bemerkt werden, dass die harten Rechnungen in diesem Kapitel nicht (nur) zur Schülerquälerei dienten. Ohne diese Umformungen von Differenzenquotienten hätte man nämlich gar keine Chance, auf die einfachen Ableitungsregeln zu kommen, die in Kapitel 1 vom Himmel fielen. Für neue Funktionsklassen wie z.B. die Exponentialfunktionen muss man zunächst wieder mühsam den Grenzwert des Differenzenquotienten bestimmen, um auch hier eine einfache Ableitungsregel aufstellen zu können.

3 Grafisches Ableiten

Im Folgenden lernst du, wie man den Verlauf des Schaubilds der Ableitungsfunktion f' einer Funktion f bestimmen kann – und zwar ganz *ohne* die Funktionsvorschrift $f(x)$ zu kennen, sondern nur durch genaue Betrachtung des Schaubilds K_f.

3.1 Extrempunkte grafisch verstehen

Beispiel 3.1 Im oberen Teil von Abbildung 3.1 ist Parabel K_f dargestellt. Wir werden uns nur anhand des Kurvenverlaufs überlegen, wie das Schaubild $K_{f'}$ der Ableitungsfunktion aussieht.
Als zentrale Tatsache verwenden wir dabei stets, dass $f'(x)$ die Tangentensteigung des Schaubilds K_f bei x ist. Oft zeichnen wir „frei Auge" Tangenten ein und lesen ihre Steigung als Näherungswert für $f'(x)$ ab[9].

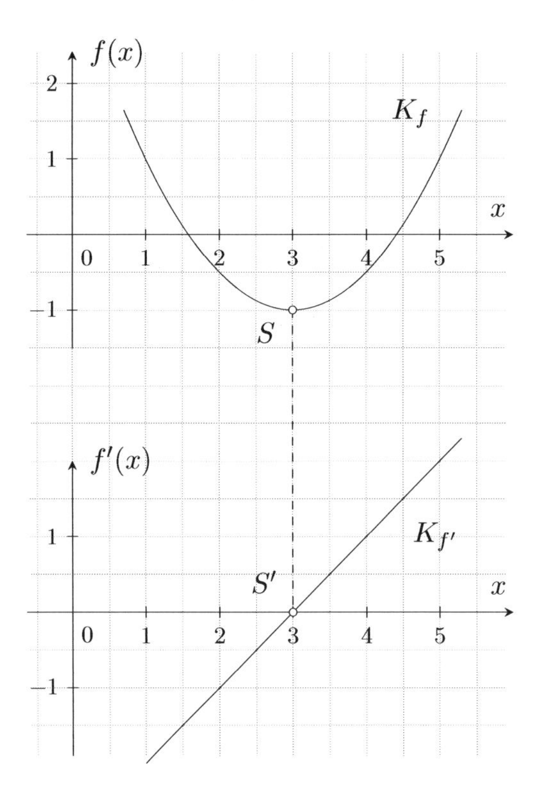

Abbildung 3.1

- Wir betrachten zunächst den Scheitel $S\,(\,3\,|\,{-1}\,)$ der Parabel, welcher der *Tiefpunkt* von K_f ist: S besitzt den kleinsten y-Wert aller Punkte von K_f. Hier verläuft die Tangente an K_f parallel zur x-Achse (*waagerechte Tangente*), d.h. die Tangentensteigung m_t ist Null. Da m_t nichts anderes als die Ableitung der Funktion an der Stelle 3 ist, gilt $f'(3) = 0$, d.h. $K_{f'}$ schneidet hier die x-Achse, besitzt also eine Nullstelle bei S'.

[9]Dabei greifen wir nun doch auf den geometrisch-intuitiven Tangentenbegriff als „Berührende" des Schaubilds zurück, da wir ja kein geometrisches Konstruktionsverfahren für die Tangente haben.

- Links von S, also für x-Werte mit $x < 3$, fällt das Schaubild K_f (wir durchlaufen es dazu in Gedanken immer von links nach rechts, also in Richtung größer werdender x-Werte). Das bedeutet, dass die Tangentensteigungen hier stets negativ sind, also haben wir $f'(x) < 0$ für $x < 3$. Somit verläuft $K_{f'}$ links von S' im Negativen, d.h. unterhalb der x-Achse.

- Analog gilt $f'(x) > 0$ für $x > 3$, da K_f dort steigt, also positive Tangentensteigungen besitzt. Somit verläuft $K_{f'}$ rechts von S' oberhalb der x-Achse.

- Um $K_{f'}$ einigermaßen präzise zeichnen zu können, bestimmen wir noch ein paar Werte explizit. Zeichne z.B. bei $x = 2$ ein Tangentenstückchen an K_f ein, so gut das frei Auge eben geht, und lies mit Hilfe der Karos dessen Steigung ab. Du solltest ungefähr -1 erhalten, d.h. $f'(2) = -1$, womit $K_{f'}$ durch den Punkt $(2\,|\,-1)$ verläuft.
  An der Stelle $x = 1$ solltest du nach demselben Verfahren eine Tangentensteigung von $f'(1) = -2$ erhalten, d.h. $K_{f'}$ verläuft durch den Punkt $(1\,|\,-2)$. Verfahre nun ebenso für $x = 4$ und $x = 5$; insgesamt sollte sich dann ein (nahezu) linearer Verlauf von $K_{f'}$ ergeben.

Anmerkung: Wir wissen zwar theoretisch, dass eine Parabel K_f als Ableitungsschaubild $K_{f'}$ eine Gerade besitzen wird, da die Ableitung einer quadratischen Funktion laut Potenzregel eine lineare Funktion ergibt. Nur anhand des Schaubilds lässt sich mit obigem Ablese-Verfahren aber natürlich nicht exakt bestimmen, dass wirklich eine Gerade für $K_{f'}$ herauskommt – darum geht es hier jedoch auch gar nicht.

Schau dir jetzt ganz in Ruhe nochmal Abbildung 3.1 an. Die Quintessenz ist: Je steiler das Schaubild K_f steigt (bzw. fällt), desto positiver (bzw. negativer) sind die Funktionswerte $f'(x)$ der Ableitungsfunktion. Kurz vor dem tiefsten Punkt (Scheitel S) ist die Steigung des Schaubilds negativ, in S dann Null (waagerechte Tangente) und anschließend wird f' positiv.
Man kann sogar umgekehrt vom Verhalten von f' auf das von f schließen (decke dazu die obere Hälfte von Abbildung 3.1 ab): Für $x < x_S = 3$ gilt $f'(x) < 0$, also[10] fällt K_f; für $x > x_S$ gilt $f'(x) > 0$, also steigt K_f. Somit muss K_f bei $x = x_S$ seinen (lokal) tiefsten Punkt erreichen und die Tangentensteigung dort muss 0 sein.

Die letzte Erkenntnis wird später besonders wichtig, um Extrempunkte (Hoch- bzw. Tiefpunkte) von Schaubildern rechnerisch zu bestimmen.

Merke: Genau dann besitzt das Schaubild K_f bei x_0 einen Tiefpunkt, wenn $K_{f'}$ bei x_0 eine Nullstelle hat und dort einen *Vorzeichenwechsel* (VZW) von Minus ($-$) nach Plus ($+$) vollzieht. Kurz:

x_0 ist Tiefstelle von f $\iff$ x_0 ist Nullstelle von f' mit VZW von $-$ nach $+$.

[10] Hier braucht man den Monotoniesatz; siehe nächstes Kapitel.

A **3.1** Bestimme den Verlauf der Ableitungsfunktion für folgendes Schaubild K_f und zeichne $K_{f'}$ ins selbe Koordinatensystem mit ein. Formuliere einen Merksatz zu Hochpunkten.

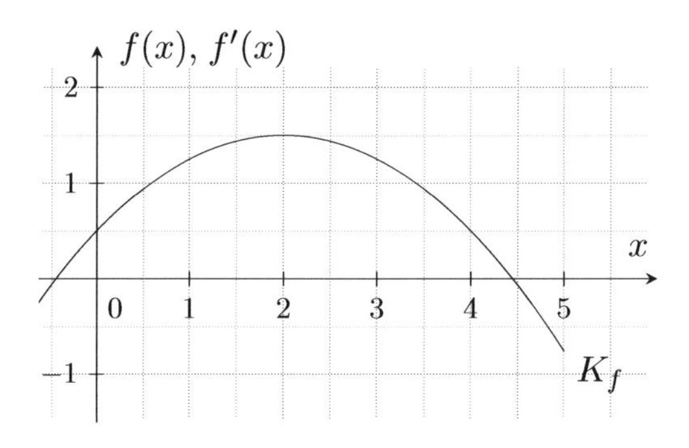

Abbildung 3.2

Zusatz: Kannst du ein Schaubild K_F skizzieren, welches obiges K_f als Ableitungsschaubild besitzt? Anders ausgedrückt: Es soll $F'(x) = f(x)$ gelten. Nimm zusätzlich $F(2) = 0$ an.

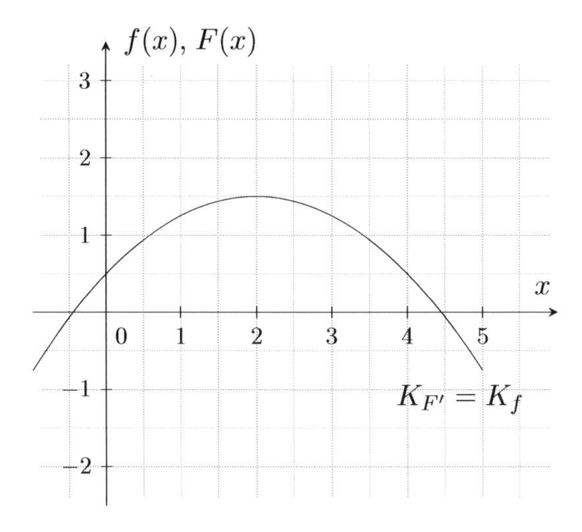

Abbildung 3.3

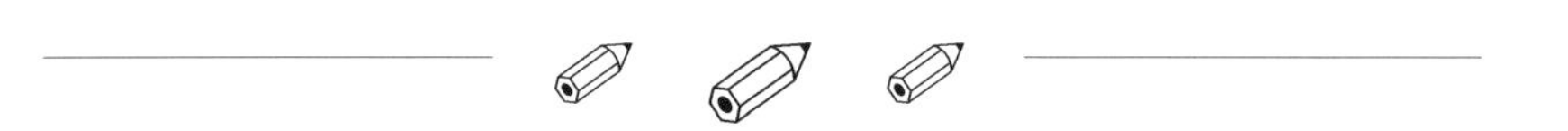

Die folgende Aufgabe gehört eigentlich auf Seite 44, aber damit das Beispiel 3.2 auf einer Doppelseite steht, ziehen wir sie hierher vor.

A **3.2** Fülle die folgende Tabelle aus.

Bildchen	$(x_0 \mid f(x_0))$ ist für K_f	$(x_0 \mid f'(x_0))$ ist für $K_{f'}$
K_f x_0 $K_{f'}$		
K_f $K_{f'}$ x_0		
K_f $K_{f'}$ x_0		
K_f x_0 $K_{f'}$		

Für Wendepunkte sind einige Fälle nicht dargestellt. Ergänze sie, inklusive Bildchen. Unterscheide dabei die Fälle $f'(x_0) > 0$, < 0 und $= 0$.

3.2 Wendepunkte grafisch verstehen

Beispiel 3.2 Nun betrachten wir ein komplizierteres Schaubild, welches alle charakteristischen Punkte enthält, die uns in diesem Schuljahr interessieren.

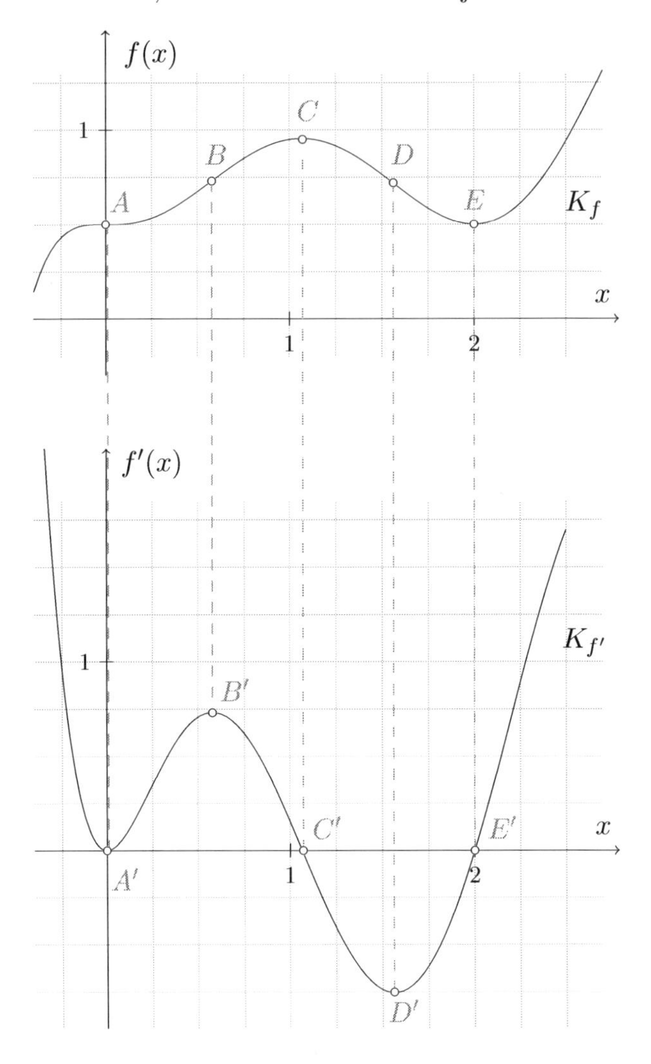

Abbildung 3.4

E: Einen solchen Punkt kennen wir bereits; es handelt sich um einen Tiefpunkt von K_f. Dementsprechend hat $K_{f'}$ dort eine Nullstelle mit VZW von $-$ zu $+$. Tatsächlich liegt hier nur ein *lokaler Tiefpunkt* vor, denn es gibt durchaus Funktionswerte $f(x)$, die kleiner als $f(x_E)$ sind (z.B. links von A). Aber lokal, also in der Nähe von x_E, ist $f(x_E)$ das Minimum aller benachbarten Funktionswerte.

C: Analoges gilt für Punkt C, welcher ein *lokaler Hochpunkt* von K_f ist. Er besitzt ebenfalls eine waagerechte Tangente, was einer Nullstelle von $K_{f'}$ bei x_C entspricht, nur dass jetzt ein VZW von $+$ nach $-$ vorliegt, denn etwas links von C steigt das Schaubild K_f (d.h. $f'(x) > 0$), während es rechts von C dann wieder fällt (d.h. $f'(x) < 0$).

B: Hier liegt ein sogenannter *Wendepunkt* von K_f vor: In B ist die Steigung des Schaubilds (lokal) am größten, d.h. $f'(x_B)$ ist maximal (zumindest in der Nähe von x_B). Dementsprechend besitzt $K_{f'}$ in $B'(\,x_B\,|\,f'(x_B)\,)$ einen Hochpunkt. Um dessen y-Koordinate einzeichnen zu können, musst du $f'(x_B)$ mit dem Tangenten-Ablese-Verfahren bestimmen. Es ist $f'(x_B) \approx 0{,}75$.
Achtung: Immer schön die y-Werte $f(x)$ (von K_f) und $f'(x)$ (von $K_{f'}$) auseinander halten! Dass hier ebenfalls $f(x_B) \approx 0{,}75$ gilt, ist Zufall.

D: Es handelt sich wieder um einen *Wendepunkt* von K_f, nur eben jetzt mit negativer Steigung. Die Steigung von K_f ist am negativsten, d.h. $f'(x_B)$ ist minimal. Dementsprechend besitzt $K_{f'}$ in $D'(\,x_D\,|\,f'(x_D)\,)$ einen Tiefpunkt. Tangente skizzieren und Steigung ablesen liefert $f'(x_D) \approx -0{,}75$.

A: Offenbar besitzt K_f in A eine waagerechte Tangente, allerdings handelt es sich weder um einen Hoch- noch Tiefpunkt, denn der Funktionswert $f(x_A)$ ist weder am größten noch am kleinsten im Vergleich zu seinen benachbarten Werten. Die Ableitung jedoch ist hier (lokal) minimal: Es ist $f'(x_A) = 0$, während $f'(x) > 0$ etwas rechts und links von A gilt, da K_f dort steigt. Somit liegt ein Minimum der Ableitung vor, d.h. es handelt sich um einen Wendepunkt. Diese spezielle Art von Wendepunkt heißt *Sattelpunkt.* Das Schaubild $K_{f'}$ besitzt in A' eine Nullstelle (da $f'(x_A) = 0$) und gleichzeitig einen Tiefpunkt (da A ein Wendepunkt mit minimaler Steigung ist); kurz: A' ist ein Tiefpunkt auf der x-Achse bzw. $K_{f'}$ *berührt* die x-Achse in A' von oben.

Für $x < 0$, also links von A, verläuft das Schaubild K_f umso steiler, je weiter man nach links geht, d.h. $f'(x)$ wird immer größer; „$K_{f'}$ haut also nach oben ab“. Gleiches gilt rechts von E. Mit all diesen Informationen kann man nun $K_{f'}$ schön skizzieren.

Merke: Wendepunkte von K_f sind Punkte, an denen die Steigung des Schaubilds (lokal) extremal ist, d.h. am größten bzw. kleinsten.

$$x_0 \text{ ist Wendestelle von } f \quad :\Longleftrightarrow \quad x_0 \text{ ist Extremstelle von } f'.$$

Sattelpunkte sind spezielle Wendepunkte, nämlich solche, wo die Steigung Null ist. Anders ausgedrückt: Ein Sattelpunkt ist ein Wendepunkt mit waagerechter Tangente. Besitzt K_f bei x_0 einen Sattelpunkt, so berührt $K_{f'}$ bei x_0 die x-Achse, besitzt dort also einen Hoch- oder Tiefpunkt, der auf der x-Achse liegt.

$$x_0 \text{ ist Sattelstelle von } f \quad :\Longleftrightarrow \quad x_0 \text{ ist Extremstelle von } f' \text{ mit } f'(x_0) = 0.$$

Anschauliche Deutungen: Stelle dir vor, K_f wäre der Querschnitt eines Bergmassivs, das du von links nach rechts durchwanderst.

- Der Hochpunkt C entspricht dann einem Gipfel. Er ist aber nicht der höchste Gipfel von allen, denn schaust du nach vorne, so siehst du, dass die Bergwand dort noch höher geht. Somit ist E nur ein *lokaler* Hochpunkt; ein *globaler* Hochpunkt wäre der höchste Gipfel des gesamten Bergmassivs (an obigem Schaubild nicht erkennbar).
- Analog entspricht der Tiefpunkt E dem tiefsten Punkt einer Talsohle. Auch hier liegt wieder nur ein lokaler Tiefpunkt vor, da es links von A noch viel weiter nach unten geht.
- Im Wendepunkt B ist der Wanderweg am steilsten, d.h. dort ist es am anstrengendsten bergauf zu laufen. Im Wendepunkt D fällt der Wanderweg am stärksten, dort ist es am gefährlichsten, wenn Rutschgefahr besteht.
- Der Sattelpunkt A ist ein kurzer Verschnaufpunkt, wenn man bergauf läuft. Dort ist es angenehm zu laufen, da der Weg nicht ansteigt; allerdings nur ganz kurz, denn sofort danach steigt der Weg ja auch schon wieder.

Abschließend noch ein paar Wörtchen zur Sprechweise, da Mathematiker schlimme Pedanten sind: „K_f hat *bei* x_0 einen Wendepunkt" bedeutet, dass x_0 die x-Koordinate des Wendepunkts $W\,(\,x_0 \mid f(x_0)\,)$ ist. Oft sagt man auch „x_0 ist *Wendestelle* von K_f", vor allem, wenn der y-Wert keine Rolle spielt. Zu sagen „K_f hat *in* x_0 einen Wendepunkt" oder gar „x_0 ist ein Wendepunkt von K_f" ist falsch, denn x_0 ist kein Punkt, sondern eine Stelle auf der x-Achse; die zweite Koordinate fehlt bei dieser Angabe. Bearbeite hierzu gründlich Aufgabe 3.3.

A **3.2** Siehe Seite 41.

A **3.3** Darf man das so sagen? Korrigiere gegebenenfalls die Fehler und präge dir die erlaubten Sprechweisen gut ein (das ist bis ins Abi wichtig!).

a) K_f hat bei x_0 einen Tiefpunkt.

b) K_f hat in x_0 einen Tiefpunkt.

c) K_f hat in $(\,x_0 \mid f(x_0)\,)$ einen Tiefpunkt.

d) $f(x)$ hat in $(\,x_0 \mid f(x_0)\,)$ einen Tiefpunkt.

e) x_0 ist Tiefstelle von f.

f) x_0 ist Tiefstelle von K_f.

g) Wenn x_0 Wendestelle von K_f ist, so ist x_0 Extremstelle von $K_{f'}$.

h) Wenn x_0 Wendestelle von f ist, so ist x_0 Extremstelle von f'.

i) Wenn $W\,(\,x_0\,|\,f(x_0)\,)$ Wendepunkt von K_f ist, so ist W Extrempunkt von $K_{f'}$.

j) Wenn $W\,(\,x_0\,|\,f(x_0)\,)$ Wendepunkt von f ist, so ist $E\,(\,x_0\,|\,f'(x_0)\,)$ Extrempunkt von f'.

A **3.4** Begründe und zeichne den Verlauf der Ableitungsfunktion der folgenden Schaubilder so genau wie möglich. Benenne dabei alle charakteristischen Punkte.

Notizen:

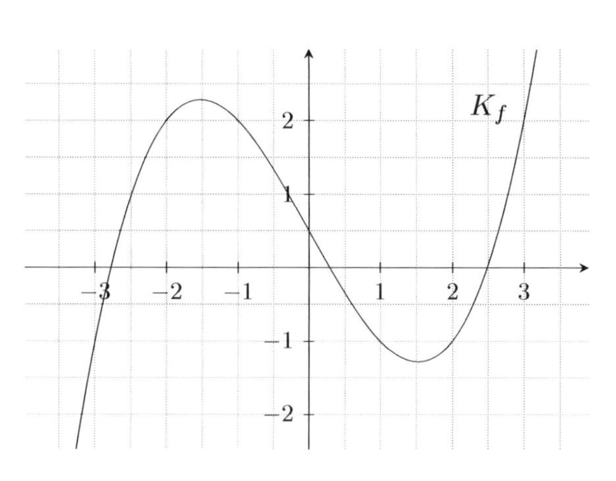

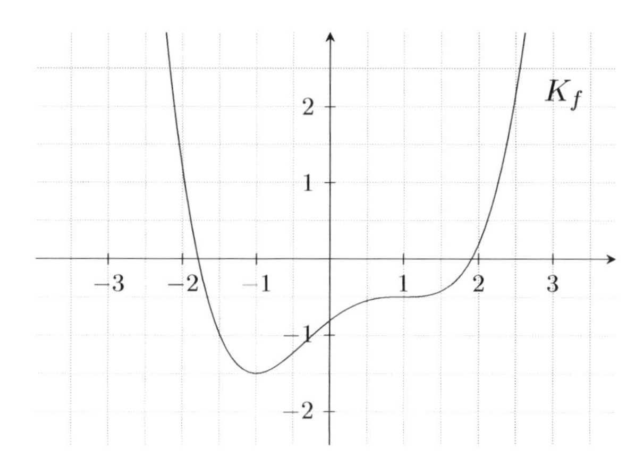

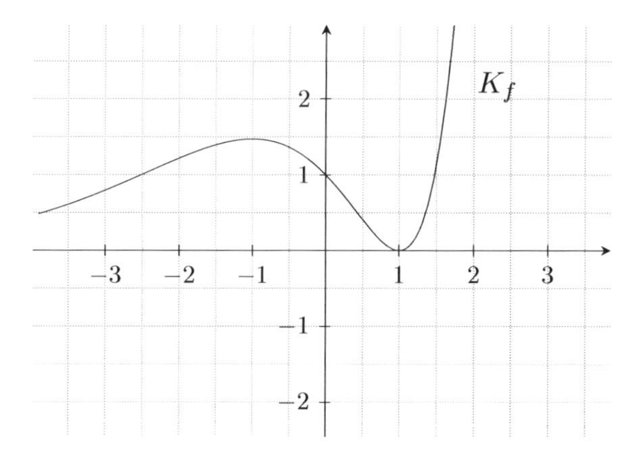

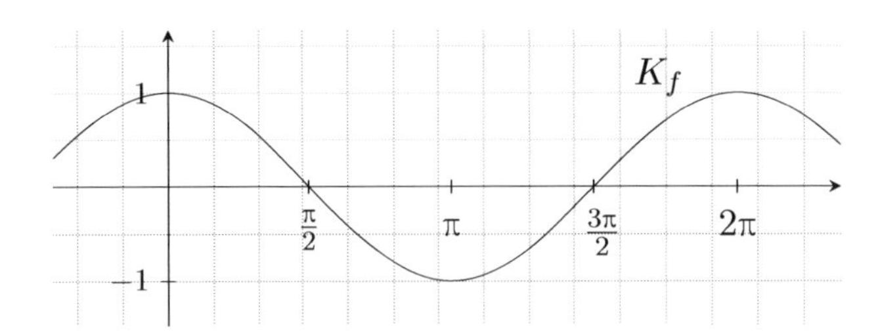

A 3.5 Which is which?

Die Abbildung zeigt eine Kurve K_f und deren Ableitungskurve $K_{f'}$. Welche der Kurven ist K_f, welche $K_{f'}$? Begründe deine Entscheidung auf mehrere Arten.

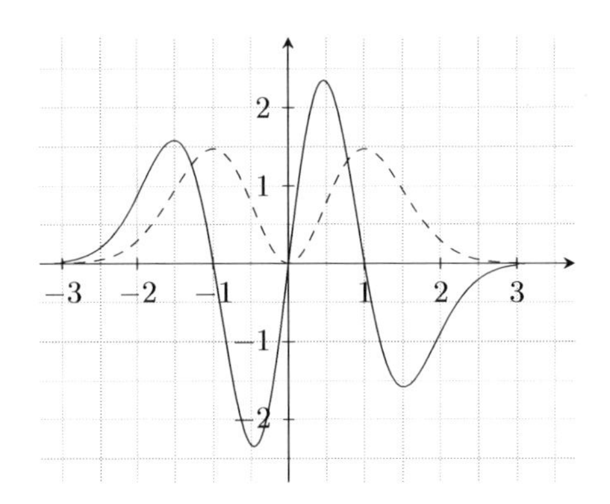

A 3.6 „Von f' zu f"

Rechts ist der Verlauf der Ableitungsfunktion f' einer Funktion f dargestellt. Begründe, ob die folgenden Aussagen richtig, falsch oder nicht entscheidbar sind.

a) K_f besitzt zwei Extrempunkte.

b) $x = -2$ ist eine Sattelstelle von K_f.

c) K_f hat genau zwei Wendepunkte.

d) $f(4) = 0$.

e) K_f verläuft im Schnittpunkt mit der y-Achse steiler als die erste Winkelhalbierende.

f) $f(1) > f(4)$.

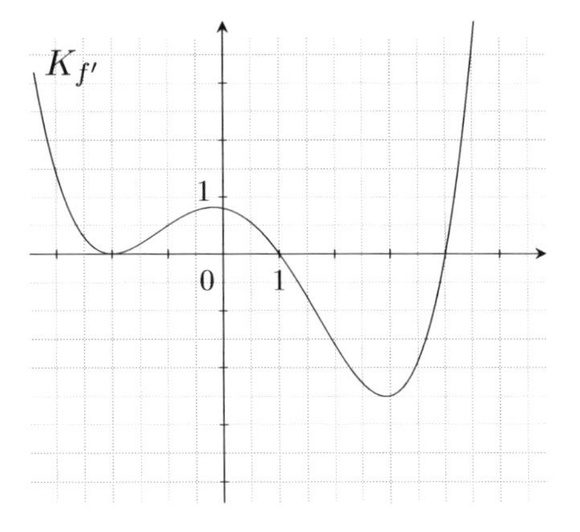

Zusatz: Skizziere den Verlauf von K_f, wenn $f(0) = 0$ bekannt ist. (☠)

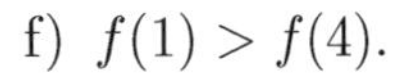

4 Monotonie

Alle in diesem Kapitel auftretenden Funktionen seien differenzierbar.

4.1 Der Monotoniesatz

Im Folgenden ist stets

$$I = (a\,;b) = \{\, x \in \mathbb{R} \mid a < x < b \,\}$$

ein offenes Intervall[11] und f eine Funktion, die auf I definiert ist. Dann heißt f bzw. ihr Schaubild K_f *streng monoton steigend* (sms) auf I, wenn für alle $x_1, x_2 \in I$ gilt

$$x_1 < x_2 \implies f(x_1) < f(x_2).$$

Anschaulich (siehe Abbildung 4.1) bedeutet dies, dass „K_f bergauf geht“: Je weiter man nach rechts läuft, desto größer werden die Funktionswerte $f(x)$.

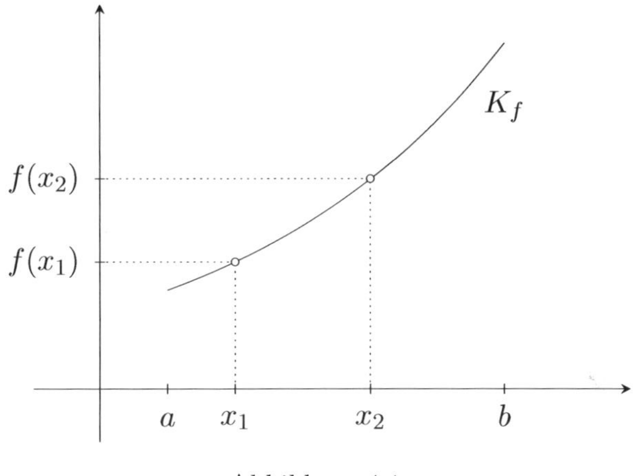

Abbildung 4.1

Anmerkung: Gilt für alle $x_1, x_2 \in I$ nur

$$x_1 < x_2 \implies f(x_1) \leqslant f(x_2),$$

dann heißt f *monoton steigend*. Nach dieser Definition ist auch eine konstante Funktion wie $f(x) = 5$ monoton steigend (über den Sinn hiervon kann man sich streiten), denn $f(x_1) \leqslant f(x_2)$ ist hier für beliebige x erfüllt, da ja stets $5 \leqslant 5$ gilt. Dieses konstante f ist aber nicht mehr streng monoton steigend, da $5 < 5$ nie erfüllbar ist.

Übung: Schreibe die Definition einer (*streng*) *monoton fallenden* (smf) Funktion selbst auf und zeichne ein Bildchen.

---

[11] Für die Definition von Monotonie spielt es keine Rolle, ob I offen, halboffen, also von der Form $(a\,;b]$ oder $[a\,;b)$, oder geschlossen, also von der Gestalt $[a\,;b]$, ist. Beim Monotoniesatz muss man in diesen Fällen aber an den zugehörigen Randpunkten von einer einseitigen Ableitung sprechen, was wir vermeiden wollen.

Beispiel 4.1 Die lineare Funktion f mit

$$f(x) = 2x - 1$$

ist streng monoton steigend auf ganz $\mathbb{R} = (-\infty; \infty)$. Wenn man sich das Schaubild vor Augen führt – eine um 1 nach unten verschobene Gerade mit Steigung 2 – ist das völlig klar, aber wir wollen auch den formalen Nachweis einmal führen. Seien also $x_1, x_2 \in D_f = \mathbb{R}$ zwei beliebige Stellen auf der x-Achse, die $x_1 < x_2$ erfüllen. Dann müssen wir zeigen, dass auch

$$f(x_1) < f(x_2)$$

gilt, was gleichbedeutend mit

$$f(x_1) - f(x_2) < 0$$

ist. Und tatsächlich ist

$$\begin{aligned} f(x_1) - f(x_2) &= 2x_1 - 1 - (2x_2 - 1) = 2x_1 - 1 - 2x_2 + 1 \\ &= 2x_1 - 2x_2 = 2 \cdot (x_1 - x_2) < 0, \end{aligned}$$

wobei im letzten Schritt $x_1 < x_2$, sprich $x_1 - x_2 < 0$, verwendet wurde.
War gar nicht so schwer, aber für kompliziertere Funktionen wird ein solcher rechnerischer Nachweis schwierig bis unmöglich werden. Deshalb versuchen wir ein weiteres Kriterium für strenge Monotonie zu finden und hierbei hilft uns die Ableitung.
Es ist

$$f'(x) = 2 > 0 \quad \text{für alle } x \in D_f,$$

d.h. K_f hat überall positive Tangentensteigung, also sollte doch rein anschaulich K_f streng monoton steigen. Denn auf dem Weg von einem x_1 zu einem $x_2 > x_1$ läuft man in jedem kleinen Schritt entlang einer Tangente mit postiver Steigung, also muss doch $f(x_2) > f(x_1)$ sein.

Diese anschauliche Überlegung stimmt nicht nur für lineare Funktionen, sondern ganz allgemein.

Monotoniesatz: Ist f eine Funktion mit positiver Ableitung auf dem Intervall $I = (a; b)$, so ist f dort streng monoton steigend. Kurz:

$$f'(x) > 0 \text{ für alle } x \in I \implies f \text{ sms auf } I.$$

Analog gilt auch

$$f'(x) < 0 \text{ für alle } x \in I \implies f \text{ smf auf } I.$$

So klar dieser Satz anschaulich auch sein mag, ein vollständiger Beweis ist schwerer als man denkt. (Interessierte lesen Abschnitt 4.2.)

Beispiel 4.2 Wir untersuchen die Funktion $f\colon I = \mathbb{R} \to \mathbb{R}$ mit

$$f(x) = \frac{1}{6}x^3 - 2x$$

auf Monotonie. Laut Monotoniesatz ist hierzu das Vorzeichen von

$$f'(x) = \frac{1}{2}x^2 - 2$$

ausschlaggebend, d.h. wir müssen die x finden, für die $f'(x) > 0$ bzw. < 0 gilt. Dazu lösen wir zunächst $f'(x) = 0$:

$$f'(x) = \frac{1}{2}x^2 - 2 = 0 \iff \frac{1}{2}x^2 = 2 \iff x^2 = 4 \iff |x| = 2.$$

Jetzt stellen wir uns das Schaubild von $f'(x) = \frac{1}{2}x^2 - 2$ vor – es ist eine Parabel (graue Kurve in Abbildung 4.2), deren Nullstellen wir gerade zu ± 2 bestimmt haben. Da die Parabel $K_{f'}$ nach oben geöffnet ist, verläuft sie zwischen den Nullstellen im Negativen und links und rechts von den Nullstellen im Positiven.
Ergo: Für alle x mit $-2 < x < 2$ (sprich $|x| < 2$) gilt $f'(x) < 0$, also ist f für $|x| < 2$ nach dem Monotoniesatz streng monoton fallend. Für $x < -2$ oder $x > 2$ (sprich $|x| > 2$) ist $f'(x) > 0$, somit ist f für diese x streng monoton steigend. Insgesamt:

$$f \text{ ist sms auf } I_1 = (\,-\infty\,; -2\,) \text{ oder } I_2 = (\,2\,; \infty\,);\ f \text{ ist smf auf } I_3 = (\,-2\,; 2\,).$$

Ein Blick auf Abbildung 4.2 (schwarze Kurve) bestätigt dieses Verhalten. (**Achtung:** Warum ist f *nicht* sms auf $I_1 \cup I_2$, d.h. auf beiden Intervallen gemeinsam betrachtet?)

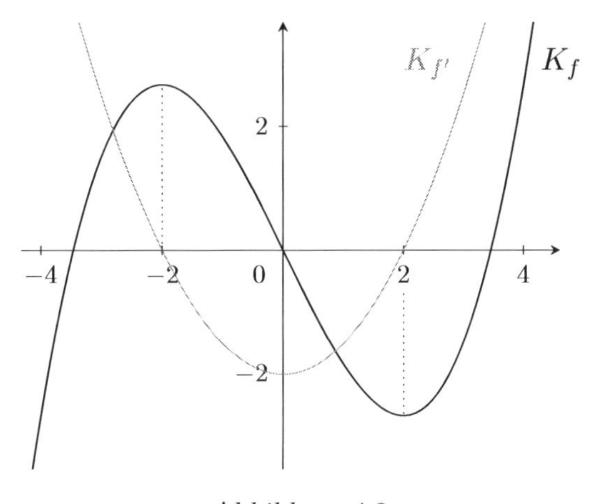

Abbildung 4.2

Anmerkung: Das Schließen von „schwarz → grau", also von K_f auf $K_{f'}$ ist dir bereits aus dem letzten Kapitel bekannt. Hier sind wir umgekehrt vorgegangen und haben uns mit Hilfe des Monotoniesatzes durch Betrachten von f' Informationen über f geholt.

Achtung: Die Umkehrung des Monotoniesatzes gilt n i c h t, d.h. aus der strengen Monotonie einer Funktion f auf I folgt nicht $f'(x) > 0$ (oder < 0) auf ganz I, wie das Beispiel der Kubikfunktion zeigt.

Beispiel 4.3 Die Kubikfunktion

$$f(x) = x^3 \quad \text{auf } I = \mathbb{R}$$

ist zwar streng monoton steigend auf I, aber ihre Ableitung ist nicht immer positiv, denn im Ursprung gilt

$$f'(0) = 0.$$

Dieses einfache Beispiel zeigt bereits

$$f \text{ sms auf } I \;\not\Rightarrow\; f'(x) > 0 \text{ für alle } x \in I.$$

Übrigens: Die strenge Monotonie von f ist zwar anschaulich klar, wie ein Blick auf Abbildung 4.3 zeigt; ein rechnerischer Nachweis ist allerdings gar nicht so leicht (siehe Aufgabe 4.3).

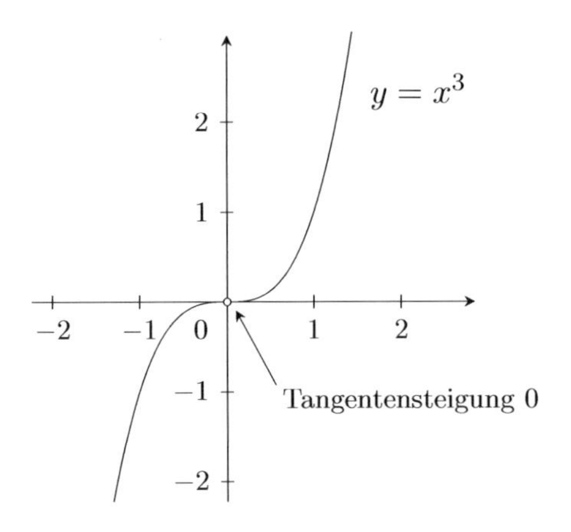

Abbildung 4.3

Dieses Beispiel zeigt, dass einzelne Stellen mit $f'(x) = 0$ der strengen Monotonie keinen Abbruch tun. Dies gilt sogar bei mehreren Nullstellen der Ableitung, solange diese „vereinzelt" auftreten, sich also nicht „häufen[12]" oder gar ein ganzes Intervall bilden.

Glücklichweise sind *Polynomfunktionen*, also die Funktionsklasse, die uns dieses Jahr fast ausschließlich interessiert, brav in dieser Hinsicht. Beispiele für Polynomfunktionen (kurz: Polynome) sind

$$f(x) = x^2 - 2x + 1, \qquad g(x) = x^4 - \frac{1}{2}x^3, \qquad h(x) = -\frac{1}{3}x^6 + \sqrt{2}\,x^2 - 5, \quad \text{etc.}$$

Allgemein heißt eine Funktion $f\colon \mathbb{R} \to \mathbb{R}$ mit Funktionsterm

$$f(x) = a_n x^n + a_{n-1}x^{n-1} + \ldots + a_2x^2 + a_1x + a_0; \qquad a_0, \ldots, a_n \in \mathbb{R}$$

(reelle) *Polynomfunktion n-ten Grades* (falls $a_n \neq 0$) mit den *Koeffizienten* $a_0, \ldots, a_n$.

[12] Diesen Begriff kann man mathematisch präzise fassen, was wir hier aber nicht tun.

Ein solches Polynom n-ten Grades kann höchstens n verschiedene Nullstellen haben. Ist nun f ein Polynom n-ten Grades, so ist seine Ableitung f' ein Polynom vom Grad $n-1$, und die maximal $n-1$ Nullstellen der Ableitung, also die Stellen x mit $f'(x)=0$, liegen somit „vereinzelt". Für Polynome gilt daher ein Monotoniekriterium mit abgeschwächter Voraussetzung (Beweis auf Seite 54):

Monotoniesatz für Polynome: Ist f eine nicht konstante Polynomfunktion auf einem Intervall I, dann gilt:

$$f'(x) \geqslant 0 \text{ für alle } x \in I \implies f \text{ ist } \textit{streng} \text{ monoton steigend auf } I.$$

Analog für $f'(x) \leqslant 0$.

Dies kann auch für nicht polynomiale Funktionen gelten, solange die Ableitungs-Nullstellen sich nicht häufen; siehe Aufgabe 4.1 e).
Was passiert, wenn die Nullstellen von f' nicht mehr vereinzelt auftreten, sondern z.B. ein ganzes Intervall bilden, zeigt das nächste Beispiel.

Beispiel 4.4 Die Funktion f mit

$$f(x) = \begin{cases} x^3+1 & \text{für } x<0 \\ 1 & \text{für } 0 \leqslant x \leqslant 2 \\ (x-2)^3+1 & \text{für } x>2, \end{cases}$$

deren Schaubild in Abbildung 4.4 dargestellt ist, ist auf ganz $\mathbb{R}$ differenzierbar[13] und es gilt $f'(x) \geqslant 0$ für alle $x \in \mathbb{R}$. Allerdings ist f nicht streng monoton steigend, sondern nur monoton steigend: Aufgrund des konstanten Verlaufs auf $(0;2)$ gilt dort nur $f(x_1) \leqslant f(x_2)$ für $x_1 < x_2$ und nicht mehr $f(x_1) < f(x_2)$.
Dies widerspricht nicht dem Monotoniesatz für Polynome, da f keine Polynomfunktion ist – f ist zwar aus einzelnen Polynomfunktionen zusammengestückelt, aber es gibt keinen Polynomausdruck, der $f(x)$ auf $\mathbb{R}$ wiedergibt.

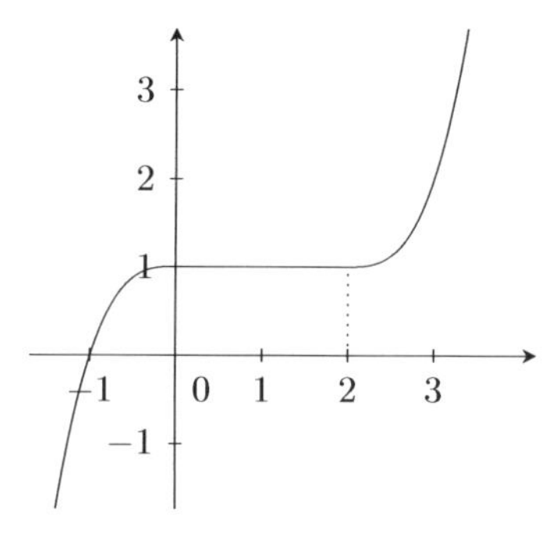

Abbildung 4.4

[13] An den „Kittstellen" gilt $f'(0)=0=f'(2)$, da dort die links- und rechtsseitigen Grenzwerte der Differenzenquotienten übereinstimmen und jeweils 0 sind.

A **4.1** Untersuche die folgenden Funktionen $f\colon \mathbb{R} \to \mathbb{R}$ auf Monotonie, d.h. bestimme die Intervalle, auf denen sie sms oder smf sind.

a) $f(x) = -x + 3$ b) $f(x) = x^2 - 4x$ c) $f(x) = -x^3 + 6x^2 - 9x$

d) $f(x) = \frac{1}{3}x^3 - \frac{1}{2}x^2 - 2x + 1$ e) $f(x) = x + \sin(x)$ (☠)

A **4.2** Begründe: Ist f eine Funktion mit $f'(x) > 0$ für alle x aus dem Intervall I, so ist g mit $g(x) = f(x) + c$, $c \in \mathbb{R}$ eine Konstante, sms auf I.

A **4.3** Nachweis, dass $f(x) = x^3$ auf ganz $\mathbb{R}$ sms ist.

a) Welchen Ausdruck muss man für ♡ einsetzen, damit gilt

$$u^3 - v^3 = (u - v) \cdot (u^2 + \heartsuit + v^2)\,?$$

b) Verwende a), um die strenge Monotonie von f zu beweisen, also dass aus $u < v$ stets $f(u) < f(v)$ folgt. (Um die Notation zu vereinfachen, schreiben wir u und v anstelle von x_1 und x_2.) ☠

Anleitung: Beginne mit Fall (1): $u \geqslant 0$ und überlege, welches Vorzeichen die Klammern auf der rechten Seite von a) in diesem Fall besitzen. Im Fall $u < 0$ kann entweder (2): $v \geqslant 0$ oder (3): $v < 0$ sein. Warum ist in (2) klar, dass $u^3 < v^3$ gilt? (3) läuft ähnlich wie (1).

A **4.4** Bastle eine Funktion f, für die zwar $f'(x) > 0$ auf ganz D_f gilt, die aber nicht streng monoton steigend ist. ☠

 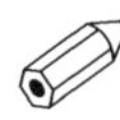 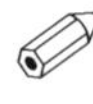

4.2 Monotonie: Das steckt dahinter

In diesem anspruchsvolleren Abschnitt führen wir den Beweis des Monotoniesatzes – auch für Polynome –, der aus einem (für die höhere Mathematik) sehr wichtigen Satz der Differenzialrechnung folgt, dem sogenannten

Mittelwertsatz: Ist $f\colon [\,c\,;d\,] \to \mathbb{R}$ eine auf $(\,c\,;d\,)$ differenzierbare Funktion, die „am Rand keine Sprünge macht" (also auf $[\,c\,;d\,]$ stetig ist), dann gibt es ein $x_0 \in (\,c\,;d\,)$ mit

$$\frac{f(d) - f(c)}{d - c} = f'(x_0).$$

Uns fehlen zwar die Mittel, um diesen Satz hier streng zu beweisen, dafür ist er anschaulich aber völlig klar, wenn man Abbildung 4.5 betrachtet: Der Mittelwertsatz besagt nämlich einfach, dass es zur Sekante an K_f auf $[\,c\,;d\,]$, welche ja die Steigung

$$m_s = \frac{f(d)-f(c)}{d-c}$$

besitzt, stets eine Stelle x_0 gibt, sodass die Tangente an K_f bei x_0 parallel zu dieser Sekante verläuft. (Tangentensteigung $f'(x_0)$ gleich Sekantensteigung m_s bedeutet Parallelität beider Geraden.)

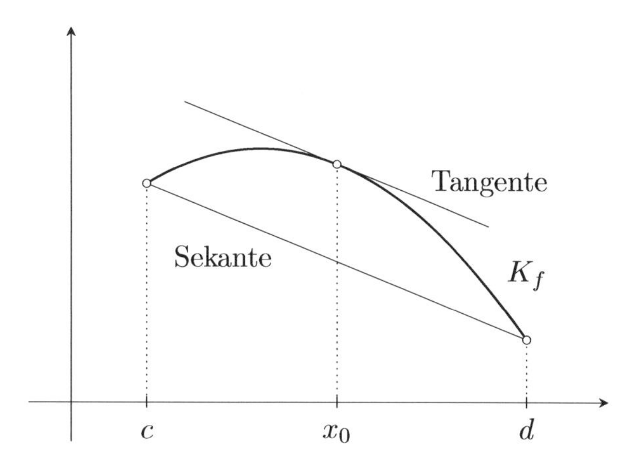

Abbildung 4.5

Beweis des Monotoniesatzes: Es sei f eine auf $I = (\,a\,;b\,)$ differenzierbare Funktion mit

$$f'(x) > 0 \quad \text{für alle } x \in I.$$

Wir müssen zeigen, dass f sms ist, also dass für beliebige $c,\ d \in I$ mit $c < d$ stets $f(c) < f(d)$ gilt. Da differenzierbare Funktionen automatisch stetig sind, sind die Voraussetzungen des Mittelwertsatzes auf $[\,c\,;d\,]$ erfüllt und dieser garantiert uns die Existenz eines $x_0 \in (\,c\,;d\,)$, welches

$$\frac{f(d)-f(c)}{d-c} = f'(x_0)$$

erfüllt. Umgeformt bedeutet dies

$$f(d)-f(c) = f'(x_0)\cdot(d-c).$$

Nun ist aber $f'(x_0) > 0$ (nach Voraussetzung über f') und $d-c > 0$, da $c < d$ gewählt wurde. Also folgt

$$f(d)-f(c) = \underbrace{f'(x_0)}_{>0}\cdot\underbrace{(d-c)}_{>0} > 0 \quad \Longleftrightarrow \quad f(d) > f(c).$$

Somit ist $f(c) < f(d)$, was zu zeigen war. Entsprechend verfährt man, um im Falle $f' < 0$ streng monotones Fallen zu beweisen. □

Beweis des Monotoniesatzes für Polynome: Es sei f ein Polynom[14] für welches $f'(x) \geqslant 0$ für alle $x \in I = (\,a\,;b\,)$ gilt.
Wir beginnen mit dem Fall, dass f' nur eine Nullstelle besitzt, o.B.d.A.[15] bei $0 \in I$. Wir unterteilen I in zwei Intervalle,

$$I_1 = (\,a\,;0\,) \quad \text{und} \quad I_2 = (\,0\,;b\,).$$

Dann ist nach Voraussetzung $f'(x) > 0$ für $x \in I_1$ und $x \in I_2$, also ist f auf diesen beiden Intervallen nach dem normalen Monotoniesatz streng monoton steigend – es fehlt lediglich noch die 0 als Lücke zwischen beiden Intervallen. Damit f nicht auf ganz I streng monoton steigt, müsste z.B. so etwas wie in Abbildung 4.6 geschehen.

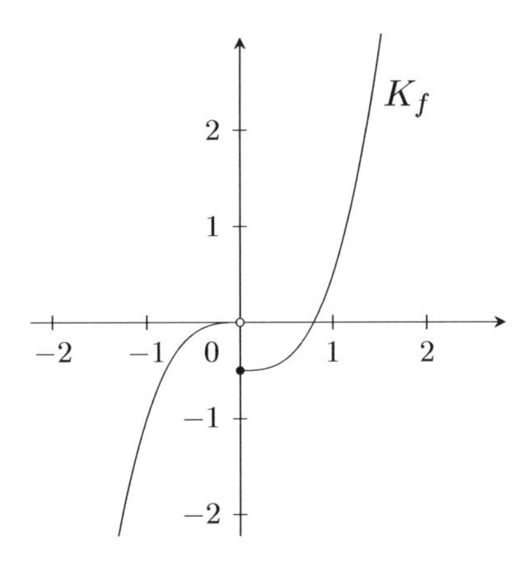

Abbildung 4.6

Dies aber widerspricht der Stetigkeit von f (dass „f keine Sprünge macht") bzw. der Differenzierbarkeit von f in 0 (das dargestellte K_f besitzt keine Ableitung in 0). Als anschaulicher Beweis genügt das eigentlich schon; dennoch wollen wir den Beweis unter Verwendung der Differenzierbarkeit von f noch streng zu Ende führen – ganz ohne Bezug auf anschauliche Argumente mit Bildchen.

Annahme: f ist *nicht* auf ganz I streng monoton steigend. Dann muss es Zahlen $u, v \in I$ mit $u < v$ geben, sodass

$$f(u) \geqslant f(v)$$

gilt. Wir begründen zunächst, warum wir sogar gleich von

$$f(u) > f(v)$$

ausgehen können. Dazu nehmen wir $f(u) = f(v)$ an und unterscheiden drei Fälle.

[14] Tatsächlich kann f eine beliebige differenzierbare Funktion sein, deren Ableitung keine gehäuften Nullstellen besitzt.

[15] „ohne Beschränkung der Allgemeinheit"; soll bedeuten, dass die Wahl der Zahl 0 als Nullstelle die Allgemeinheit des Beweises nicht einschränkt. Wenn die Nullstelle bei $x = c \neq 0$ liegt, kann man das Schaubild samt Intervall I um c in x-Richtung verschieben, sodass die Nullstelle auf 0 wandert – die Monotonie bleibt von so einer Verschiebung unberührt.

(1) $v \in I_2$: Da I_2 ein nach links offenes Intervall ist (also keine kleinste Zahl besitzt), gibt es ein $v_0 \in I_2$ mit $v_0 < v$ und $f(v_0) < f(v)$ (da f sms auf I_2 ist) und dieses v_0 erfüllt dann $f(u) = f(v) > f(v_0)$. Man braucht also nur v durch v_0 zu ersetzen, um die echte Ungleichung zu erhalten.

(2) $v = 0$: Aufgrund von $u < v = 0$ folgt $u \in I_1$. Selbes Argument wie in (1): Da I_1 ein nach rechts offenes Intervall ist (also keine größte Zahl besitzt), gibt es ein $u_0 \in I_1$ mit $u_0 > u$ und $f(u_0) > f(u)$ (da f sms auf I_1 ist). Dieses u_0 erfüllt $f(u_0) > f(u) = f(v)$.

(3) $v \in I_1$: Dieser Fall kann nicht auftreten, denn aufgrund von $u < v$ läge dann auch u in I_1, und es wäre $f(u) < f(v)$, da f auf I_1 sms ist.

Wir befinden uns also auf einem Intervall $(\, u\,;v\,)$ mit $f(u) > f(v)$. Da f als Polynom (sogar auf ganz $\mathbb{R}$) stetig und differenzierbar ist, können wir den Mittelwertsatz anwenden, der uns ein $x_0 \in (\, u\,;v\,)$ liefert mit

$$\frac{f(v) - f(u)}{v - u} = f'(x_0).$$

Nach Wahl von u und v ist aber $v - u > 0$ und $f(v) - f(u) < 0$, sodass der linke Bruch negativ wird, was

$$f'(x_0) = \frac{f(v) - f(u)}{v - u} < 0$$

bedeutet. Dies widerspricht der Voraussetzung $f'(x) \geqslant 0$ für alle $x \in I$. Dieser Widerspruch zeigt, dass die Annahme falsch gewesen sein muss, d.h. f muss auf ganz I streng monoton steigend sein.
Besitzt f' mehrere Nullstellen $x_1 < x_2 < \ldots < x_n$, so unterteilt man I in die Intervalle

$$I_1 = (\, a\,; x_1\,), \quad I_2 = (\, x_1\,; x_2\,), \quad \ldots \quad I_{n+1} = (\, x_n\,; b\,)$$

und wendet obiges Argument auf jedes Intervallpaar I_k, I_{k+1} an, und erhält so Stück für Stück wieder die strenge Monotonie von f auf ganz I. Entscheidend ist, dass diese Intervalleinteilung nur dann möglich ist, wenn die Nullstellen von f' keinen „Häufungspunkt“ besitzen oder gar ein ganzes Intervall bilden, was bei den endlich vielen Nullstellen eines Polynoms nie passieren kann. □

5 Extrem- und Wendepunkte berechnen

Wir drücken die in Kapitel 3 geometrisch gewonnenen Einsichten über Extrem- und Wendepunkte nun rechnerisch aus und entwickeln Kochrezepte, mit denen man solche Punkte eines Schaubilds ohne (viel) zu denken berechnen kann.

5.1 Vorbemerkung: Notwendig und hinreichend

Betrachte die beiden folgenden Aussagen:

A: Waldi ist ein Hund und B: Waldi ist ein Dackel.

Dann ist A eine sogenannte *notwendige Bedingung* für B: Wenn A nicht erfüllt ist, kann B keinesfalls richtig sein. Oder anders ausgedrückt: Damit B überhaupt stimmen kann, muss A erfüllt sein. Und nochmals anders: A ist notwendig für B, wenn gilt

B $\Longrightarrow$ A (lies: „aus B folgt A" oder „B impliziert A").

(Denn in diesem Fall kann es nicht sein, dass A falsch ist, B aber richtig, denn dann würde aufgrund von B $\Longrightarrow$ A folgen, dass auch A richtig ist.)
Allerdings ist in obigem Beispiel die Richtigkeit von A noch lange keine *hinreichende Bedingung* für die Richtigkeit von B – Waldi könnte z.B. auch eine deutsche Dogge sein. Hinreichend bedeutet, dass aus A zwingend B folgt, sprich

A $\Longrightarrow$ B.

Hinreichend für B wäre z.B. die Bedingung

A′: „Waldi ist ein Dackel-Rüde".

Beachte, dass A′ nun nicht mehr notwendig für B ist, da B $\Longrightarrow$ A′ falsch ist – Waldi muss nicht männlich sein, um ein Dackel zu sein (auch wenn die Namenswahl es hier suggerieren würde).

A **5.1** Untersuche, ob A notwendig und/oder hinreichend für B ist.

a) A: Es regnet, B: Die Straße ist nass.

b) A: Das Viereck ist eine Raute, B: Das Viereck ist ein Quadrat.

c) A: Das Dreieck ist rechtwinklig, B: Es gilt $a^2 + b^2 = c^2$.
(Hierbei sind a, b und c die Seitenlängen des Dreiecks; c die größte.)

d) A: n ist eine gerade Zahl, B: n ist durch 4 teilbar.

e) A: $f'(x) > 0$ auf $(\,a\,;b\,)$, B: f ist sms auf $(\,a\,;b\,)$.

5.2 Extrempunkte berechnen

Für die folgenden Definitionen ist der Begriff der *Umgebung* einer Stelle x_0 nützlich: Eine Umgebung $U(x_0)$ ist einfach ein offenes Intervall, welches x_0 enthält, also „um x_0 herum liegt“, d.h. $U(x_0) = (a; b)$ mit $x_0 \in (a; b)$.

Definition: Eine Stelle x_0 heißt *lokales Extremum* der Funktion f, wenn es eine Umgebung $U(x_0)$ gibt, sodass gilt

$f(x) \geqslant f(x_0)$ für alle[16] $x \in U(x_0) \cap D_f$; x_0 ist dann *Tiefstelle* oder

$f(x) \leqslant f(x_0)$ für alle $x \in U(x_0) \cap D_f$; hier ist x_0 eine *Hochstelle*.

Auf Deutsch: $f(x_0)$ ist in der Nähe von x_0 (also lokal) der kleinste oder größte Wert, den f annimmt. Gilt dies sogar für alle $x \in D_f$, heißt x_0 *globales Extremum*. Ist x_0 eine Tiefstelle, so heißt der zugehörige Funktionswert $f(x_0)$ *Minimum* von f, im Falle einer Hochstelle spricht man bei $f(x_0)$ von einem *Maximum* der Funktion (je nach Art noch mit der Vorsilbe lokal oder global).
Der Punkt $(x_0 \mid f(x_0))$ heißt *Tiefpunkt* oder *Hochpunkt* des Schaubilds K_f.

Beispiel 5.1 Abbildung 5.1 hilft beim Verdauen dieser Definitionen:

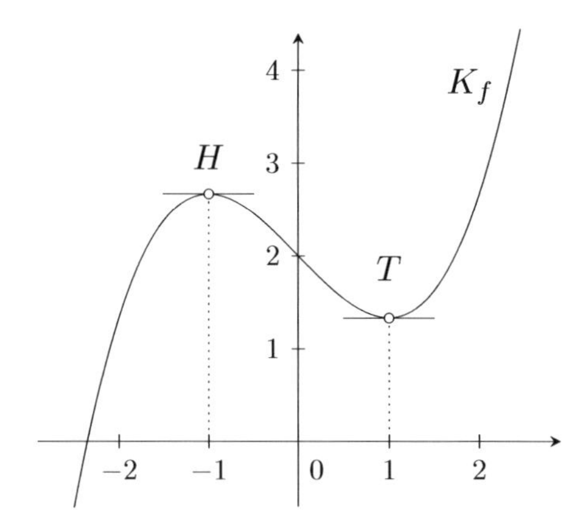

Abbildung 5.1

$x_0 = 1$ ist ein Extremum von f und zwar eine Tiefstelle, weil $f(1)$ z.B. in $U(1) = (0; 2)$ der kleinste Funktionswert ist:

$$f(x) \geqslant f(1) \quad \text{für alle } x \in U(1).$$

Das „$\cap D_f$“ kann man sich hier sparen, weil $U(1)$ ganz in D_f liegt.
$f(1)$ ist ein lokales Minimum, aber kein globales Minimum, da es noch kleinere Funktionswerte als $f(1) \approx 1{,}3$ gibt, z.B. ist $f(-2{,}5) < 0$. Der Punkt $T(1 \mid f(1))$ ist ein (lokaler) Tiefpunkt von K_f.

Schreibe die Begriffe zu $x_0 = -1$ selber auf.

[16] $x \in U(x_0) \cap D_f$ (lies: „$U(x_0)$ geschnitten mit D_f“) bedeutet dabei, dass x in $U(x_0)$ und gleichzeitig im Definitionsbereich D_f liegt; das ist eigentlich nur bei Randextrema wichtig, siehe später.

Beispiel 5.2 Betrachte die Funktion $f\colon [0;2] \to \mathbb{R}$ mit dem in Abbildung 5.2 dargestellten Schaubild.

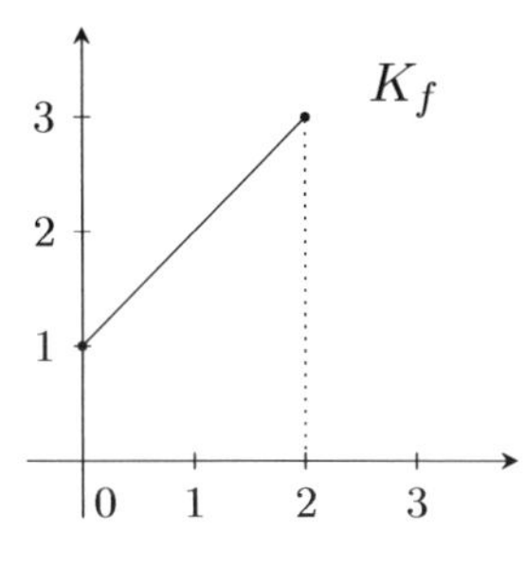

Abbildung 5.2

Es ist klar, dass $f(0) = 1$ hier ein globales Minimum ist, denn es ist der kleinste Funktionswert auf ganz D_f. Ebenso ist $f(2) = 3$ ein globales Maximum.
Die Stellen $x_0 = 0$ bzw. 2 sind in diesem Fall keine *inneren Extremstellen*, da sie die Randpunkte des Definitionsintervalls $D_f = [0;2]$ darstellen und somit nicht im Inneren von D_f liegen. Man spricht hier von *Rand-Extremstellen.*

Zum Nachdenken: Was ändert sich, wenn man in diesem Beispiel $[0;2]$ durch das offene Intervall $(0;2)$ ersetzt?

Betrachte wieder Abbildung 5.1: Es ist anschaulich klar, dass das Schaubild K_f an einer Extremstelle x_0 eine waagerechte Tangente besitzen muss, denn würde für die Steigung dort $f'(x_0) > 0$ bzw. < 0 gelten, so wäre f in der Nähe von x_0 streng monoton steigend bzw. fallend[17] und $f(x_0)$ könnte nicht der größte bzw. kleinste Funktionswert sein. Somit ist $f'(x_0) = 0$ eine *notwendige Bedingung für Extremstellen.*
Beispiel 5.2 zeigt jedoch, dass wir hier noch etwas präziser sein müssen, denn für Rand-Extrema gilt das mit der waagerechten Tangente nicht: $x_0 = 0$ ist eine Tiefstelle, obwohl K_f bei $x_0 = 0$ keine waagerechte Tangente besitzt. (Die Tangente wäre hier die Gerade K_f selbst, wenn man $f'(0)$ als rechtsseitige Ableitung auffasst.)

Merke: *Notwendige Bedingung für innere Extremstellen*

Es sei $f\colon I \to \mathbb{R}$ auf dem Intervall I differenzierbar und x_0 eine innere Stelle von I. Es kann x_0 nur dann eine Extremstelle von f sein, wenn K_f bei x_0 eine waagerechte Tangente besitzt, d.h. wenn gilt

$$f'(x_0) = 0.$$

Anders ausgedrückt: Es m u s s $f'(x_0) = 0$ gelten, damit x_0 überhaupt eine innere (!) Extremstelle von f sein kann.

[17] Wir setzen hier voraus, dass f' stetig ist (was in der Schule stets erfüllt ist) und somit in der Nähe von x_0 keine abrupten VZW machen kann. Genau genommen sollte man f für dieses Argument also als *stetig* differenzierbar voraussetzen, d.h. dass f' stetig ist.

Dass diese notwendige Bedingung noch lange nicht hinreichend ist, zeigt das nächste

Beispiel 5.3 Die Kubikfunktion

$$f\colon \mathbb{R} \to \mathbb{R}, \quad x \mapsto x^3,$$

erfüllt bei $x_0 = 0$ zwar die notwendige Bedingung für innere Extremstellen,

$$f'(0) = 0,$$

aber $x_0 = 0$ ist offensichtlich keine Extremstelle von f, sondern eine Sattelstelle.

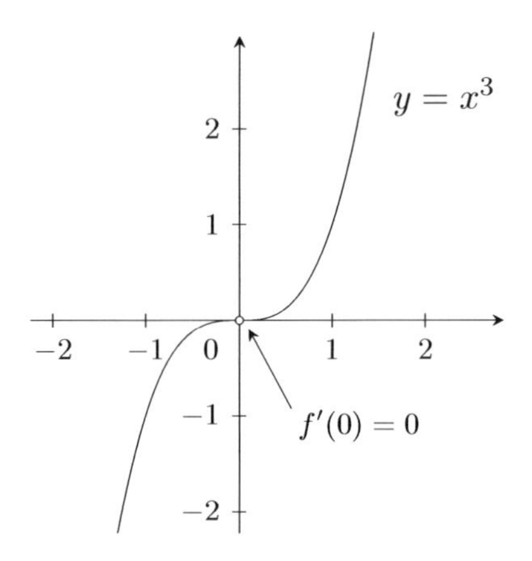

Abbildung 5.3

Der Hintergrund ist, dass

$$f'(x) = 3x^2 > 0 \quad \text{für alle } x \neq 0$$

gilt, dass f also auf ganz $\mathbb{R}$ streng monoton steigend ist (Monotoniesatz für Polynome) und somit keine Minima oder Maxima besitzen kann.

Wir brauchen also noch eine weitere Bedingung, die für das Auftreten von Extremstellen hinreichend ist. Diese kennen wir bereits aus Kapitel 3; es ist der VZW von f': Macht f' bei x_0 etwa einen VZW von $-$ nach $+$, dann gibt es eine Umgebung $U(x_0)$ von x_0, sodass für $x \in U(x_0)$

$$f'(x) < 0 \quad \text{für } x < x_0 \qquad \text{und} \qquad f'(x) > 0 \quad \text{für } x > x_0$$

gilt. Damit ist f laut Monotoniesatz links von x_0 streng monoton fallend und rechts von x_0 streng monoton steigend – damit bleibt x_0 nichts anderes übrig, als eine Tiefstelle von f zu sein. Veranschauliche dir dies anhand von Abbildung 5.4 links und schreibe die Überlegungen für eine Hochstelle selbst auf.

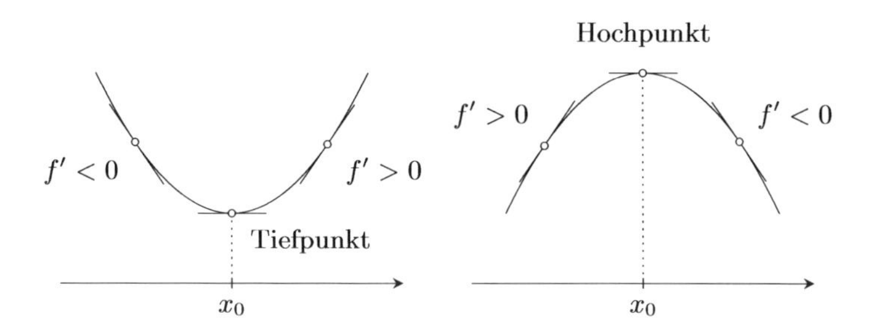

Abbildung 5.4

Merke: *Hinreichende Bedingung für innere Extremstellen*

Es sei $f\colon I \to \mathbb{R}$ auf dem Intervall I differenzierbar und x_0 eine innere Stelle von I. Besitzt f' eine Nullstelle bei x_0 mit VZW, dann ist x_0 eine Extremstelle von f. Kurz:

$$f'(x_0) = 0 \text{ mit VZW} \implies x_0 \text{ ist Extremstelle.}$$

Bei VZW von $-$ nach $+$ ist x_0 eine Tiefstelle, bei VZW von $+$ nach $-$ eine Hochstelle. (Nicht auswendig lernen, sondern immer an einem Bildchen mit Tangentensteigungen vorstellen.)

Beispiel 5.4 Wir untersuchen die Funktion

$$f\colon \mathbb{R} \to \mathbb{R}, \quad f(x) = x^3 - 12x + 4,$$

rechnerisch auf Extremstellen. Die erste Ableitung lautet

$$f'(x) = 3x^2 - 12.$$

Notwendige Bedingung für innere Extremstellen[18]: $f'(x) = 0$, d.h.

$$3x^2 - 12 = 0 \quad \iff \quad x^2 = \frac{12}{3} = 4 \quad \iff \quad x = \pm\sqrt{4} = \pm 2.$$

Somit haben wir zwei Extremstellen-K a n d i d a t e n gefunden, nämlich $x_{1,2} = \pm 2$. Ob es sich auch wirklich um Extremstellen handelt, zeigt die hinreichende Bedingung des VZWs. Da $K_{f'}$ eine nach oben geöffnete Parabel mit den Nullstellen ± 2 ist (Skizze!), lassen sich die Vorzeichen von f' leicht ermitteln:

Für $x < -2$ oder $x > 2$ ist $f'(x) > 0$ und

für $-2 < x < 2$ ist $f'(x) < 0$.

[18] Da $\mathbb{R}$ keine Randpunkte besitzt, sind alle auftretenden Extremstellen automatisch innere Stellen, deshalb bräuchte man das hier nicht extra dazusagen.

- Somit vollzieht f' bei $x_1 = -2$ einen VZW von $+$ nach $-$, d.h. -2 ist eine Hochstelle. Die zugehörige y-Koordinate ist $y_1 = f(-2) = 20$, also ist $H\,(\,-2\,|\,20\,)$ ein Hochpunkt von K_f.

- Bei $x_2 = 2$ besitzt f' einen VZW von $-$ nach $+$, d.h. 2 ist eine Tiefstelle mit y-Koordinate $y_2 = f(2) = -12$, d.h. der Tiefpunkt von K_f liegt bei $T\,(\,2\,|\,-12\,)$.

Anmerkung: Oft lässt sich der VZW von f' nicht so einfach herausfinden wie in diesem Beispiel. Da all unsere Funktionen und Ableitungen stetig sind („keine Sprünge machen“) kann man dann Gebrauch von folgender Tatsache machen:

> Eine stetige Funktion wechselt zwischen zwei benachbarten Nullstellen nie ihr Vorzeichen.

Man kann also Zahlen links und rechts einer Nullstelle einsetzen (solange man dabei keine Nullstelle überspringt), um das Vorzeichen von f' in den zugehörigen Intervallen zu bestimmen. In obigem Beispiel sind die drei Intervalle $(\,-\infty\,;-2\,)$, $(\,-2\,;2\,)$ und $(\,2\,;\infty\,)$ zu untersuchen.

- Es ist $f'(-3) = 15 > 0$, also gilt $f'(x) > 0$ für alle $x \in (\,-\infty\,;-2\,)$.

- Es ist $f'(0) - 12 < 0$, also gilt $f'(x) < 0$ für alle $x \in (\,-2\,;2\,)$.

- Es ist $f'(3) = 15 > 0$, also gilt $f'(x) > 0$ für alle $x \in (\,2\,;\infty\,)$.

Nun eine gute Nachricht: In vielen Fällen gibt es eine viel angenehmere hinreichende Bedingung als die Überprüfung des VZWs. Diese verwendet die *zweite Ableitung* f'', die nichts anderes als die Ableitung der Ableitung ist:

$$f''(x) := (f')'(x).$$

Merke: *Weitere hinreichende Bedingung für innere Extremstellen*

Es sei $f\colon I \to \mathbb{R}$ auf dem Intervall I zweimal differenzierbar und x_0 eine innere Stelle von I, die $f'(x_0) = 0$ erfüllt, d.h. x_0 ist Extremstellen-Kandidat. Dann gilt:

Im Falle $f''(x_0) > 0$ ist x_0 eine Tiefstelle, $f(x_0)$ also ein Minimum,

im Falle $f''(x_0) < 0$ ist x_0 eine Hochstelle, $f(x_0)$ also ein Maximum.

Beweis: Gilt $f''(x_0) > 0$, dann gilt sogar $f''(x) > 0$ für alle x in einer (klein genugen) Umgebung $U(x_0)$, da sonst f'' einen abrupten Sprung von $+$ nach $-$ vollziehen müsste[19]. Somit ist f'', also die Ableitung von f', positiv in $U(x_0)$ und aus dem Monotoniesatz folgt, dass f' sms auf $U(x_0)$ ist. Da laut Voraussetzung $f'(x_0) = 0$ gilt, bedeutet dies, dass f' einen VZW von $-$ nach $+$ vollzieht und damit x_0 eine Tiefstelle ist. Analog für $f''(x_0) < 0$. □

[19] Wir gehen stillschweigend immer von stetigen Funktionen aus. Korrekterweise hätte man für diesen Beweis eine zweimal *stetig* differenzierbare Funktion fordern müssen, d.h. dass f'' stetig ist (was nicht automatisch aus der Existenz von f'' folgt).

Beispiel 5.4′ Die zweite Ableitung von $f(x) = x^3 - 12x + 4$ ist

$$f''(x) = (f')'(x) = (3x^2 - 12)' = 6x$$

und mit eben bewiesener hinreichender Bedingung folgt ganz gechillt:

$$f''(-2) = -12 < 0 \implies x_1 = -2 \text{ ist Hochstelle von } f,$$

$$f''(2) = 12 > 0 \implies x_2 = 2 \text{ ist Tiefstelle von } f.$$

Man wird also bei der Suche nach Extremstellen zunächst zweimal ableiten, und hoffen, dass am Ende die hinreichende Bedingung mit $f''(x_0) \neq 0$ funktioniert. Wenn's blöd läuft, kann auch der Fall des nächsten Beispiels eintreten.

Beispiel 5.5 Wir berechnen die Extremstellen von

$$f\colon \mathbb{R} \to \mathbb{R}, \quad x \mapsto x^4.$$

Zweimal ableiten:

$$f'(x) = 4x^3$$

$$f''(x) = 12x^2.$$

Notwendige Bedingung für Extremstellen: $f'(x) = 0$, d.h.

$$4x^3 = 0 \quad \Longleftrightarrow \quad x^3 = 0 \quad \Longleftrightarrow \quad x = \sqrt[3]{0} = 0.$$

Somit ist $x = 0$ einziger Extremstellenkandidat.

Hinreichende Bedingung für Extremstellen: $f''(x) \neq 0$.

$$f''(0) = 12 \cdot 0^2 = 0; \quad \text{Pech gehabt!}$$

Daraus folgt nicht, dass $x = 0$ keine Extremstelle sein kann (wenn man sich das Schaubild K_f vorstellt, ist klar, dass $x = 0$ eine Tiefstelle ist). Es muss der VZW von f' an der Stelle 0 untersucht werden. Da „negativ hoch 3 negativ bleibt", folgt

$$f'(x) = 4x^3 < 0 \quad \text{für alle } x < 0$$

und da „positiv hoch 3 positiv bleibt", gilt

$$f'(x) = 4x^3 > 0 \quad \text{für alle } x > 0.$$

Somit vollzieht f' bei $x = 0$ einen VZW von $-$ nach $+$, d.h. $x = 0$ ist eine Tiefstelle.

Alternativ kann man natürlich auch Zahlen einsetzen: Es ist

$$f'(-1) = 4 \cdot (-1)^3 = -4 < 0,$$

also ist $f'(x) < 0$ für $x < 0$ und $f'(1) = 4 > 0$, also $f'(x) > 0$ für $x > 0$, was wieder einen VZW von $-$ nach $+$ ergibt.

Kochrezept: *Berechnen von Extremstellen*

- Zweimal ableiten.
- Notwendige Bedingung: $f'(x) = 0$ setzen und nach x auflösen; man erhält so alle (inneren!) Extremstellen-Kandidaten x_0.
- Hinreichende Bedingung: $f''(x_0) \neq 0$; bei > 0 Minimum, bei < 0 Maximum.
- Falls $f''(x_0) = 0$ ist, hat man Pech gehabt (es folgt **nicht**, dass x_0 keine Extremstelle ist) und muss den VZW von f' bei x_0 untersuchen.
- Sollte D_f Randpunkte haben, muss man auf Rand-Extrema prüfen (z.B. durch Skizze des Schaubilds).

Das darfst du jetzt üben, bis du es im Schlaf beherrschst.

A 5.2 Berechne die Extremstellen der folgenden Funktionen ($D_f = \mathbb{R}$, außer bei Teil g), wo $x \neq 0$ sein muss) und gib die Extrempunkte an. Skizziere die Schaubilder mit Hilfe von Geogebra.

a) $f(x) = x^2 - 2x$

b) $f(x) = \frac{1}{3}x^3 + \frac{1}{2}x^2 - 2x + 1$

c) $f(x) = -\frac{1}{4}x^4 + 2x^2$

d) $f(x) = \frac{1}{5}x^5 - \frac{5}{3}x^3 + 4x$

e) $f(x) = -\frac{1}{3}x^6$

f) $f(x) = \frac{2}{3}x^3 - 4x^2 + 8x + 8$

g) $f(x) = \frac{x}{2} + \frac{2}{x}$

A 5.3 Berechne die Extrempunkte der Sinuskurve auf $[0; 2\pi]$.

A 5.4 Untersuche die folgenden Funktionen auf Extremstellen.

a) $f(x) = 2x - 2$ auf $D_f = \mathbb{R}$

b) $f(x) = 2x - 2$ auf $D_f = [0; 1]$

c) $f(x) = \sqrt{x}$ auf $D_f = [0; \infty)$

d) $f(x) = |x|$ auf $D_f = (-1; 1)$

A 5.5 Berechne die Extrempunkte von K_f und skizziere K_f (Geogebra!).

a) $f\colon [0; \infty) \to \mathbb{R}, \quad x \mapsto x - 4\sqrt{x}$

b) $f\colon \mathbb{R} \to \mathbb{R}, \quad x \mapsto \frac{x}{2} - \cos(x)$ 

 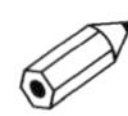 

5.3 Wendepunkte berechnen

In Kapitel 3 hatten wir Wendestellen einer Funktion f als Extremstellen der Ableitung f' eingeführt. Dies ist zwar nicht die eigentliche, geometrisch motivierte Definition von Wendestellen (siehe Abschnitt 5.4), eröffnet uns dafür aber sofort einen Zugang zur Berechnung selbiger Stellen: Wir suchen die Extremstellen von f', also ist laut Abschnitt 5.2 das Verschwinden der Ableitung von f', d.h.

$$(f')'(x) = 0, \quad \text{sprich} \quad f''(x) = 0,$$

eine notwendige Bedingung und

$$(f')''(x) \neq 0, \quad \text{also} \quad f'''(x) \neq 0$$

eine hinreichende Bedingung für eine Wendestelle. (Dabei genügt zuerst mal $\neq 0$; über die Bedeutung von $f'''(x) > 0$ oder $f'''(x) < 0$ reden wir erst in Abschnitt 5.4.) Sollte die hinreichende Bedingung $f'''(x) \neq 0$ versagen, muss der VZW von f'' untersucht werden.

Kochrezept: *Berechnen von Wendestellen (= Extremstellen der Ableitung)*

- Dreimal ableiten.
- Notwendige Bedingung: $f''(x) = 0$ setzen und nach x auflösen; man erhält so alle Wendestellen-Kandidaten x_0.
- Hinreichende Bedingung: $f'''(x_0) \neq 0$.
- Falls $f'''(x_0) = 0$ ist, hat man Pech gehabt (es folgt n i c h t, dass x_0 keine Wendestelle ist) und muss den VZW von f'' bei x_0 untersuchen.
- Falls x_0 eine Wendestelle ist, prüfe noch, ob $f'(x_0) = 0$ gilt. Falls ja, ist x_0 sogar eine Sattelstelle.

Beispiel 5.6 Wir berechnen die Wendepunkte der Funktion

$$f\colon \mathbb{R} \to \mathbb{R}, \quad f(x) = x^4 - 2x^3.$$

Dreimal ableiten:

$$f'(x) = 4x^3 - 6x^2$$
$$f''(x) = 12x^2 - 12x$$
$$f'''(x) = 24x - 12.$$

Notwendige Bedingung für Wendestellen: $f''(x) = 0$, d.h.

$$12x^2 - 12x = 0 \iff 12x(x-1) = 0 \overset{\text{NPS}}{\iff} x = 0 \lor x = 1.$$

Hinreichende Bedingung für Wendestellen: $f'''(x) = 0$:

$$f'''(0) = -12 \neq 0 \implies x_1 = 0 \text{ ist Wendestelle.}$$

Da zusätzlich $f'(0) = 0$ gilt (waagerechte Tangente in 0), ist $S\,(\,0\,|\,0\,)$ ein Sattelpunkt von K_f.

$$f'''(1) = 12 \neq 0 \implies x_2 = 1 \text{ ist Wendestelle.}$$

$W\,(\,1\,|\,-1\,)$ ist ein weiterer Wendepunkt von K_f. Die Steigung der *Wendetangente*, also der Tangente im Wendepunkt, beträgt $f'(1) = -2$. Dies ist der lokal negativste Wert von f', d.h. bei $x = 1$ fällt das Schaubild K_f (lokal) am stärksten – siehe Abbildung 5.5.

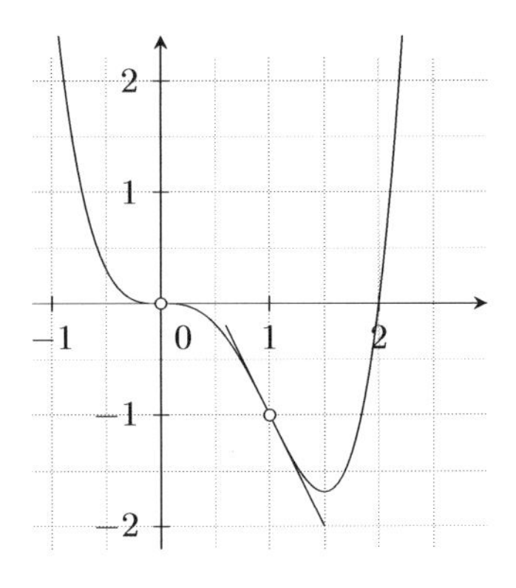

Abbildung 5.5

Beispiel 5.7 Wir untersuchen die Funktion

$$f\colon \mathbb{R} \to \mathbb{R}, \quad f(x) = x^4 - x$$

auf Wendepunkte. Dreimal ableiten:

$$f'(x) = 4x^3 - 1$$

$$f''(x) = 12x^2$$

$$f'''(x) = 24x.$$

Notwendige Bedingung für Wendestellen: $f''(x) = 0$, d.h.

$$12x^2 = 0 \iff x = 0,$$

d.h. $x = 0$ ist der einzige Wendestellenkandidat.

Hinreichende Bedingung für Wendestellen: $f'''(x) = 0$.

$$f'''(0) = 0; \quad \text{Pech gehabt.}$$

Wir müssen also den VZW von f'' bei $x = 0$ untersuchen, was hier leicht ist, da

$$f''(x) = 12x^2 > 0 \quad \text{für alle } x \neq 0$$

gilt. Somit vollzieht f'' bei 0 keinen VZW und damit ist 0 keine Wendestelle. Dies hätte man auch sofort an $f'(x) = 4x^3 - 1$ erkennen können, da diese Funktion keine Extremstellen hat ($K_{f'}$ vorstellen!) und damit f keine Wendestellen besitzen kann. Vergleicht man Abbildungen 5.5 und 5.6, so erkennt man folgenden Unterschied: In Abbildung 5.5 verläuft die Wendetangente zunächst oberhalb von K_f und anschließend unterhalb; in Abbildung 5.6 hingegen verläuft die Tangente bei $x = 0$ sowohl links als auch rechts von 0 unterhalb von K_f.

Man nennt Punkte, an denen $f''(x_0) = 0$ gilt, übrigens *Flachpunkte*. Ein Flachpunkt, der kein Wendepunkt ist, also z.B. $F\,(0\,|\,0)$ in Abbildung 5.6, heißt *echter Flachpunkt*, da K_f in der Nähe eines solchen Punktes „noch linearer“ verläuft als bei einem Wendepunkt.

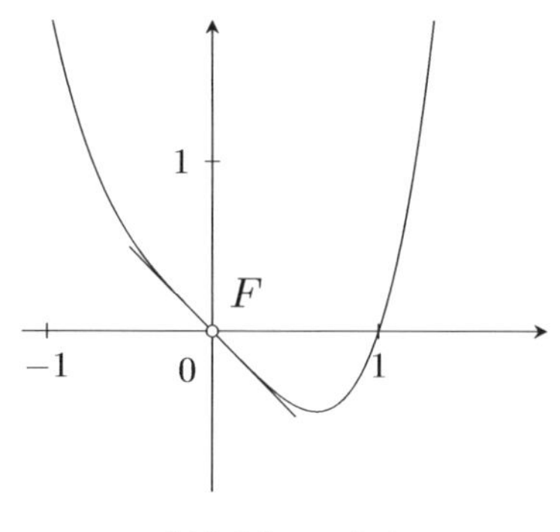

Abbildung 5.6

Da die Rechentechniken beim Auffinden von Wendepunkten denen der Extrempunktberechnung gleichen, begnügen wir uns hier mit weniger Übungsaufgaben.

A 5.6 Berechne alle Wendestellen der Funktion $f\colon \mathbb{R} \to \mathbb{R}$ mit

a) $f(x) = \frac{1}{3}\,x^3 - x^2 + 2x$ b) $f(x) = \frac{1}{20}\,x^5 - \frac{2}{3}\,x^3 + 42x - 1$.

A 5.7 Berechne die Wendepunkte der Sinuskurve (auf $\mathbb{R}$).

A 5.8 Berechne die beiden Wendepunkte $W_{1,2}$ des Graphen der Funktion

$$f\colon \mathbb{R} \to \mathbb{R}, \quad f(x) = \frac{1}{64}\,x^4 - \frac{1}{8}\,x^3.$$

Die beiden Wendetangenten und die Gerade durch W_1 und W_2 schließen ein Dreieck ein. Berechne dessen Flächeninhalt.

5.4 Wendepunkte und Krümmung

Es gibt eine weitere, geometrischere Art und Weise, Wendepunkte zu definieren. Stell dir vor, die linke Kurve in Abbildung 5.7 beschreibt den Verlauf einer Straße aus der Vogelperspektive und du durchfährst die Straße in Richtung steigender x-Werte (also nach rechts) mit deinem getunten Roller. Dann musst du offenbar nach links lenken, d.h. das Straßenstück ist eine *Linkskurve*.
Dies kann man mit Hilfe der Ableitung wie folgt charakterisieren: Bei zunehmenden x-Werten nimmt auch die Steigung der Tangenten, also $f'(x)$, zu – siehe Abbildung 5.7.

> Ist f' auf einem Intervall I streng monoton steigend, dann beschreibt K_f eine Linkskurve.

Übertrage diese Überlegungen auf die *Rechtskurve* in Abbildung 5.7 rechts.

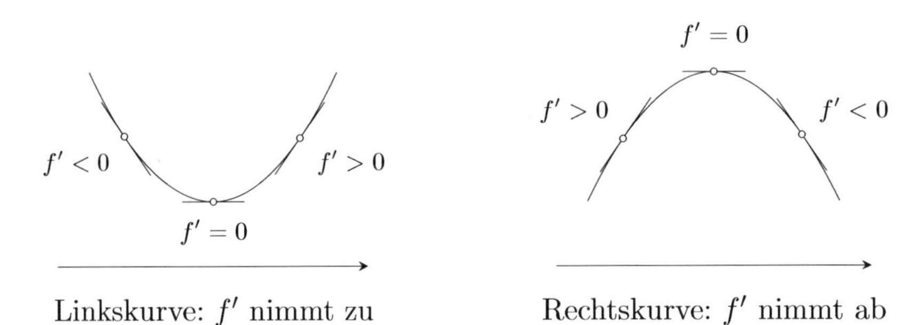

Abbildung 5.7

Anstatt Linkskurve (Rechtskurve) sagt man auch „nach links (rechts) gekrümmt" bzw. „Linkskrümmung" („Rechtskrümmung").
Da aus $(f')' = f'' > 0$ streng monotones Steigen von f' folgt (Monotoniesatz), kann man die obige Beobachtung auch so fassen:

Merke: *(Krümmungsverhalten und zweite Ableitung)*

$$f''(x) > 0 \text{ auf } I \implies \text{Linkskrümmung von } K_f \text{ auf } I,$$

$$f''(x) < 0 \text{ auf } I \implies \text{Rechtskrümmung von } K_f \text{ auf } I.$$

Auf de.serlo.org findet man die schöne Eselsbrücke:

f'' pos**i**tiv $\implies$ L**i**nkskrümmung,

f'' n**e**gativ $\implies$ R**e**chtskrümmung.

Selbst wenn man dies vergisst, kann man es sich am Standardbeispiel $y = \pm x^2$ vergegenwärtigen: Für

$$f(x) = x^2 \quad \text{gilt} \quad f''(x) = 2 > 0$$

und die nach oben geöffnete Normalparabel K_f ist linksgeskrümmt (Skizze!). Für

$$g(x) = -x^2 \quad \text{gilt} \quad g''(x) = -2 < 0$$

und die nach unten geöffnete Normalparabel K_g ist rechtsgeskrümmt (Skizze!).

Die zweite Definition eines Wendepunkts ist nun einfach, dass dort ein Krümmungswechsel stattfindet.

Definition: Vollzieht K_f im Punkt $P\,(x_0\,|\,f(x_0))$ einen Krümmungswechsel (Rechtskurve $\to$ Linkskurve oder umgekehrt), so heißt P *Wendepunkt* von K_f und x_0 *Wendestelle* von f.

Für zweimal (stetig) differenzierbare Funktionen ist diese Definition zu unserer bisherigen Definition von Wendestellen als Extremstellen der Ableitung äquivalent: Genau dann ist K_f für $x < x_0$ linksgekrümmt und für $x > x_0$ rechtsgekrümmt, wenn f' für $x < x_0$ streng monoton steigend und für $x > x_0$ streng monoton fallend ist, was gleichbedeutend damit ist, dass x_0 eine Hochstelle von f' ist. Entsprechend für einen Krümmungswechsel von Rechts- nach Linkskurve, d.h. eine Tiefstelle von f'. Somit bleibt das Kochrezept zum Auffinden von Wendepunkten gleich, egal welche Definition man zugrunde legt.

A **5.9** Untersuche das Krümmungsverhalten der Schaubilder der folgenden Funktionen auf $\mathbb{R}$. Auf deutsch: Gib die Intervalle an, auf denen K_f eine Rechts- bzw. Linkskurve ist. Skizziere K_f.

a) $f(x) = \frac{1}{2}x^2 - 5x + 3$ b) $f(x) = x^3 - 3x^2 + x$ c) $f(x) = x^4 - x^3 + x^2$

6 Vollständige Kurvenuntersuchung

6.1 Worum geht es?

In früheren Klassen oder beim Studium des Anhangs hast du gelernt, mit quadratischen Funktionen wie z.B.

$$f\colon \mathbb{R} \to \mathbb{R}, \quad f(x) = x^2 - 4x + 5$$

umzugehen. Das zugehörige Schaubild K_f ist eine Parabel, auf der es eigentlich nur einen interessanten Punkt gibt, nämlich ihren Scheitel S (Extrempunkt mit waagerechter Tangente). Mit den Methoden von 5.2 können wir seine Lage zu $S\,(2\,|\,1)$ bestimmen und herausfinden, dass es sich um einen Tiefpunkt handelt, was hier auch sofort an dem positiven Vorfaktor 1 vor dem x^2 erkennbar ist – die Parabel ist nach oben geöffnet. Rechnest du nun noch 2–3 weitere Punkte auf K_f aus, so könntest du die Parabel skizzieren; falls du stolzer Besitzer einer Parabelschablone bist, könntest du sie sogar exakt zeichnen.
In diesem Kapitel lernen wir, wie man sich auch für „höhere“ Funktionen wie z.B.

$$g(x) = x^3 - 5x^2 + \frac{3}{2} \quad \text{oder} \quad h(x) = x^4 + x^2 + \sqrt{2}\,x - 42$$

einen Überblick über den Verlauf des Schaubilds verschaffen kann, der in der Regel komplizierter als bei Parabeln ist.

Wiederholung von Seite 50: Funktionen der obigen Bauart nennt man *Polynomfunktionen* (kurz: Polynome[20]) oder auch *ganzrationale Funktionen*; ihre allgemeine Form lautet

$$f(x) = a_n x^n + a_{n-1} x^{n-1} + \ldots + a_1 x + a_0 \quad \text{mit } a_0,\ \ldots,\ a_n \in \mathbb{R},\ a_n \neq 0,$$

wobei n eine natürliche Zahl ist, die man den *Grad* des Polynoms nennt. Die Forderung $a_n \neq 0$ stellt dabei sicher, dass x^n auch tatsächlich die höchste Potenz ist, die in f vorkommt. So ist z.B.

$$g(x) = x^3 - 5x^2 + \frac{3}{2}$$

eine Polynom vom Grad 3 mit den *Koeffizienten* („die Zahlen vor den $x$en“)

$$a_3 = 1, \quad a_2 = -5, \quad a_1 = 0, \quad a_0 = \frac{3}{2}.$$

Man könnte sie z.B. auch als $g(x) = 0x^{17} + x^3 - 5x^2 + \frac{3}{2}$ schreiben, aber dadurch wird sie natürlich nicht zu einer ganzrationalen Funktion vom Grad 17.

[20] Es gibt zwar einen Unterschied zwischen einem Polynom und der ihm zugeordenten Polynomfunktion, aber dieser spielt in der Schule keine Rolle.

6.2 Definitions- und Wertebereich

Diese beiden Begriffe sollten dir bereits aus früheren Jahren bekannt sein, deshalb bringen wir hier nur eine kurze Wiederholung anhand eines Beispiels. Wer hier noch mehr Nachholbedarf hat, konsultiere den Anhang.

Beispiel 6.1 Betrachte die („gebrochenrationale") Funktion

$$f\colon D_f \to \mathbb{R}, \quad x \mapsto \frac{1}{x-2}\,.$$

Ihr *maximaler Definitionsbereich* D_f sind „alle x-Werte, die man in $f(x)$ einsetzen darf", oder etwas formaler:

$$D_f = \{\, x \in \mathbb{R} \mid f(x) \text{ ist eine reelle Zahl} \,\}.$$

In diesem Beispiel ist $x = 2$ die Problemzahl, denn

$$f(2) = \frac{1}{2-2} = \frac{1}{0}$$

ergibt keine reelle Zahl („Teilen durch Null ist verboten"). Für alle anderen x ist auch der Funktionswert $f(x) = \frac{1}{x-2}$ wieder eine reelle Zahl, also lautet der maximale Definitionsbereich hier

$$D_f = \mathbb{R} \setminus \{2\} = \{\, x \in \mathbb{R} \mid x \neq 2 \,\}.$$

In Abbildung 6.1 ist erkennbar, dass das Schaubild K_f bei $x = 2$ einen sogenannten *Pol* besitzt, d.h. dass es „nach $(\pm)\infty$ abhaut".
Der *(maximale) Wertebereich* W_f sind „alle y-Werte, die rauskommen, wenn man in $f(x)$ alle x aus D_f einsetzt", d.h.

$$W_f = \{\, y = f(x) \mid x \in D_f \,\}.$$

Am Schaubild kann man W_f so ablesen: Man zieht eine Parallele zur x-Achse durch einen Wert y auf der y-Achse; schneidet diese das Schaubild K_f, so ist $y \in W_f$; andernfalls ist $y \notin W_f$. In Abbildung 6.1 ist dies für $y = 1$ eingezeichnet: Man erkennt $1 \in W_f$, denn $1 = f(3)$.
Dies klappt auch für alle anderen y-Werte, außer der Null: $\frac{1}{x-2} = 0$ ist für kein $x \in D_f$ erfüllbar, denn der Zähler des Bruches ist stets 1 und wird daher niemals Null. Somit ist der Wertebereich

$$W_f = \mathbb{R} \setminus \{0\} = \{\, y \in \mathbb{R} \mid y \neq 0 \,\}.$$

(Formaler Nachweis von $W_f = \mathbb{R} \setminus \{0\}$: Die Gleichung $f(x) = y$, also

$$\frac{1}{x-2} = y,$$

ist für $y = 0$ nicht lösbar ($\frac{1}{x-2}$ wird nie 0), für jedes andere $y \neq 0$ aber schon: Kehrbruch-Bilden (erlaubt für $y \neq 0$) und Addieren von 2 führt auf

$$x = \frac{1}{y} + 2.$$

Folglich ist jedes $y \neq 0$ als $y = f(x)$ mit $x = \frac{1}{y} + 2$ darstellbar und liegt somit in W_f.)

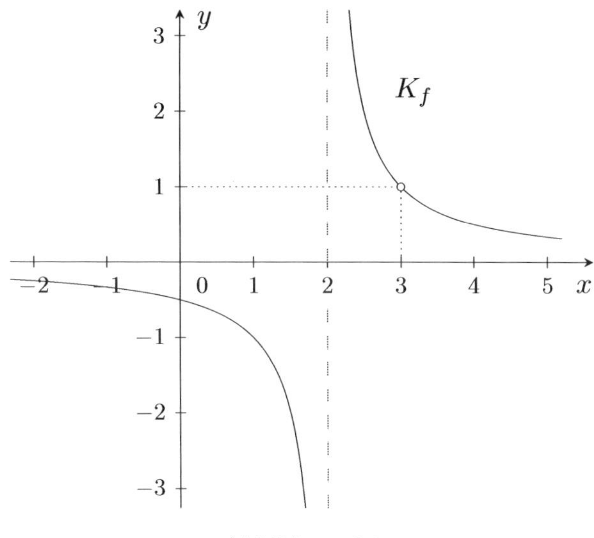

Abbildung 6.1

Die ganzrationalen Funktionen, sprich Polynomfunktionen, die uns dieses Schuljahr hauptsächlich interessieren, haben stets ganz $\mathbb{R}$ als maximalen Definitionsbereich, weshalb wir uns hier nicht mehr weiter aufhalten müssen.
Wenn du allerdings noch Nachholbedarf im Umgang mit den Schaubildern der Grundfunktionen $x \mapsto x^k$, $k \in \mathbb{Z}$ oder $k = \frac{1}{2}$, hast, solltest du jetzt unbedingt die zugehörigen Abschnitte im Anhang gründlich bearbeiten.

6.3 Nullstellen ganzrationaler Funktionen

6.3.1 Altbekanntes

Wenn wir die *Nullstellen* einer Funktion $f(x)$ suchen, wollen wir wissen, wo

$$f(x) = 0$$

gilt, also wo das Schaubild K_f die x-Achse schneidet. (Wir weichen hier ausnahmsweise von unserem üblichen Sprachgebrauch ab: Null*stelle* bezeichnet eigentlich nur den x-Wert; beim Schnitt*punkt* mit der x-Achse müsste man präziser vom Null*punkt* des Schaubilds reden, aber diese Bezeichnung ist schon für den Ursprung $O\,(0\,|\,0)$ reserviert. Wir verwenden Nullstelle deshalb synonym sowohl für die Stelle x_0 mit $f(x_0) = 0$ als auch den Punkt $N\,(x_0\,|\,0) \in K_f$.)
Bei ganzrationalen Funktionen vom Grad n ist $f(x) = 0$ eine *Gleichung n-ten Grades*, wie z.B.

$n = 1$: $f(x) = 5x - 2 = 0$ (Gleichung ersten Grades)

$n = 2$: $f(x) = 2x^2 - \sqrt{2}\,x - 4 = 0$ (Gleichung zweiten Grades)

$n = 3$: $f(x) = x^3 - 2x = 0$ (Gleichung dritten Grades) usw.

Wie man Gleichungen ersten Grades (lineare Gleichungen) und Gleichungen zweiten Grades (quadratische Gleichungen) löst, hast du bereits in Klasse 8 gelernt (Mitternachtsformel und Satz von Vieta). Selbst Spezialfälle von Gleichungen dritten, vierten oder höheren Grades sollten dir bereits begegnet sein; Stichworte: Ausklammern, Nullproduktsatz (NPS) und Substitution. Um das alte Wissen zu reaktivieren, bearbeite die folgenden Aufgaben.

A 6.1 Berechne die Nullstellen der folgenden Funktionen.

a) $f(x) = \frac{2}{5}x - \frac{3}{10}$ b) $f(x) = x^2 - 2x$ c) $f(x) = x^2 - 4x + 4$

d) $f(x) = 3x^2 + 3x - 18$ e) $f(x) = x^2 - 2x + \frac{3}{4}$ f) $f(x) = x^3 - 6x^2 + 8x$

g) $f(x) = x^4 - 6x^2 + 8$ h) $f(x) = x^6 - 2x^4 - 8x^2$ i) $f(x) = x^2 + 1$

Für beliebige Gleichungen dritten und höheren Grades gibt es leider keine so schön einfache Lösungsformel wie die Mitternachtsformel mehr. Für $n = 3$ und 4 gibt es zwar noch Formeln (die berühmten Formeln von CARDANO), aber die sind wesentlich zu kompliziert für Zehntklässler. Für $n \geqslant 5$ kann man beweisen (hart!), dass es überhaupt keine allgemeine Lösungsformel mehr geben kann. Deshalb müssen wir uns für Gleichungen mit $n \geqslant 3$ nun andere Vorgehensweisen suchen, was wir in den nächsten Abschnitten tun.

6.3.2 Polynomdivision

Das Teilen von Polynomen verläuft ähnlich zur schriftlichen Division ganzer Zahlen. Da viele in Klasse 10 aber gar nicht mehr wissen, wie das schriftliche Dividieren ging, bringt es wenig Gewinn, an dieser Stelle nochmals darauf einzugehen. Stattdessen wird gleich die Polynomdivision anhand eines Beispiels erklärt.

Beispiel 6.2 Wir teilen das Polynom $f(x) = x^3 + x^2 - 17x + 15$ durch $g(x) = x - 1$. Das geht ganz stur nach folgendem Schema:

$$
\begin{array}{ll}
(x^3 + x^2 - 17x + 15) : (x - 1) = x^2 + 2x - 15. & \\
\underline{-(x^3 - x^2)} & \leftarrow \cdot (x-1) \\
\quad 2x^2 - 17x + 15 & \\
\quad \underline{-(2x^2 - 2x)} & \leftarrow \cdot (x-1) \\
\qquad -15x + 15 & \\
\qquad \underline{-(-15x + 15)} & \leftarrow \cdot (x-1) \\
\qquad\qquad 0 &
\end{array}
$$

(1) Die höchste x-Potenz von f, also x^3, wird durch die höchste x-Potenz von g, also x, geteilt (hätten beide einen Vorfaktor $\neq 1$, so wären diese Vorfaktoren auch durcheinander zu teilen): $\frac{x^3}{x} = x^2$. Dieses Ergebnis ist die höchste x-Potenz des Quotienten $\frac{f(x)}{g(x)}$ und wird hinter das Gleichzeichen geschrieben.

(2) Nun wird dieses x^2 komplett mit $g(x) = (x - 1)$ multipliziert (oben grau angedeutet), das Ergebnis wird unter $f(x)$ geschrieben und von $f(x)$ abgezogen. Beachte dabei, alle Vorzeichen umzudrehen! Die höchste x-Potenz muss hierbei wegfallen.

(1′) Nun geht's auch schon wieder von vorne los, nur dass man jetzt anstelle von $f(x)$ die Differenz $2x^2 - 17x + 15$ verwendet. Dies ergibt $\frac{2x^2}{x} = 2x$ als nächsten Term des Quotientenpolynoms.

(2′) Dieses $2x$ wird wieder komplett mit $g(x) = (x - 1)$ multipliziert (grau), das Ergebnis unter $2x^2 - 17x + 15$ geschrieben und davon abgezogen.

Oft hat man Glück und die Polynomdivision „geht auf", d.h. dass bei der Subtraktion irgendwann 0 rauskommt und man fertig ist.

Beispiel 6.3 Versuche alle Schritte der folgenden Polynomdivision selbst nachzuvollziehen; trage als Hilfe evtl. noch die grauen Pfeile mit ein (das macht man später dann nicht mehr).

$$
\begin{array}{l}
(x^3 - 4x^2 + x + 6) : (x + 1) = x^2 - 5x + 6 \\
\underline{-(x^3 + \ \ x^2)} \\
\quad - 5x^2 + \ \ x + 6 \\
\quad \underline{-(-5x^2 - 5x)} \\
\qquad\qquad 6x + 6 \\
\qquad\quad \underline{-(6x + 6)} \\
\qquad\qquad\quad 0
\end{array}
$$

Es kann jedoch auch ein Restterm $\neq 0$ stehen bleiben, dessen Grad kleiner als der von $g(x)$ ist (in obigen Beispielen war $\text{Grad}(g) = 1$, also wäre nur Grad 0, d.h. eine Zahl, als Restterm möglich). Wie man bei einem Restterm $\neq 0$ verfährt, siehst du in den folgenden Beispielen 6.4 und 6.5: Bleibt am Ende unterm Strich der Restterm $r(x) \neq 0$ (mit $\text{Grad}(r) < \text{Grad}(g)$) stehen, so schreibt man ganz einfach

$$\frac{r(x)}{g(x)}$$

als letzten Summanden des Ergebnisses der Polynomdivision auf.

Beispiel 6.4 Manchmal fehlt in $f(x)$ eine x-Potenz, wie z.B. das x^2 im Polynom $f(x) = x^3 - 7x - 7 = x^3 + 0x^2 - 7x - 7$. Hier empfiehlt es sich, bei der Polynomdivision eine Lücke frei zu lassen, damit man die Potenzen wie gewohnt untereinander schreiben kann. Die Lücke steht dann als Platzhalter für $0x^2$ (was man hinschreiben kann, wenn man möchte).

$$\begin{array}{l}
\big(\ x^3 \qquad\quad - 7x - 7\big) : \big(x + 1\big) = x^2 - x - 6 + \dfrac{-1}{x+1} \\
\underline{-\ x^3 - x^2} \\
\qquad\ -\ x^2 - 7x \\
\qquad\quad \underline{x^2 \ \ + x} \\
\qquad\qquad\ -\ 6x - 7 \\
\qquad\qquad\quad \underline{6x + 6} \\
\qquad\qquad\qquad\ -\ 1
\end{array}$$

Achtung! Im ersten Schritt müsste eigentlich $-(x^3 + x^2)$ stehen, aber die Minusklammer wurde gleich aufgelöst zu $-x^3 - x^2$ und es wird dann $-x^3 - x^2$ *addiert*, anstatt $(x^3 + x^2)$ zu *subtrahieren*. Das würde ich dir bei der schriftlichen Durchführung der Polynomdivision *nicht* empfehlen! Behalte also lieber die Klammerschreibweise bei, ich lasse sie ab jetzt aus Bequemlichkeit jedoch immer weg[21].

Beispiel 6.5 Zum Schluss noch'n Beispiel, wo auch mal durch ein Polynom vom Grad 2 geteilt wird und ein Restterm vom Grad 1 übrig bleibt. Vollziehe auch hier jeden Schritt nach (beachte wieder die Minusklammer-Bemerkung von vorhin). Dass der x^3-Term wegfällt, ist hier übrigens Zufall.

$$\begin{array}{l}
\big(\ x^4 + 2x^3 - 3x^2 - 5x + 2\big) : \big(x^2 + 2x - 1\big) = x^2 - 2 + \dfrac{-x}{x^2 + 2x - 1} \\
\underline{-\ x^4 - 2x^3 \ \ + x^2} \\
\qquad\qquad\ -\ 2x^2 - 5x + 2 \\
\qquad\qquad\quad \underline{2x^2 + 4x - 2} \\
\qquad\qquad\qquad\quad -\ x
\end{array}$$

A 6.2 Führe die Polynomdivision aus!

a) $(x^2 - 2x + 1) : (x - 1)$

b) $(x^3 - 37x^2 + x - 37) : (x - 37)$

c) $(3x^3 - 6x^2 - 5x + 10) : (3x^2 - 5)$

d) $(x^3 + 5x^2 + x - 11) : (x^2 + x - 3)$

e) $(x^3 + 6x + 8) : (x^2 - x + 8)$

f) $(x^5 - 1) : (x - 1)$

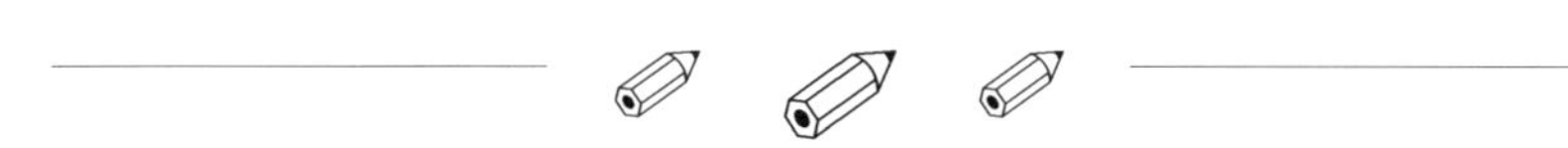

[21] genauer gesagt: Das Polynomdivisions-Paket von LaTeX macht dies automatisch, und dieses zu verwenden hat den großen Vorteil, dass ich nicht alle Abstände von Hand hinpfriemeln muss ...

Was eine Polynomdivision allerdings bringen sollte, ist noch nicht klar. Der nächste Abschnitt wird zeigen, dass sie uns dabei helfen kann, den Grad einer Polynomgleichung zu reduzieren, um so eine leichter lösbare Gleichung zu erhalten.

6.3.3 Linearfaktorzerlegung

Beispiel 6.6 Betrachte die quadratische Funktion

$$f\colon \mathbb{R} \to \mathbb{R}, \quad f(x) = x^2 - x - 6.$$

An dieser Darstellung von f erkennt man sofort, dass das Schaubild K_f eine Parabel ist, aber die Darstellung hat den Nachteil, dass man weder Nullstellen (falls vorhanden) noch Scheitel von K_f direkt ablesen kann.
Löst man $f(x) = 0$ mit der Mitternachtsformel oder durch Vieta (versuche dies im Kopf!), so erhält man die Nullstellen $x_1 = -2$ und $x_2 = 3$. Bildet man nun das Produkt aus $(x - x_1)$ und $(x - x_2)$, so erhält man $f(x)$ zurück:

$$\begin{aligned}(x - x_1) \cdot (x - x_2) &= (x - (-2)) \cdot (x - 3) = (x + 2) \cdot (x - 3)\\ &= x^2 - 3x + 2x - 6 = x^2 - x - 6 = f(x).\end{aligned}$$

(Das ist nicht überraschend, wenn man den Satz von Vieta verstanden hat.) Da die beiden Faktoren $x + 2$ und $x - 3$ lineare Funktionen sind, nennt man sie die *Linearfaktoren* von f und die Darstellung

$$f(x) = (x + 2) \cdot (x - 3)$$

heißt *Linearfaktorzerlegung* von f. An ihr kann man mit einem Blick die Nullstellen von f erkennen: Nach dem Nullproduktsatz (NPS) muss für $f(x) = 0$ eine der Klammern Null werden, was sofort auf $x_1 = -2$ und $x_2 = 3$ führt.

Wenn es also um die Nullstellenberechnung von Polynomen geht, ist es vorteilhaft, das Polynom so weit wie möglich in Linearfaktoren zerlegt zu haben. Und genau dabei wird uns die Polynomdivision helfen.

Beispiel 6.7 Wir suchen die Nullstellen des Polynoms

$$f(x) = x^3 - 8x^2 + 22x - 21.$$

Da wir keine Lösungsformel für Gleichungen dritten Grades kennen, bleibt uns nichts anderes übrig, als erstmal eine Nullstelle zu erraten. Keine Angst, das wird in unseren Aufgaben stets eine nette, kleine, ganze Zahl sein und nicht so etwas Fieses wie $x = \frac{2}{17}$.
Probieren wir's mit $x = 1$:

$$f(1) = 1^3 - 8 \cdot 1^2 + 22 \cdot 1 - 21 = -6 \neq 0.$$

Mit $x = 2$ haben wir ebenfalls kein Glück, da $f(2) = -1 \neq 0$ ist. Aber mit $x_1 = 3$ funktioniert es:

$$f(3) = 3^3 - 8 \cdot 3^2 + 22 \cdot 3 - 21 = 0.$$

Jetzt kommt's: Wir können mittels Polynomdivision $f(x)$ durch $(x - x_1) = (x - 3)$ teilen:

$$\begin{array}{l}
\big(\ \ x^3 - 8x^2 + 22x - 21\big) : \big(x - 3\big) = x^2 - 5x + 7. \\
\underline{-x^3 + 3x^2} \\
\qquad -5x^2 + 22x \\
\qquad \underline{\ \ 5x^2 - 15x} \\
\qquad\qquad\quad 7x - 21 \\
\qquad\qquad \underline{-7x + 21} \\
\qquad\qquad\qquad\quad 0
\end{array}$$

Hierbei darf kein Rest auftreten, sonst hast du dich verrechnet. Multiplizieren wir

$$\frac{f(x)}{x-3} = x^2 - 5x + 7$$

mit $(x - 3)$, so erhalten wir als vorläufige Zerlegung von f

$$f(x) = (x - 3) \cdot (x^2 - 5x + 7).$$

Man sagt auch, man habe den Linearfaktor $(x - 3)$ abgespalten. Diese Darstellung erleichtert die weitere Nullstellenbestimmung enorm, denn aus

$$f(x) = (x - 3) \cdot (x^2 - 5x + 7) = 0$$

folgt nach dem NPS $x - 3 = 0$ (also $x_1 = 3$, was wir ja bereits wissen) oder aber

$$x^2 - 5x + 7 = 0.$$

Die zweite Gleichung ist nur noch eine quadratische Gleichung, die wir leicht mit der Mitternachtsformel lösen können. Somit hat uns die Polynomdivision geholfen, eine Gleichung dritten Grades auf eine Gleichung zweiten Grades zu reduzieren! Für die quadratische Gleichung folgt

$$x_{2,3} = \frac{-(-5) \pm \sqrt{(-5)^2 - 4 \cdot 1 \cdot 7}}{2} = \frac{5 \pm \sqrt{-3}}{2} \notin \mathbb{R},$$

d.h. aufgrund der negativen Diskriminante $-3 < 0$ gibt es keine Lösungen der zweiten Gleichung, und damit auch keine weiteren Nullstellen von f. Somit ist auch

$$f(x) = (x - 3) \cdot (x^2 - 5x + 7)$$

bereits die vollständige Zerlegung von $f(x)$ gewesen, da man die zweite Klammer nicht mehr weiter in Linearfaktoren zerlegen kann: Wäre nämlich

$$x^2 - 5x + 7 = (x - x_2) \cdot (x - x_3),$$

so wären ja x_2 und x_3 offenbar Nullstellen, aber die quadratische Funktion $g(x) = x^2 - 5x + 7$ besitzt keine, wie wir gerade gesehen haben.

Dass diese Reduktion immer funktioniert (falls man eine Nullstelle erraten konnte), zeigt der

Reduktionssatz: Ist f ein Polynom vom Grad n und ist $x_0 = b$ eine Nullstelle von f, dann lässt $f(x)$ sich schreiben als

$$f(x) = (x - b) \cdot g(x),$$

wobei g ein Polynom vom Grad $n-1$ ist. Gilt also $f(b) = 0$, so lässt sich stets der Linearfaktor $(x - b)$ abspalten und man erhält als weiteren Faktor ein Polynom g, dessen Grad um 1 kleiner ist als der von f.

Beweis. Wir führen (in Gedanken) die Polynomdivision $f(x)$ durch $(x - a)$ so weit wie möglich aus; evtl. bleibt dabei ein Rest $r(x)$ übrig. Dieser Restterm kann nur den Grad Null haben, muss also ein konstantes Polynom sein, denn wäre $\text{Grad}(r(x)) \geqslant 1$, so könnten wir $r(x)$ ja nochmal durch $(x - a)$ teilen, die Polynomdivision wäre also noch nicht fertig. Somit ist $r(x) = r =$ konstant und wir erhalten

$$f(x) : (x - a) = \frac{f(x)}{x - a} = g(x) + \frac{r}{x - a}.$$

Nach Multiplikation mit $(x - a)$ geht dies über in $f(x) = (x - a) \cdot g(x) + r$ und Einsetzen der Nullstelle $x = a$ liefert

$$0 = f(a) = (a - a) \cdot g(a) + r = 0 + r = r,$$

d.h. der Rest r muss Null sein, was wie gewünscht $f(x) = (x - a) \cdot g(x)$ ergibt.
Dass g ein Polynom vom Grad $n - 1$ ist, ist aufgrund des Verfahrens der Polynomdivision klar. (Oder: Im Falle $\text{Grad}(g) \neq n - 1$ hätte $(x - a) \cdot g(x)$ nach Ausmultiplizieren einen Grad $\neq n$, was der Gleichheit mit $f(x)$ widerspricht.) □

Siehe Aufgabe 6.4 für einen Beweis, der ohne Polynomdivision auskommt (nur für Liebhaber).

Und was bringt der Reduktionssatz? Nun, er zeigt eben, dass das Vorgehen aus Beispiel 6.6 ganz allgemein funktioniert: Hat man eine Nullstelle x_1 von f, einem Polynom n-ten Grades, durch Raten gefunden, so kann man f laut Reduktionssatz als

$$f(x) = (x - x_1) \cdot g(x)$$

faktorisieren. Um weitere Nullstellen zu finden, muss man dann nur noch die Gleichung $g(x) = 0$ lösen, deren Grad um 1 geringer ist. Ist g selbst noch ein Polynom vom Grad $\geqslant 3$, so muss man allerdings erneut raten und Polynomdivision durchführen. In den meisten Anwendungen erhält man aber nach ein oder zwei Schritten ein quadratisches Polynom, auf das sich die Mitternachtsformel anwenden lässt.

Als nette kleine Folgerung aus dem Reduktionssatz notieren wir noch die folgende Beobachtung.

Satz: Ein Polynom n-ten Grades kann höchstens n Nullstellen besitzen.

Beweis. *Falls* f eine Nullstelle x_1 besitzt, können wir laut Reduktionssatz den Linearfaktor $(x - x_1)$ abspalten:

$$f(x) = (x - x_1) \cdot g(x),$$

wobei g ein Polynom vom Grad $n-1$ ist. Falls dieses g selbst wieder eine Nullstelle x_2 besitzt, liefert der Reduktionssatz die Darstellung $g(x) = (x - x_2) \cdot h(x)$ mit einem Polynom h vom Grad $n - 2$, d.h. insgesamt ist dann

$$f(x) = (x - x_1) \cdot g(x) = (x - x_1) \cdot (x - x_2) \cdot h(x).$$

Dieses Verfahren lässt sich höchstens $(n - 1)$-mal anwenden, da f ein Polynom vom Grad n ist. Am Ende erhält man im „Bestfall", d.h. wenn in jedem Schritt wieder eine Nullstelle dazukommt, die Linearfaktorzerlegung

$$f(x) = (x - x_1) \cdot (x - x_2) \cdot \ldots \cdot (x - x_n) \cdot c,$$

mit einem Polynom c vom Grad 0, also einer Konstanten $c \in \mathbb{R}$. An dieser Darstellung erkennt man nun sofort, dass f genau n Nullstellen besitzt, nämlich $x_1, \ldots, x_n$ (die x_i müssen dabei nicht notwendigerweise verschieden sein). In allen anderen Fällen als dem Bestfall, hat irgendeines der Restpolynome keine Nullstellen mehr und damit besitzt $f(x)$ in all diesen Fällen weniger als n Nullstellen. □

Haben wir also z.B. für ein Polynom vom Grad 4 bereits vier Nullstellen gefunden, so brauchen wir uns nicht weiter bemühen, denn laut obigem Satz ist vier die maximale Anzahl an Nullstellen, die dieses Polynom haben kann.

Äußerst nützlich beim Erraten ganzzahliger Nullstellen ist der folgende

Satz: Sind alle Koeffizienten $a_n, \ldots, a_0$ des Polynoms $f(x) = a_n x^n + \ldots + a_0$ ganzzahlig, so ist jede ganzzahlige Nullstelle von f ein Teiler des letzten Summanden a_0 („der ohne x").

Beweisidee (an einem Beispiel). Die Zahl $x_1 = 7$ ist eine Nullstelle des Polynoms $f(x) = x^3 - 4x^2 - 23x + a_0$ mit $a_0 = 14$. Wir zeigen, dass aus $f(7) = 0$ bereits folgt, dass a_0 von 7 geteilt wird (natürlich ohne dass wir $14 = 7 \cdot 2$ verwenden). Es gilt

$$0 = f(7) = 7^3 - 4 \cdot 7^2 - 23 \cdot 7 + a_0;$$

bringt man nun alle Summanden außer a_0 nach links, so steht da

$$-7^3 + 4 \cdot 7^2 + 23 \cdot 7 = a_0,$$

und jetzt kann man auf der linken Seite 7 ausklammern, was

$$7 \cdot (-7^2 + 4 \cdot 7 + 23) = a_0$$

ergibt. Weil der Klammerausdruck $\heartsuit = -7^2 + 4 \cdot 7 + 23$ ganzzahlig ist (hier geht ein, dass sowohl die Nullstelle x_1 als auch die Koeffizienten von f ganze Zahlen sind), lautet die letzte Gleichung $7 \cdot \heartsuit = a_0$, was nichts anderes bedeutet, als dass 7 ein Teiler von a_0 ist.
Die Käpsele unter euch versuchen jetzt noch, diesen Beweis allgemein aufzuschreiben! ⊟

Beispiel 6.8 Versucht man eine Nullstelle des Polynoms

$$f(x) = x^3 - 4x^2 - 23x + 14$$

zu erraten, so würde man sicher mit $x_1 = 1$ beginnen. Weil das nicht klappt, würde man 2 oder -1, dann vielleicht noch 3 oder 4 versuchen und irgendwann frustriert aufgeben. Weil aber die Koeffizienten von f ganze Zahlen sind ($a_3 = 1$, $a_2 = -4$, $a_1 = -23$ und $a_0 = 14$), können wir den Satz anwenden, der besagt: *Wenn* es überhaupt eine ganzzahlige Nullstelle von $f(x)$ gibt, *dann muss sie ein Teiler von* $a_0 = 14$ *sein.* Dies schränkt die Kandidaten auf ± 1, ± 2, ± 7 und ± 14 ein. Bereits bei 7 hat man Erfolg und kann danach glücklich und zufrieden Polynomdivision mit $(x - 7)$ durchführen, um die restlichen Nullstellen zu finden (die hier nicht mehr ganzzahlig sind).

Achtung: Der Satz sagt keinesfalls, dass ein Polynom mit ganzzahligen Koeffizienten auch ganzzahlige Nullstellen besitzen muss!
Bereits im simplen Beispiel $f(x) = x^2 + 1$ gibt es überhaupt keine Nullstellen ($x^2 = -1$ ist in $\mathbb{R}$ nicht möglich), also auch keine ganzzahligen.

A 6.3 Bestimme alle Nullstellen der folgenden Polynome.

a) $f(x) = x^3 - x^2 - 4x + 4$

b) $f(x) = x^4 - 2x^3 + 2x^2 - 2x + 1$

c) $f(x) = x^3 + 8x^2 + 8x + 7$

d) $f(x) = x^4 - 6x^3 + 11x^2 - 6x$

A 6.4 Beweis des Reduktionssatzes ohne Polynomdivision.

Es sei $f(x) = a_n x^n + a_{n-1}x^{n-1} + \ldots + a_1 x + a_0$ ein Polynom vom Grad n.

a) Beweise zunächst durch Ausmultiplizieren folgende Verallgemeinerung der dritten binomischen Formel $x^2 - r^2 = (x - r)(x + r)$:

$$x^n - b^n = (x - b)(x^{n-1} + x^{n-2}b + x^{n-3}b^2 + \ldots + xb^{n-2} + b^{n-1}).$$

b) Betrachte die Differenz $f(x) - f(b)$ für eine beliebige reelle Zahl b. Ordne nach Potenzen und wende dann auf jeden Term die Formel aus a) an. Nach Ausklammern von $(x - b)$ gelangst du zu einer Darstellung

$$f(x) - f(b) = (x - b) \cdot g(x).$$

Wie sieht dabei das Polynom $g(x)$ aus?

c) Was liefert b), wenn b eine Nullstelle von $f(x)$ ist?

6.4 Symmetrie

Das Erkennen einer Symmetrie im Kurvenverlauf bringt eine große Arbeitsersparnis mit sich, weshalb wir uns nun näher damit beschäftigen.

6.4.1 Achsensymmetrie zur y-Achse

Beispiel 6.9 Wir betrachten die Funktion

$$f\colon \mathbb{R} \to \mathbb{R}, \quad f(x) = x^4 - 2x^2,$$

deren Schaubild K_f in Abbildung 6.2 dargestellt ist.

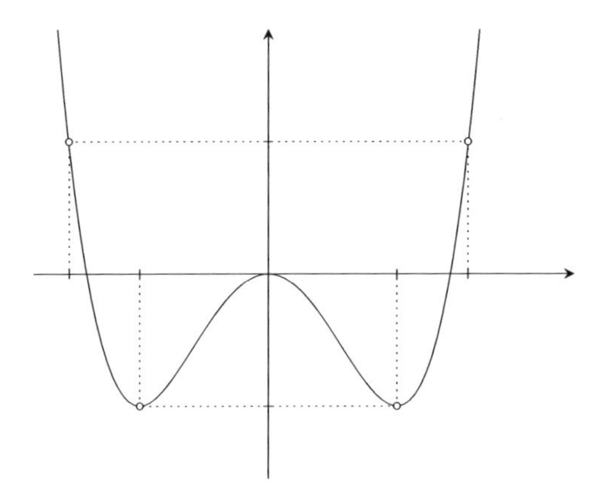

Abbildung 6.2: Selber vervollständigen!

Offenbar ist K_f symmetrisch zur y-Achse. Das bedeutet rechnerisch: Geht man von einer beliebigen Stelle x auf der x-Achse zu ihrer „Spiegelstelle“ $-x$, so erhält man beides Mal denselben Funktionswert, sprich man landet beim selben y-Wert auf K_f. Trage diese Bezeichnungen für die beiden Punktepaare in Abbildung 6.2 ein.
Dies kann man ganz leicht rechnerisch am Funktionsterm $f(x)$ überprüfen: Für beliebiges $x \in D_f = \mathbb{R}$ gilt nämlich $-x \in D_f$ und

$$f(-x) = (-x)^4 - 2 \cdot (-x)^2 = x^4 - 2x^2 = f(x).$$

Merke: Gilt für eine Funktion f

$$f(-x) = f(x) \quad \text{für alle } \pm x \in D_f,$$

dann ist ihr Schaubild K_f symmetrisch zur y-Achse.

Man muss also im Funktionsterm $f(x)$ nur überall $-x$ anstelle von x einsetzen und dann schauen, ob am Ende wieder $f(x)$ rauskommt. Wichtig ist dabei der Zusatz „für alle $x \in D_f$“ (der auch bei der Rechnung dabeistehen muss), d.h. es genügt keinesfalls, obige Bedingung nur für eine konkrete Zahl x nachzurechnen. Skizziere doch mal ein Schaubild, für das zwar $f(-1) = f(1)$ gilt, aber das nicht symmetrisch zur y-Achse verläuft.

Hat man die y-Achsensymmetrie eines Schaubilds einmal nachgewiesen, so kann man sich viel Arbeit ersparen: Es genügt z.B., sich eine Wertetabelle für $x > 0$ zu erstellen, denn die Punkte auf K_f mit $x < 0$ erhält man einfach durch Spiegeln an der y-Achse. Dies ist insbesondere beim Auffinden von Extrempunkten nützlich: Hat man in obigem Beispiel den Tiefpunkt $T_1(1\,|\,-1)$ rechnerisch gefunden, weiß man aus Symmetriegründen sofort, dass auch $T_2(-1\,|\,-1)$ ein Tiefpunkt von K_f sein wird (ohne weitere hinreichende Bedingungen prüfen zu müssen).

Merke: Für eine Funktion f mit y-achsensymmetrischem Schaubild gilt:

Ist $T_1(x_0\,|\,f(x_0))$ ein Tiefpunkt, so ist auch $T_2(-x_0\,|\,f(x_0))$ einer.

Analog für Hoch-, Wende- und Sattelpunkte.

Für ganzrationale Funktionen gibt es ein simples Symmetriekriterium: Da für jede gerade Hochzahl (0 zählt auch als gerade) gilt

$$(-x)^0 = x^0, \quad (-x)^2 = x^2, \quad (-x)^4 = x^4, \quad \text{etc.},$$

sind Schaubilder *gerader Polynome*, also von Polynomen, deren x-Hochzahlen allesamt gerade Zahlen sind, automatisch symmetrisch zur y-Achse.

Merke: Ein gerades Polynom besitzt ein y-achsensymmetrisches Schaubild.

So erkennt man ohne weitere Rechnung, dass das Polynom f mit

$$f(x) = x^8 - \frac{2}{17}\,x^2 + 2019$$

ein Schaubild K_f besitzt, das symmetrisch zur y-Achse ist.

6.4.2 Punktsymmetrie zum Ursprung

Beispiel 6.10 Betrachte das Schaubild K_f in Abbildung 6.3, das zur Funktion

$$f\colon \mathbb{R} \to \mathbb{R}, \quad f(x) = \frac{1}{2}\,x^3 - 2x$$

gehört. Man erkennt eine Punktsymmetrie zum Ursprung $O(0\,|\,0)$. Folgende falsche Sprechweise, die ich von Schülern immer wieder höre, solltest du vermeiden:

„Das Schaubild ist gespiegelt am Ursprung“.

Richtig heißt es

„„Das Schaubild geht bei Spiegelung am Ursprung in sich selber über“,

oder eben einfach

„Das Schaubild ist punktsymmetrisch zum Ursprung“.

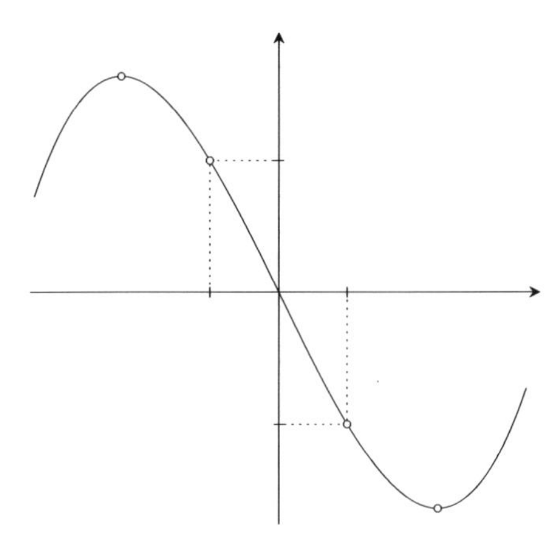

Abbildung 6.3: Selber vervollständigen!

Wenn man hier die Spiegelstellen x und $-x$ betrachtet, so sind die gepunkteten Linien, die jeweils in y-Richtung zu K_f führen, zwar gleich lang, aber sie laufen in verschiedene Richtungen. Somit gilt hier

$$f(-x) = -f(x).$$

Trage dies für die beiden Punktepaare in Abbildung 6.3 ein.
Auch hier geht der rechnerische Symmetrienachweis – ohne das Schaubild dafür kennen zu müssen – wieder ganz einfach: Für beliebiges $x \in D_f = \mathbb{R}$ gilt $-x \in D_f$ und

$$f(-x) = \frac{1}{2} \cdot (-x)^3 - 2 \cdot (-x) = -\frac{1}{2}x^3 + 2x = -\left(\frac{1}{2}x^3 - 2x\right) = -f(x).$$

Merke: Gilt für eine Funktion f

$$f(-x) = -f(x) \quad \text{für alle } \pm x \in D_f,$$

dann ist ihr Schaubild K_f punktsymmetrisch zum Ursprung.

Gleiche Anmerkung wie in 6.4.1: Der Zusatz „für alle $x \in D_f$" ist wichtig und muss am Ende der Rechnung da stehen. Skizziere ein Schaubild, für das $f(-1) = -f(1)$ gilt, aber das nicht punktsymmetrisch zum Ursprung verläuft.

Auch die Anmerkung zur Arbeitsersparnis ist ähnlich wie in 6.4.1: Bei zu O punktsymmetrischen Schaubildern genügt es, sich eine Wertetabelle für $x > 0$ zu erstellen, denn die Punkte auf K_f mit $x < 0$ erhält man einfach durch Spiegeln am Ursprung. Bei Extrempunkten muss man aufpassen, da sich die Art des Extremums beim Spiegeln am Ursprung umdreht, wie man in Abbildung 6.3 gut erkennen kann.

Merke: Für eine Funktion f mit zu O punktsymmetrischem Schaubild gilt:

Ist $T\,(\,x_0\,|\,f(x_0)\,)$ ein Tiefpunkt, so ist $H\,(\,-x_0\,|\,-f(x_0)\,)$ ein Hochpunkt.

Analog werden Hochpunkte beim Punktspiegeln zu Tiefpunkten.

Wende- und Sattelpunkte bleiben solche (allerdings vertauscht sich das Krümmungsverhalten, aber das ist so gut wie nie gefragt).

Das Symmetriekriterium „durch Hinschauen" gilt auch für *ungerade Polynome*, also für Polynome, deren x-Hochzahlen allesamt ungerade Zahlen sind. Denn für jede ungerade Hochzahl gilt

$$(-x)^1 = -x^1, \quad (-x)^3 = -x^3, \quad (-x)^5 = -x^5, \quad \text{etc.},$$

also folgt z.B. für

$$f(x) = -2x^5 + x^3 - 1700x,$$

dass $f(-x) = -f(x)$ für alle $x \in \mathbb{R}$ gilt, ohne dass man die mühsame Einsetzübung mit dem $-x$ explizit durchführen müsste. (Führe sie zum Spaß hier aber trotzdem einmal aus, damit du wirklich verstehst, was dabei passiert.)

Merke: Ein ungerades Polynom besitzt ein zum Ursprung O punktsymmetrisches Schaubild.

Achtung: Bei „gemischten" Polynomen, die sowohl gerade als auch ungerade Hochzahlen besitzen, wie z.B.

$$f(x) = x^4 - x^3 + 2,$$

gilt weder

$$f(-x) = f(x) \quad \text{noch} \quad f(-x) = -f(x) \quad \text{für alle } x \in D_f.$$

(Überzeuge dich in obigem Beispiel hiervon – dabei genügt es bereits, ein konkretes x zu finden, für das $f(-x) \neq \pm f(x)$ ist.)
Daraus folgt n i c h t, dass das Schaubild K_f keine Symmetrie aufweisen kann (siehe Aufgaben 6.7 und 6.8); man kann lediglich schließen, dass keine Symmetrie zur y-Achse oder zum Ursprung vorliegen kann. Bezeichnen wir diese beiden Symmetriearten als „einfache Symmetrie" (oder „Symmetrie zum Koordinatensystem"), so lässt sich dies kurz formulieren als:

$$f(-x) \neq \pm f(x) \text{ für ein } x \implies K_f \text{ besitzt keine einfache Symmetrie.}$$

Nochmals: „K_f besitzt keine Symmetrie" wäre eine nicht zulässige Folgerung.

A 6.5 Welche Symmetrie besitzen die Schaubilder der folgenden Funktionen?

a) $f(x) = x^4 - 2x^2 + 4$ b) $f(x) = x^4 - 2x^3 + 5$

c) $f(x) = x^5 + \pi x^3 - \sqrt{2}\,x$ d) $f(x) = (x^6 + 17x^4 - 2) \cdot (x^3 - x)$

A 6.6 Untersuche die Schaubilder der folgenden gebrochenrationalen Funktionen auf Symmetrie. (Hier lässt sich die Regel mit den nur geraden bzw. nur ungeraden Hochzahlen nicht mehr anwenden, zumindest nicht direkt.)

a) $f(x) = \dfrac{x^3}{x^2+1}$ b) $f(x) = \dfrac{x^3+x}{x^3}$ $(x \neq 0)$

A 6.7 *(Allgemeine Achsensymmetrie)* 

a) Begründe folgende Aussage: Anstatt die Symmetrie des Schaubilds K_f einer Funktion $f(x)$ zur Achse $x = a$ (eine Parallele zur y-Achse durch $(\,a\,|\,0\,)$) direkt nachzuweisen, kann man die Symmetrie des Schaubilds von $g(x) = f(x+a)$ zur y-Achse nachweisen.

b) Zeige damit die Symmetrie des Schaubilds K_f von $f(x) = x^2 - 4x + 5$ zur Achse $x = 2$.

c) Zeige, dass die Symmetrie-Bedingung aus a) an $g(x)$ äquivalent ist zu

$$f(a-x) = f(a+x) \qquad \text{für alle } x \text{ mit } a \pm x \in D_f$$

und veranschauliche dir diese Bedingung anhand des Schaubilds K_f aus b).

A 6.8 *(Allgemeine Punktsymmetrie)* 

a) Begründe folgende Aussage: Anstatt die Punktsymmetrie des Schaubilds K_f einer Funktion $f(x)$ zum Punkt $P\,(\,a\,|\,b\,)$ direkt nachzuweisen, kann man die Punktsymmetrie des Schaubilds von $g(x) = f(x+a) - b$ zum Ursprung nachweisen.

b) Weise damit die Punktsymmetrie des Schaubilds K_f des Polynoms dritten Grades $f(x) = x^3 - 6x^2 + 10x - 3$ zu $P\,(\,2\,|\,1\,)$ nach.

c) Zeige, dass die Symmetrie-Bedingung aus a) an $g(x)$ äquivalent ist zu

$$\frac{f(a+x) + f(a-x)}{2} = b \qquad \text{für alle } x \text{ mit } a \pm x \in D_f.$$

Interpretiere diese Gleichung anhand von K_f aus b) geometrisch! (Tipp: Auf der linken Seite steht ein Mittelwert.)

6.5 Globalverlauf

Vorbemerkung: Für diesen Abschnitt musst du dir in Erinnerung rufen, wie die Schaubilder der Funktionen x^3, x^5, ... bzw. x^2, x^4, ... aussehen.

Um sich einen Überblick über den Verlauf eines Schaubilds K_f zu verschaffen, ist es nützlich zu wissen, „wohin K_f abhaut", wenn x gegen $+\infty$ oder $-\infty$ strebt (also sehr groß oder sehr negativ wird); kurz: für $x \to \pm\infty$ oder noch kürzer $|x| \to \infty$. Dies lässt sich bei Polynomen ganz leicht erkennen, wie das folgende Beispiel zeigt.

Beispiel 6.11 Wir betrachten $f(x) = x^3 - 2x^2 + 1$. Setzen wir eine große Zahl wie z.B. $x = 10^6$ (eine Million) in $f(x)$ ein, so ist $x^3 = (10^6)^3 = 10^{18}$ um viele Zehnerpotenzen größer als $2x^2 = 2 \cdot (10^6)^2 = 2 \cdot 10^{12}$, und die lächerliche $+1$ spielt sowieso keine Rolle mehr. Für große x liefert also die Näherung

$$f(x) = x^3 - 2x^2 + 1 \approx x^3$$

brauchbare Werte. Dasselbe gilt für sehr negative Werte von x. „Im Großen", also *global* gesehen, verhält sich K_f deswegen wie das Schaubild der x^3-Funktion – siehe Abbildung 6.4.

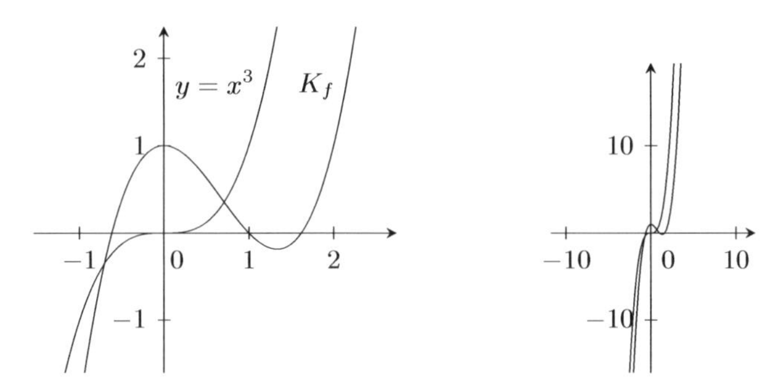

Abbildung 6.4: Beim Rauszoomen verschwinden die Unterschiede.

Da $y = x^3$ für $x \to +\infty$ ins positiv Unendliche abhaut, gilt dies ebenfalls für K_f, was man so aufschreibt:

$$f(x) \to +\infty \quad \text{für } x \to +\infty.$$

Lies: „$f(x)$ strebt gegen (plus) Unendlich für x gegen (plus) Unendlich". Eine noch kompaktere Schreibweise dafür ist

$$\lim_{x \to +\infty} f(x) = +\infty,$$

wobei hier $+\infty$ nicht als Zahl gesehen werden darf! Diese Schreibweise bedeutet lediglich, dass $f(x)$ größer als jede beliebige reelle Zahl wird, wenn man nur x groß genug werden lässt.

Weil das Schaubild der x^3-Funktion für $x \to -\infty$ ins negativ Unendliche abstürzt, tut K_f dies ebenso, d.h. es gilt

$$f(x) \to -\infty \quad \text{für } x \to -\infty \qquad \text{bzw.} \qquad \lim_{x \to -\infty} f(x) = -\infty.$$

Übrigens: Durch Ausklammern der höchsten x-Potenz lässt sich die oben erklärte Annäherung an die x^3-Funktion mathematisch präziser fassen: Es ist (für $x \neq 0$)

$$f(x) = x^3 - 2x^2 + 1 = x^3 \left(\frac{x^3}{x^3} - \frac{2x^2}{x^3} + \frac{1}{x^3} \right) = x^3 \left(1 - \frac{2}{x} + \frac{1}{x^3} \right).$$

Nun ist anschaulich völlig klar, dass

$$\frac{2}{x} \to 0 \qquad \text{und} \qquad \frac{1}{x^3} \to 0 \qquad \text{für } |x| \to \infty$$

gilt: Lasse einfach in Gedanken das x im Nenner betragsmäßig immer größer werden; dann werden sich die Brüche immer mehr der Null annähern. Somit strebt die ganze Klammer für $|x| \to \infty$ gegen 1, was nichts anderes als $f(x) \to x^3 \cdot 1 = x^3$ für $|x| \to \infty$ bedeutet. Kurz aufgeschrieben sieht das so aus:

$$f(x) = x^3 - 2x^2 + 1 = x^3 \Big(1 - \underbrace{\frac{2}{x}}_{\to 0} + \underbrace{\frac{1}{x^3}}_{\to 0} \Big) \to x^3 \qquad \text{für } |x| \to \infty.$$

Und die Moral von der Geschicht? Fürs Globalverhalten zählen die niederen Potenzen nicht! Wenn du also – falls in der KA keine nähere Begründung verlangt ist – nach dem Globalverlauf von K_f gefragt wirst, genügt ein müder Blick auf den höchsten x-Term, in diesem Beispiel x^3, und schon kennst du den Globalverlauf. Beachte jedoch: Es macht einen Unterschied, ob ein positiver oder negativer Koeffizient vor dem x^3 steht; siehe Aufgaben.

A 6.9 Bestimme den Globalverlauf der Schaubilder der folgenden ganzrationalen Funktionen. Begründe dabei mindestens einmal sauber, welcher Funktion sich $f(x)$ für $|x| \to \infty$ annähert.

a) $f(x) = x^4 + 2x^2 + 7x$

b) $f(x) = -2x^3 + x - 5$

c) $f(x) = -\frac{1}{2}x^4 + x^3 - \sqrt{2}\,x$

d) $f(x) = (-x^4 + 17x^2 - 2x) \cdot (x^3 - x + 1)$

A 6.10 Begründe mit Hilfe des Globalverlaufs den folgenden wichtigen

Satz: Jedes Polynom dritten Grades (oder allgemeiner n-ten Grades, wobei n ungerade ist) besitzt mindestens eine Nullstelle, d.h. das Schaubild schneidet mindestens einmal die x-Achse.

Verwende dabei, dass Polynome *stetig* sind, d.h. dass ihre Schaubilder „keine Sprünge machen“. (Eine saubere Definition von Stetigkeit ist kein Schulstoff mehr.)

 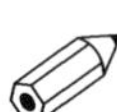 

6.6 Extrem- und Wendepunkte

Nachdem wir die Grobarbeit geleistet haben, wird K_f nun noch auf die „interessanten Punkte“, also auf Extrem- und Wendepunkte, untersucht – mit den in Kapitel 5 bereits entwickelten Methoden. Dann haben wir alle Informationen, die wir uns wünschen und können abschließend das Schaubild K_f zeichnen.

6.7 Beispiel einer „Kurvendiskussion“

Beispiel 6.12 Wir führen eine vollständige Funktionsuntersuchung („Kurvendiskussion“) am Beispiel von

$$f\colon \mathbb{R} \to \mathbb{R}, \quad f(x) = x^4 - 2x^3$$

durch. (Da der maximale Definitionsbereich von Polynomen stets $\mathbb{R}$ ist, fällt dieser erste Punkt hier weg.) In welcher Reihenfolge man die folgenden Punkte abarbeitet, ist relativ egal – aber natürlich wird man z.B. zuerst ableiten und dann Extrem- und Wendepunkte suchen.

(1) Symmetrie: f ist weder gerade noch ungerade, also kann keine einfache Symmetrie (zum Koordinatensystem) vorliegen. Dies erkennt man auch daran, dass

$$f(-1) = 3 \neq \mp 1 = \pm f(1)$$

gilt. (Die Untersuchung einer komplizierteren Symmetrie wäre in der Aufgabe genauer vorgegeben.)

(2) Schnittpunkte mit den Koordinatenachsen: Wir berechnen den y-Achsenabschnitt $Y\,(0\,|\,f(0)\,)$ sowie die Nullstellen von K_f. Aufgrund von $f(0) = 0$ ist $Y\,(0\,|\,0\,)$ auch gleich die erste Nullstelle. Weitere Nullstellen:

$$f(x) = 0 \quad\Longleftrightarrow\quad x^4 - 2x^3 = x^3 \cdot (x-2) = 0 \quad\overset{\text{(NPS)}}{\Longleftrightarrow}\quad x^3 = 0 \vee x - 2 = 0,$$

also gibt es genau zwei Nullstellen, $N_1\,(0\,|\,0\,) = Y$ und $N_2\,(2\,|\,0\,)$.

(3) Globalverlauf: Kurz: Für große $|x|$ verhält $f(x)$ sich wie die dominante Potenz x^4, sprich

$$\lim_{|x|\to\infty} f(x) = \lim_{|x|\to\infty} x^4 = +\infty.$$

Ausführlich: Ausklammern der höchsten x-Potenz (für $x \neq 0$) zeigt

$$f(x) = x^4 - 2x^3 = x^4\Bigg(1 - \underbrace{\frac{2}{x}}_{\to 0}\Bigg) \to x^4 \qquad \text{für } |x| \to \infty,$$

also verhält K_f sich global wie $y = x^4$, d.h. K_f haut nach $+\infty$ ab für $|x| \to \infty$.

(4) Ableitungen: (Das Ausklammern ist nur zum Nullsetzen hilfreich.)

$$f'(x) = 4x^3 - 6x^2 = 2x^2 \cdot (2x - 3)$$
$$f''(x) = 12x^2 - 12x = 12x \cdot (x - 1)$$
$$f'''(x) = 24x - 12.$$

(5) Punkte mit waagerechter Tangente: Wir suchen alle Nullstellen der ersten Ableitung und prüfen, ob es sich dabei um Extremstellen handelt.

$$f'(x) = 0 \iff 2x^2 \cdot (2x - 3) = 0 \overset{\text{(NPS)}}{\iff} 2x^2 = 0 \vee 2x - 3 = 0.$$

Somit sind $x_1 = 0$ und $x_2 = \frac{3}{2}$ unsere beiden Extremstellenkandidaten.
Hinreichende Bedingung für Extremstellen:

$$f''(0) = 0; \quad \text{Pech gehabt!}$$

Anstatt den VZW von f' bei $x_1 = 0$ zu untersuchen, kann man hier cleverer vorgehen: Aufgrund von $f''(0) = 0$ ist $x_1 = 0$ Wendestellenkandidat und die hinreichende Bedingung $f'''(0) = -12 \neq 0$ bestätigt diese Kandidatur. Somit ist $N_1 = S\,(0\,|\,0)$ ein Wendepunkt von K_f mit waagerechter Tangente, also ein Sattelpunkt. Insbesondere kann S kein Extrempunkt sein, denn dann würde K_f nahe S eine Rechts- oder eine Linkskurve beschreiben, hätte also keinen Krümmungswechsel.
Bei $x_2 = \frac{3}{2}$ haben wir mehr Glück:

$$f''(\tfrac{3}{2}) = 9 > 0 \implies x_2 = \tfrac{3}{2} \text{ ist Tiefstelle mit } f(\tfrac{3}{2}) = -\tfrac{27}{16}.$$

Somit besitzt K_f einen Tiefpunkt bei ca. $T\,(1{,}5\,|\,-1{,}69\,)$.

(6) Wendepunkte: Notwendige Bedingung für Wendestellen:

$$f''(x) = 0 \iff 12x \cdot (x - 1) = 0 \overset{\text{(NPS)}}{\iff} 12x = 0 \vee x - 1 = 0.$$

Damit sind $x_1 = 0$ und $x_3 = 1$ die beiden Wendestellenkandidaten. Die Stelle 0 wurde oben bereits als Sattelstelle entlarvt; für x_3 gilt

$$f'''(1) = 12 \neq 0 \implies x_3 = 1 \text{ ist Wendestelle mit } f(1) = -1.$$

Also haben wir zwei Wendepunkte, $S\,(0\,|\,0)$ und $W\,(1\,|\,-1)$.

(7) Schaubild: Mit all diesen Informationen kann man nun das Schaubild K_f bequem zeichnen; idealerweise mit Hilfe von 3–4 zusätzlichen y-Werten aus einer Wertetabelle. Siehe Abbildung 6.5.

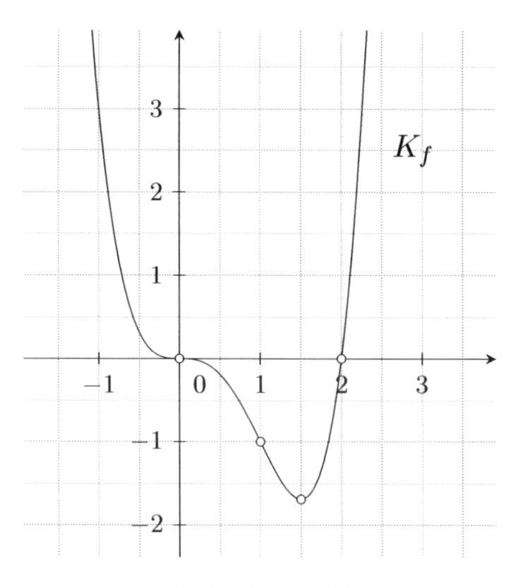

Abbildung 6.5

Da (komplette) Kurvendiskussionen in den letzten Jahrzehnten mit dem Aufkommen grafikfähiger Taschenrechner immer mehr aus der Mode gekommen sind, beschränken wir uns auf ein paar wenige Aufgaben.

A **6.11** Führe eine vollständige Funktionsuntersuchung durch (auf $D_f = \mathbb{R}$).

a) $f(x) = x^3 - 3x$

b) $f(x) = x^4 - 2x^2 + 1$

c) $f(x) = \frac{1}{8}x^5 + \frac{3}{8}x^4 - \frac{1}{2}x^3 - 2x^2 + 2$ (Aufwand: ☠)

6.8 Mehrfache Nullstellen und Kurvenverlauf

In diesem Abschnitt wird erläutert, wie sich das Vorhandensein einer *mehrfachen Nullstelle* auf den Kurvenverlauf in der Nähe dieser Nullstelle auswirkt.

Definition: Eine Zahl x_0 heißt *n-fache Nullstelle* ($n \in \mathbb{N}$) des Polynoms f, wenn sich f schreiben lässt als

$$f(x) = (x - x_0)^n \cdot g(x),$$

wobei x_0 keine Nullstelle der Funktion g mehr sein darf, d.h. $g(x_0) \neq 0$.

Beispiel 6.13 $x_0 = 2$ ist zweifache (doppelte) Nullstelle des Polynoms

$$f(x) = (x-2)^2 \cdot (x^2+1),$$

denn $g(x) = x^2 + 1$ erfüllt $g(2) \neq 0$. Diese Bedingung ist wichtig, denn auf den ersten Blick scheint

$$\widetilde{f}(x) = (x-2)^2 \cdot (x^2 - 3x + 2)$$

ebenfalls $x_0 = 2$ als doppelte Nullstelle zu besitzen, aber aufgrund von

$$x^2 - 3x + 2 = (x-2) \cdot (x-1) \qquad \text{(Vieta!)}$$

gilt

$$\widetilde{f}(x) = (x-2)^2 \cdot (x^2 - 3x + 2) = (x-2)^2 \cdot (x-2) \cdot (x-1) = (x-2)^3 \cdot (x-1),$$

d.h. $x_0 = 2$ ist sogar dreifache Nullstelle von $\widetilde{f}$.

Beispiel 6.14 Das Polynom $f\colon \mathbb{R} \to \mathbb{R}$ besitze die Linearfaktorzerlegung (der Vorfaktor $\frac{1}{2}$ ist nur aus Skalierungsgründen da)

$$f(x) = \frac{1}{2} \cdot (x+1) \cdot (x-1) \cdot (x-3).$$

An dieser ist sofort ersichtlich (NPS!), dass f die drei einfachen Nullstellen -1, 1 und 3 besitzt. Betrachten wir z.B. $x_0 = 1$ näher: In der Nähe der 1 bestimmt der Faktor $(x-1)$ den Kurvenverlauf in folgendem Sinne:

- $(x-1)$ vollzieht bei $x_0 = 1$ einen VZW von $-$ nach $+$.
- Die anderen beiden Linearfaktoren ändern in der Nähe von $x_0 = 1$ ihr Vorzeichen nicht (da ihre Nullstellen -1 bzw. 3 sind). In einer klein genugen Umgebung der 1 ist stets $(x+1) > 0$ und $(x-3) < 0$.
- Etwas links von $x_0 = 1$ gilt damit

$$f(x) = \frac{1}{2} \cdot \underbrace{(x+1)}_{>0} \cdot \underbrace{(x-1)}_{<0} \cdot \underbrace{(x-3)}_{<0} > 0$$

  und etwas rechts von $x_0 = 1$ erhalten wir

$$f(x) = \frac{1}{2} \cdot \underbrace{(x+1)}_{>0} \cdot \underbrace{(x-1)}_{>0} \cdot \underbrace{(x-3)}_{<0} < 0,$$

  d.h. f vollzieht bei $x_0 = 1$ einen VZW von $+$ nach $-$.

Verfährt man so für die anderen beiden Nullstellen, kann man bereits eine grobe Skizze des Kurvenverlaufs erstellen; vergleiche mit Abbildung 6.6.

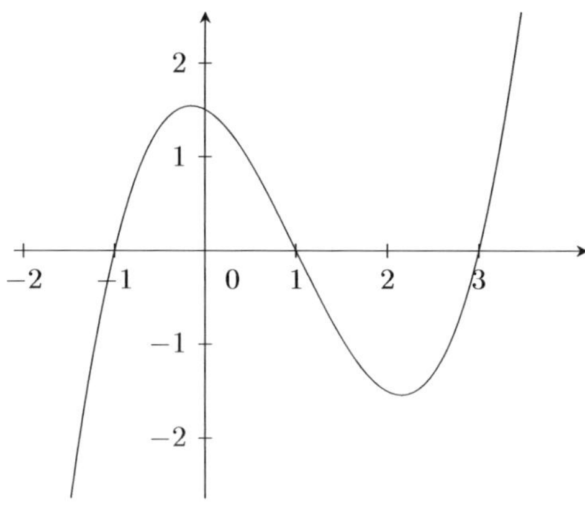

Abbildung 6.6

Merke: Bei einer einfachen Nullstelle vollzieht f einen VZW.

Beispiel 6.15 Nun ändern wir den letzten Linearfaktor von f (und das $\frac{1}{2}$):

$$f(x) = (x+1) \cdot (x-1) \cdot (x-1) = (x-1)^2 \cdot (x+1),$$

sodass $x_0 = 1$ jetzt eine doppelte Nullstelle von f ist. Aufgrund des Quadrats macht der Faktor $(x-1)^2$ nun bei $x_0 = 1$ keinen VZW mehr und da auch $(x+1)$ nahe 1 wie oben positiv bleibt, gilt für $x \neq x_0$ nahe der 1:

$$f(x) = \underbrace{(x-1)^2}_{>0} \cdot \underbrace{(x+1)}_{>0} > 0,$$

d.h. $x_0 = 1$ wird eine Tiefstelle von K_f auf der x-Achse sein – siehe Abbildung 6.7.

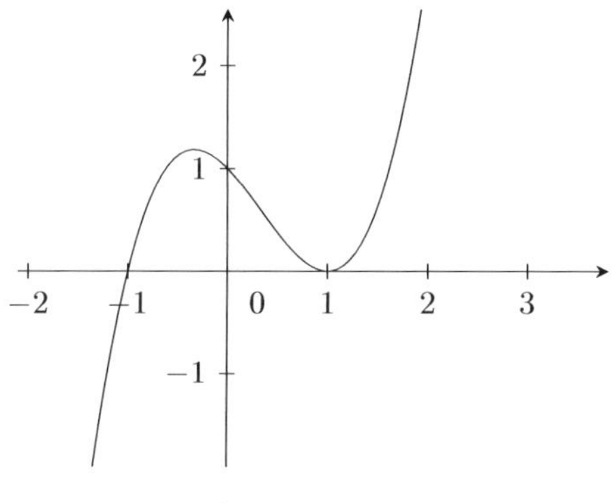

Abbildung 6.7

Merke: Doppelte Nullstelle bedeutet Extrempunkt auf der x-Achse.

Man kann dies auch streng beweisen, braucht dazu allerdings die Ketten- und Produktregel (siehe nächstes Jahr).

Beispiel 6.16 Erheben wir schließlich $x_0 = 1$ zu einer dreifachen Nullstelle in

$$f(x) = (x-1)^3 \cdot (x+1),$$

dann bestimmt der Faktor $(x-1)^3$ lokal bei $x_0 = 1$ das Aussehen von K_f, weshalb es nicht überrascht, dass K_f dort eine Sattelstelle besitzt – siehe Abbildung 6.8. Auch hier fehlt uns für einen strengen Beweis die Ketten- und Produktregel, also belassen wir es bei einer Merkregel.

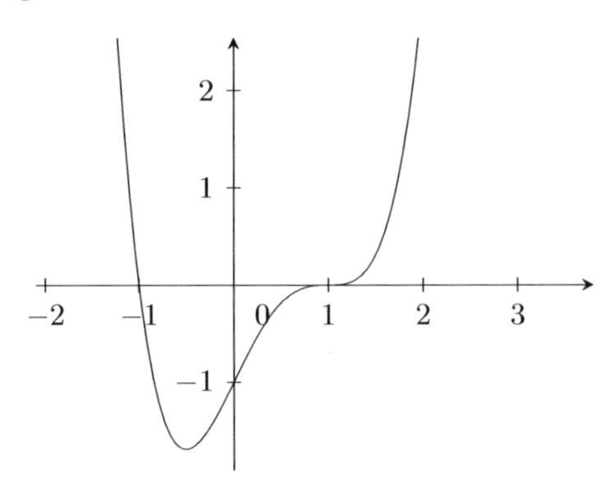

Abbildung 6.8

Merke: Dreifache Nullstelle bedeutet Sattelpunkt auf der x-Achse.

Entsprechende Aussagen gelten für höhere Nullstellen (vierfache, fünffache, usw.), aber diese treten in der Praxis kaum auf.

A **6.12** Skizziere den Kurvenverlauf (y-Achse ohne Einheiten).

a) $f(x) = x^2 \cdot (x-2)$ b) $g(x) = (x+1)^3 \cdot (x-2)^2$

A **6.13** Bestimme eine mögliche Funktionsgleichung für folgende Schaubilder.

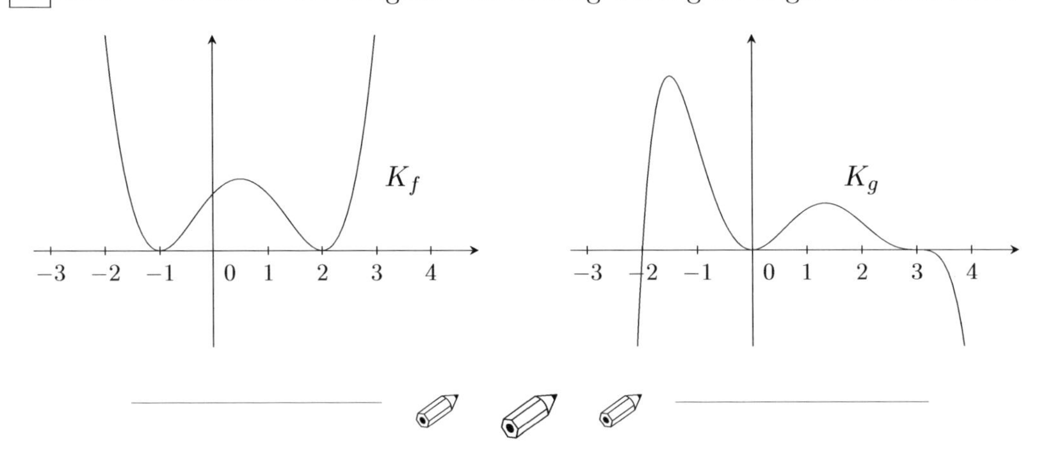

6.9 Klassifikation kubischer Parabeln

In diesem Abschnitt erhalten wir einen kleinen Einblick in das, was Mathematiker wirklich interessiert, nämlich das „Klassifizieren" mathematischer Objekte. Schauen wir uns zunächst quadratische Funktionen an:

$$f\colon \mathbb{R} \to \mathbb{R}, \quad f(x) = ax^2 + bx + c, \qquad a, b, c \in \mathbb{R}, a \neq 0.$$

Die zugehörigen Schaubilder K_f sind allesamt Parabeln (zweiter Ordnung). Da die Koeffizienten a, b und c beliebige reelle Zahlen sein dürfen (ausgeschlossen ist nur $a = 0$, da sonst eine lineare Funktion vorliegt), gibt es unendlich viele quadratische Funktionen, also auch unendlich viele Parabeln (zweiter Ordnung). Die Frage, die sich beim Klassifikationsproblem nun stellt, ist:

„Wie viele wirklich verschiedene Parabeln gibt es eigentlich?".

Parabeln zweiter Ordnung sind sehr „starre" Gebilde, denn sie besitzen nur einen interessanten Punkt, nämlich ihren Scheitelpunkt, der je nach Vorzeichen von a ein Hoch- oder Tiefpunkt sein kann. Alle Parabeln lassen sich durch geeignetes Verschieben, Strecken / Stauchen und Spiegeln in die Normalparabel überführen. Deshalb lautet die Antwort auf obige Frage:

„Alle Parabeln sehen im Wesentlichen wie die Normalparabel aus".

Somit gibt es nur eine Klasse von Parabeln zweiter Ordnung und deren *Repräsentant* ist die Normalparabel.
Bei Parabeln dritter Ordnung wird dieses Klassifikationsproblem schon interessanter, z.B. besitzen die Schaubilder von

$$f(x) = x^3 \qquad \text{und} \qquad g(x) = x^3 - 2x^2 + 1$$

zwei grundsätzlich verschiedene Schaubilder; siehe Abbildung 6.4: K_f besitzt einen Sattelpunkt und keine Extrempunkte, während K_g zwei Extrempunkte, aber dafür keinen Sattelpunkt besitzt. Und kein Verschieben, Strecken / Stauchen oder Spiegeln könnte K_f in K_g überführen. Die folgenden Aufgaben zeigen, dass wir mit Hilfe unserer kümmerlichen Schulmathematik tatsächlich die Parabeln dritter Ordnung komplett klassifizieren können.

Wir untersuchen in den folgenden Aufgaben die Eigenschaften des Schaubilds K_f eines Polynom 3. Grades,

$$f\colon \mathbb{R} \to \mathbb{R}, \quad f(x) = ax^3 + bx^2 + cx + d, \qquad a, b, c, d \in \mathbb{R}, a \neq 0.$$

K_f heißt *Parabel dritter Ordnung* oder *kubische Parabel.* Wir werden feststellen, dass es genau drei Klassen von kubischen Parabeln gibt.

A 6.14 *(Symmetrie zum Wendepunkt)*

a) Zeige, dass K_f genau einen Wendepunkt W besitzt.

b) Weise nach, dass K_f punktsymmetrisch zu W ist. (Tipp: Aufgabe 6.8.)

A 6.15

a) Zeige, dass K_f entweder keine oder zwei Extrempunkte besitzt.

b) Welche Beziehung müssen die Koeffizienten in

$$f(x) = x^3 + bx^2 + cx + d \quad \text{(also } a = 1\text{)}$$

erfüllen, damit K_f keine / genau eine / zwei waagerechte Tangente(n) hat?

A 6.16 Laut Aufgabe 6.15 gibt es zwei verschiedene Klassen von kubischen Parabeln. Unterscheiden wir bei Klasse 1 (keine Extrempunkte) noch die Fälle, ob der Wendepunkt W (der nach Aufgabe 6.14 stets existiert) ein Sattelpunkt ist oder nicht, dann erhalten wir drei Klassen kubischer Parabeln.
Als drei Repräsentanten dieser Klassen wählen wir die Funktionen[22]:

$$f_1(x) = x^3 + x, \qquad f_2(x) = x^3, \qquad f_3(x) = x^3 - x.$$

a) Überzeuge dich, dass die Koeffizienten zu Aufgabe 6.15 b) passen.

b) Zeichne die drei zugehörigen Schaubilder K_{f_i} $(i = 1, 2, 3)$, inklusive Wendetangente, und in einem Schaubild darunter jeweils den Verlauf der Ableitungsfunktionen f_i'.

A 6.17 Was lässt sich über die Anzahl der Nullstellen von K_f aussagen? Untermale die verschiedenen Fälle durch Skizzen.

[22]Man kann zeigen: Durch geeignete Achsen-Umskalierung und Verschiebung kann man *jedes* Polynom 3. Grades in eine dieser drei Funktionen überführen!

7 Anwendungen der Ableitung

7.1 Lineare Approximation

Wir hatten bereits früher gesagt, dass die Tangente K_t die beste lineare Approximation an das Schaubild K_f einer Funktion f in der Nähe des Berührpunktes $P\,(\,x_0 \,|\, f(x_0)\,)$ ist. In Abbildung 7.1 kann man erkennen, dass

$$f(x_0 + h) \approx t(x_0 + h) \qquad \text{für kleine } h \text{ gilt,}$$

d.h. dass sich die Funktionswerte von f nahe bei x_0 durch die Funktionswerte der Tangente t sehr gut annähern lassen. Diese Näherung fassen wir nun noch etwas genauer.

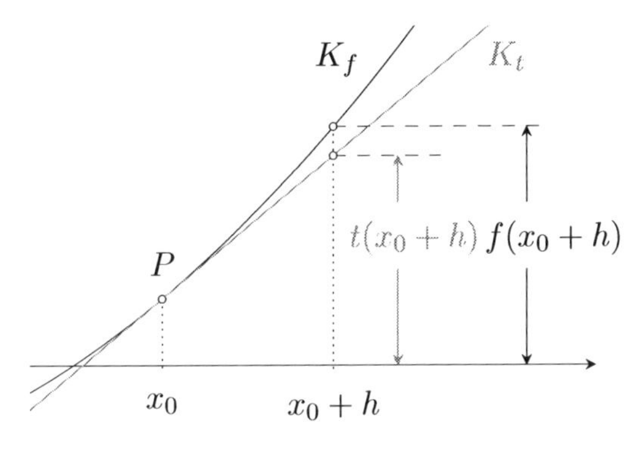

Abbildung 7.1

Satz: Für eine differenzierbare Funktion f gilt

$$f(x_0 + h) = f(x_0) + f'(x_0) \cdot h + r(h),$$

mit einem Restterm $r(h)$, der für $h \to 0$ so schnell kleiner wird, dass gilt

$$\lim_{h \to 0} \frac{r(h)}{h} = 0.$$

Für kleine Werte von h ist also die folgende Näherung sehr gut:

$$f(x_0 + h) \approx f(x_0) + f'(x_0) \cdot h.$$

Beachte: Die Bedingung $\lim_{h \to 0} \frac{r(h)}{h} = 0$ ist stärker als bloß $\lim_{h \to 0} r(h) = 0$, da der Bruch im Nenner ein h stehen hat, das sich ja ebenfalls 0 nähert, aber trotzdem immer noch gegen 0 konvergiert.

Beweis: Die Tangentengleichung an K_f bei x_0 lautet

$$t(x) = f'(x_0) \cdot (x - x_0) + f(x_0) = f(x_0) + f'(x_0) \cdot (x - x_0).$$

Wir betrachten die Differenz

$$f(x) - t(x) = f(x) - f(x_0) - f'(x_0) \cdot (x - x_0) = (x - x_0) \cdot \Big(\frac{f(x) - f(x_0)}{x - x_0} - f'(x_0) \Big).$$

Nun setzen wir wie gewohnt $x = x_0 + h$, und schauen uns an, was die Differenz

$$r(h) := f(x_0 + h) - t(x_0 + h) = h \cdot \Big(\frac{f(x_0 + h) - f(x_0)}{h} - f'(x_0) \Big)$$

für kleines h, d.h. x-Werte nahe bei x_0, macht. Der erste Klammerterm ist nichts anderes als der Differenzenquotient; lassen wir also h gegen 0 streben, so geht der Klammerterm gegen $f'(x_0) - f'(x_0) = 0$. Nach Division durch h gilt

$$\lim_{h \to 0} \frac{r(h)}{h} = \lim_{h \to 0} \frac{f(x_0 + h) - f(x_0)}{h} - f'(x_0) = 0.$$

Mit $r(h) = f(x_0 + h) - t(x_0 + h)$ können wir f also wie gewünscht darstellen als (beachte $x = x_0 + h$, also $x - x_0 = h$)

$$f(x_0 + h) = t(x_0 + h) + r(h) = f(x_0) + f'(x_0) \cdot h + r(h).$$ □

Fazit: Man kann f nahe x_0 durch die Tangentenfunktion, die linear und damit besonders einfach zu handhaben ist, approximieren.

Beispiel 7.1 *(Näherungsweises Wurzelziehen)*

Für $f(x) = \sqrt{x}$ lautet obige Näherungsformel

$$\sqrt{x_0 + h} \approx \sqrt{x_0} + f'(x_0) \cdot h = \sqrt{x_0} + \frac{1}{2\sqrt{x_0}} \cdot h.$$

Um also einen Näherungswert für z.B. $\sqrt{1{,}04}$ zu erhalten, schreiben wir $1{,}04 = 1 + 0{,}04$, sprich $x_0 = 1$ und $h = 0{,}04$, und setzen oben ein:

$$\sqrt{1{,}04} \approx \sqrt{1} + \frac{1}{2\sqrt{1}} \cdot 0{,}04 = 1 + \frac{0{,}04}{2} = 1{,}02.$$

Der exakte Wert ist

$$\sqrt{1{,}04} = 1{,}0198039\ldots,$$

d.h. unsere Näherung weist nur einen minimalen relativen Fehler auf:

$$\frac{1{,}02 - \sqrt{1{,}04}}{\sqrt{1{,}04}} \approx 0{,}02\,\%.$$

A **7.1** Berechne mit Hilfe linearer Approximation Näherungswerte für die folgenden Zahlen und bestimme die prozentuale Abweichung zum exakten Wert.

a) $4{,}01^2$ b) $2{,}025^3$ c) $\sqrt{8{,}99}$ d) $\dfrac{1}{0{,}98}$

 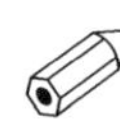 

7.2 Bewegungsaufgaben

Beispiel 7.2 Abbildung 7.2 zeigt das Orts-Zeit-Diagramm der Bewegung eines Autos, d.h. $s(t)$ beschreibt den Ort des Autos, also seinen Abstand zu einem (willkürlich gewählten) Ursprung $s = 0$, zur Zeit t. Das Auto fährt aus der Ruhe an und beschleunigt dann, da es in gleichen Zeitabständen immer größere Strecken zurücklegt.

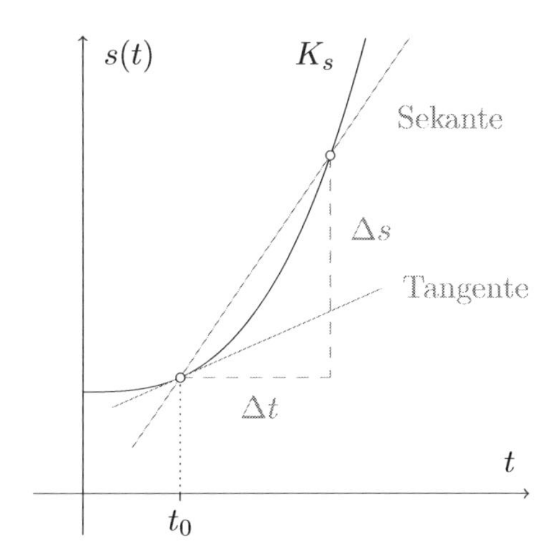

Abbildung 7.2

Ein Blitzer, dessen beide Sensoren sich in einem Abstand von Δs befinden, misst die Zeitspanne Δt, die das Auto zum Durchqueren der Sensorstrecke Δs benötigt und kommt so zur *Durchschnittsgeschwindigkeit* (lies: „v quer“)

$$\overline{v} = \frac{\Delta s}{\Delta t},$$

die geometrisch einer Sekantensteigung im $s(t)$-Diagramm entspricht. Falls Δs bzw. Δt zu groß sein sollten, enthält diese Zahl jedoch wenig Information über den Bewegungszustand des Fahrzeugs zum Zeitpunkt t_0; es könnte im Intervall Δt ja beliebig stark beschleunigt oder abgebremst worden sein. Um die *Momentangeschwindigkeit* des Fahrzeugs zum Zeitpunkt t_0 zu erhalten, muss man Δt gegen 0 streben lassen[23]:

$$v(t_0) = \lim_{\Delta t \to 0} \frac{\Delta s}{\Delta t}.$$

Dies ist dann aber nichts anderes als die Ableitung von $s(t)$ zur Zeit t_0,

$$v(t_0) = s'(t_0),$$

und geometrisch gibt diese Zahl die Tangentensteigung im $s(t)$-Diagramm an.

[23] In der Praxis geht das natürlich nicht beliebig klein, aber z.B. beim Blitzer wird man ein hinreichend kleines Δs für die Sensorabstände (und damit auch ein kleines Δt) wählen, sodass man einen guten Näherungswert für die Momentangeschwindigkeit erhält.

Merke: Die Ableitung der Orts-Zeit-Funktion $s(t)$ nach der Zeit gibt die Momentangeschwindigkeit der Bewegung an:

$$s'(t) = v(t),$$

die der Tangentensteigung im $s(t)$-Diagramm entspricht.

Anmerkung: Physiker schreiben für den Differenzialquotienten gerne auch

$$s'(t) = \lim_{\Delta t \to 0} \frac{\Delta s}{\Delta t} =: \frac{\mathrm{d}s}{\mathrm{d}t} \qquad \text{(lies „d}s\text{ nach d}t\text{“)}$$

(und rechnen mit den „Differenzialen“ $\mathrm{d}s$ und $\mathrm{d}t$ als wären es normale Zahlen, aber das ist eine andere Geschichte). In dieser Schreibweise erkennt man die Einheit der Ableitung gut:

$$[s'(t)] = \left[\frac{\mathrm{d}s}{\mathrm{d}t}\right] = 1\,\frac{\mathrm{m}}{\mathrm{s}} \quad \left(\text{oder } \frac{\mathrm{km}}{\mathrm{h}}\right)$$

und kann daran ablesen, dass es sich hierbei vermutlich um eine Geschwindigkeit handeln wird.

Die *Beschleunigung* a einer Bewegung ist nichts anderes als die zeitliche Änderung der Geschwindigkeits-Zeit-Funktion $v(t)$. Auch hier gibt es eine *Durchschnittsbeschleunigung*,

$$\overline{a} = \frac{\Delta v}{\Delta t},$$

und eine *Momentanbeschleunigung*,

$$a(t) = \frac{\mathrm{d}v}{\mathrm{d}t} = v'(t).$$

Merke: Die Ableitung der Geschwindigkeits-Zeit-Funktion $v(t)$ nach der Zeit gibt die Momentanbeschleunigung der Bewegung an:

$$v'(t) = a(t).$$

Aufgrund von $v(t) = s'(t)$ ist die Beschleunigung die zweite Ableitung von $s(t)$ nach der Zeit:

$$a(t) = v'(t) = \big(s'(t)\big)' = s''(t).$$

Die Einheit der Beschleunigung ist:

$$[v'(t)] = \left[\frac{\mathrm{d}v}{\mathrm{d}t}\right] = \frac{1\,\frac{\mathrm{m}}{\mathrm{s}}}{1\,\mathrm{s}} = 1\,\frac{\mathrm{m}}{\mathrm{s}} \cdot \frac{1}{\mathrm{s}} = 1\,\frac{\mathrm{m}}{\mathrm{s}^2}.$$

Beispiel 7.3 Eine Katze fällt aus einem Fenster, das sich $H = 10$ m über dem Boden befindet. Ihr Orts-Zeit-Gesetz ist gegeben durch

$$s(t) = H - \frac{1}{2}gt^2, \quad 0 \leqslant t \leqslant T,$$

wobei $s(t)$ den Abstand zum Boden ($s = 0$) beschreibt und g der Ortsfaktor ist, den wir als ca. $10\ \frac{\text{m}}{\text{s}^2}$ annehmen. T ist die Falldauer, also die Zeit, bis die Katze den Boden erreicht (und samtweich auf ihren Pfoten landet):

$$s(T) = 0 \quad \Longleftrightarrow \quad H - \frac{1}{2}gT^2 = 0 \quad \overset{T \geqslant 0}{\Longleftrightarrow} \quad T = \sqrt{\frac{2H}{g}} = \sqrt{2} \approx 1{,}41 \text{ (s)}.$$

Die Momentangeschwindigkeit der Katze während des Falls ist

$$v(t) = s'(t) = -gt, \quad 0 \leqslant t < T.$$

Zum Zeitpunkt $t_0 = 1$ (s) ist

$$v(1) = s'(1) = -10\ (\tfrac{\text{m}}{\text{s}}).$$

Das negative Vorzeichen von $v = s'$ bedeutet dabei, dass $s(t)$ kleiner wird – die Katze bewegt sich ja auf den Boden zu. Im Hinblick auf Abschnitt 7.1 können wir dem Zahlenwert der Ableitung eine ganz konkrete Bedeutung geben: Für eine kleine Zeitspanne Δt (damals h) gilt nämlich

$$s(t_0 + \Delta t) \approx s(t_0) + s'(t_0) \cdot \Delta t,$$

also können wir Δs, die Änderung des Ortes in der Zeitspanne Δt, näherungsweise beschreiben durch

$$\Delta s = s(t_0 + \Delta t) - s(t_0) \approx s'(t_0) \cdot \Delta t.$$

Wählen wir z.B. $\Delta t = 0{,}1$ (s), so erhalten wir

$$\Delta s \approx s'(t_0) \cdot \Delta t = -10 \cdot 0{,}1 = -1 \text{ (m)},$$

d.h. die Katze fällt in den nächsten 0,1 s (nach $t_0 = 1$ s) um ca. 1 m näher an den Boden heran. Zum Vergleich der exakte Wert (Zahlen direkt in $s(t)$ einsetzen):

$$\Delta s = s(t_0 + \Delta t) - s(t_0) = s(1{,}1) - s(1) = -1{,}05 \text{ (m)}.$$

Unsere Näherung war also recht brauchbar (nur um 5 cm zu klein).

Merke: Ist $v(t_0)$ die Momentangeschwindigkeit einer Bewegung, so gilt für die Änderung des Ortes, die innerhalb einer kleinen Zeitspanne Δt nach t_0 erfolgt:

$$\Delta s \approx v(t_0) \cdot \Delta t.$$

Hinter dieser Formel steckt nichts anderes, als dass die Näherung

$$v(t_0) = s'(t_0) \approx \frac{\Delta s}{\Delta t}$$

für kleine Δt gut ist, da hier der Differenzenquotient (rechts) nahe beim Differenzialquotienten (links; $s'(t_0)$) liegt.

A 7.2 Ein mächtiger Sportwagen fährt aus der Ruhe gemäß dem folgenden Orts-Zeit-Gesetz an:

$$s(t) = 4t^2, \quad 0 \leqslant t \leqslant 4, \qquad t \text{ in Sekunden, } s(t) \text{ in Metern.}$$

a) Wie groß ist seine Momentangeschwindigkeit nach zwei Sekunden? Erkläre auch die Bedeutung des Zahlenwerts.

b) Berechne seine Momentangeschwindigkeit am Ende des Anfahrvorgangs in $\frac{\text{km}}{\text{h}}$. (Um von $\frac{\text{m}}{\text{s}}$ auf $\frac{\text{km}}{\text{h}}$ zu kommen, musst du $\cdot 3{,}6$ rechnen.)

c) Wie groß ist seine Beschleunigung während des Anfahrvorgangs?

A 7.3 Ein Squash-Ball wird senkrecht nach oben geschlagen. Sein Orts-Zeit-Gesetz – bezogen auf den Abschusspunkt, wo wir $s_0 = 0$ setzen – lautet

$$s(t) = 15t - 5t^2, \quad 0 \leqslant t \leqslant T, \qquad t \text{ in Sekunden, } s(t) \text{ in Metern.}$$

a) Berechne die Steighöhe des Balls. Tipp: Was gilt für die Geschwindigkeit im höchsten Punkt?

b) Wie groß ist die Flugdauer T, also die Zeit $T > 0$, nach der wieder $s(T) = 0$ (Höhe des Abschusspunkts) gilt?

c) Berechne $v(T)$. Was fällt auf?

d) Wie groß ist $a(t)$? Interpretiere das Ergebnis.

7.3 Weitere Anwendungen

Eine Funktion $f(t)$ kann in Anwendungsaufgaben ganz unterschiedliche „Bestände“ beschreiben, z.B. die Menge an Bakterien in einer Wunde, die Anzahl an radioaktiven Kernen in einer Probe, den Gewinn eines Unternehmens, die Konzentration einer Chemikalie, die sich mit der Zeit ändert, etc. Allen Situationen ist gemein, dass die Ableitung $f'(t)$ hier die *momentane Änderungsrate* des Bestands beschreibt. Was dies im Einzelnen bedeutet, darfst du in den nächsten Aufgaben untersuchen.

A **7.4** *(Bedeutung der Ableitung in verschiedenen Situationen)*

a) Bei der Untersuchung einer Bakterienkultur von Helicobacter pylori (verursacht Magengeschwüre; 35 % aller Deutschen sind befallen) beschreibt $N(t)$ die Anzahl der Bakterien in Abhängigkeit von der Zeit t für $0 \leqslant t \leqslant 10$ Stunden. Welche Bedeutung hat $N'(t_0)$? Was sagt $N'(3) = 20\,000$ (Bakterien/h) aus?

b) Eine Probe der radioaktiven Substanz XYpsilum wird untersucht, wobei $N(t)$ die Anzahl der noch nicht zerfallenen XY-Kerne beschreibt ($0 \leqslant t \leqslant 20\,\mathrm{s}$). Welche Bedeutung hat $N'(t_0)$? Was sagt $N'(10) = -3 \cdot 10^8$ (Kerne/s) aus?

c) Der von der Dagobert Duck GmbH & Co. KG erwirtschaftete Gewinn werde durch die Funktion $G(t)$ (in Milliarden Taler) beschrieben für $0 \leqslant t \leqslant 5$ Jahre. Welche Bedeutung hat $G'(t_0)$? Was sagt $G'(2) = 12$ (Mrd Taler/Jahr) aus?

d) Da die Urin-Konzentration im Baby-Becken des Freibads den gesetzlich vorgeschriebenen Höchstwert überschritten hat, wird es leer gepumpt. $V(t)$ beschreibt die noch im Becken vorhandene Wassermenge für $0 \leqslant t \leqslant 2$ Stunden. Welche Bedeutung hat $V'(t_0)$? Was sagt $V'(1) = -10$ (m^3/h) aus?

A **7.5** Messung der Sauerstoffproduktion einer Eiche im Wasenwald: Die Funktion $V(t)$ gibt an, wie viele Liter Sauerstoff der Baum bei der Photosynthese innerhalb von t Stunden produziert hat. $V(t)$ lässt sich in guter Näherung beschreiben durch

$$V(t) = -t^3 + 20t^2 \quad \text{mit} \quad 0 \leqslant t \leqslant 12\,.$$

Messbeginn, also $t = 0$, ist hierbei um 6 Uhr morgens.

a) Zeichne das Schaubild K_V.

b) Wie viel Sauerstoff hat der Baum bis 13 Uhr insgesamt produziert?

c) Berechne die *durchschnittliche Sauerstoffabgaberate* des Baumes zwischen 13 und 17 Uhr.

d) Bestimme die *momentane Sauerstoffabgaberate* $V'(9)$ und berechne damit näherungsweise, wie viel O_2 die Eiche zwischen 15 Uhr und 15.05 Uhr produziert. Bestimme die prozentuale Abweichung zum tatsächlichen Wert.
Was fällt auf beim Vergleich von $V'(9)$ mit dem Ergebnis von c)? Erklärung am Schaubild!

e) Wann produziert der Baum am meisten Sauerstoff?

8 Extremwertaufgaben

8.1 Einfache(re) Extremwertaufgaben

Wir demonstrieren das typische Vorgehen beim Lösen einer Extremwertaufgabe. Die hier genannten Schritte schreibt man mit etwas Übung später nicht mehr einzeln auf.

Beispiel 8.1 Ein Draht der Länge 60 cm soll so zu einem Rechteck zusammengebogen werden, dass dessen Flächeninhalt maximal wird. Berechne die Maße dieses Rechtecks und gib A_{max} an.

(1) *Skizze und Einführen dem Problem angemessener Variablen.* Die Breite des Rechtecks nennen wir x, seine Höhe bezeichnen wir mit y.

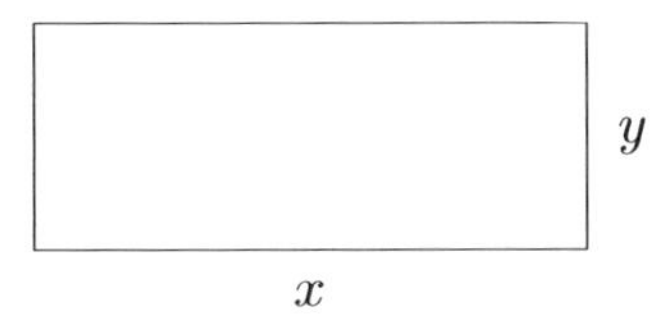

Abbildung 8.1

(2) *Aufstellen der Zielfunktion* – dem Ding, das maximal oder minimal werden soll. Diese ist hier der Flächeninhalt des Rechtecks:

$$A = x \cdot y.$$

Da A bislang von zwei Variablen abhängt, können wir noch keine Extrema bestimmen. Deshalb kommt jetzt der wichtigste (und oft schwierigste) Schritt.

(3) *Nebenbedingung aufstellen.* Da der Umfang des Rechtecks vorgegeben ist, muss gelten:

$$2x + 2y = 60 \text{ (cm)}.$$

(4) *Rauswerfen einer Variablen.* Die Nebenbedingung lösen wir nach y auf:

$$2x + 2y = 60 \quad \Longleftrightarrow \quad 2y = 60 - 2x \quad \Longleftrightarrow \quad y = \frac{60 - 2x}{2} = 30 - x.$$

Eingesetzt in A ergibt sich

$$A(x) = x \cdot (30 - x) = 30x - x^2.$$

Wichtig: Bei Extremwertaufgaben spielt der Definitionsbereich stets eine Rolle. Da x die Breite eines Rechtecks mit Umfang 60 beschreibt, muss $0 < x < 30$ gelten. Man könnte auch die Fälle $x = 0$ und $x = 30$ zulassen, wo das Rechteck zu einem Strich entartet. Somit lautet die vollständige Zielfunktion

$$A(x) = 30x - x^2, \quad D_A = (\,0\,;30\,) \quad (\text{oder } [\,0\,;30\,]).$$

(5) *Extrema der Zielfunktion bestimmen.* Hier braucht man nicht mehr zu denken, sondern spult Schema F ab. Notwendige Bedingung:

$$A'(x) = 30 - 2x \stackrel{!}{=} 0 \quad \Longleftrightarrow \quad x = \frac{30}{2} = 15.$$

Hinreichende Bedingung:

$$A''(15) = -2 < 0 \implies x = 15 \text{ ist Maximalstelle.}$$

(6) *Antwort formulieren.* Der Flächeninhalt des Rechtecks wird maximal für $x = 15$, woraus $y = 30 - x = 15$ folgt; das Rechteck mit dem maximalen Flächeninhalt ist also ein Quadrat. Das Maximum beträgt

$$A_{\text{max}} = A(15) = 225 \text{ (cm}^2\text{)}.$$

(7) Manchmal können auch *Randextrema* auftreten. Dies ist hier auch tatsächlich der Fall, wenn man $D_A = [\,0\,;30\,]$ zulässt, aber aufgrund von $A(0) = A(30) = 0$ handelt es sich um Minima, also bleibt unser gefundenes Maximum das einzige.

Diese Vorgehensweise wenden wir auch im nächsten Beispiel an, allerdings schreiben wir sie gleich etwas kompakter auf (ohne in Einzelschritte zu unterteilen).

Beispiel 8.2 In Abbildung 8.2 wird dem Dreieck, das die Gerade K_f mit

$$f(x) = -\frac{2}{5}x + 2$$

mit den Koordinatenachsen bildet, folgendermaßen ein Rechteck einbeschrieben: Zwei Seiten verlaufen auf den Achsen, ein Eckpunkt liegt auf K_f.
Wir bestimmen das Rechteck mit maximalem Flächeninhalt und berechnen den maximalen Inhalt.

Ist x eine beliebige Stelle auf der x-Achse mit $0 \leqslant x \leqslant 5$, so besitzt das eingezeichnete Rechteck die Breite x und die Höhe $h = f(x)$, da der Punkt Q auf der Geraden K_f liegt (dies ist bereits die benötigte Nebenbedingung). Für den Flächeninhalt des Rechtecks folgt somit

$$A(x) = x \cdot f(x) = x \cdot \left(-\frac{2}{5}x + 2\right) = -\frac{2}{5}x^2 + 2x, \quad D_A = [\,0\,;5\,].$$

Notwendige Bedingung für (inneres) Maximum:

$$A'(x) = -\frac{4}{5}x + 2 \stackrel{!}{=} 0 \quad \Longleftrightarrow \quad x = -2 \cdot \left(-\frac{5}{4}\right) = \frac{5}{2} = 2{,}5.$$

Hinreichende Bedingung für Maximum:

$$A''(2{,}5) = -\frac{4}{5} < 0 \quad \checkmark\,.$$

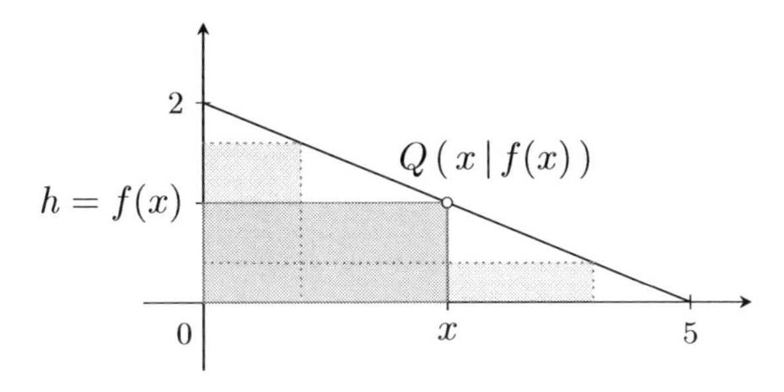

Abbildung 8.2

Somit wird der Flächeninhalt des einbeschriebenen Rechtecks für $x = 2{,}5$ maximal und beträgt dann

$$A_{\max} = 2{,}5 \cdot f(2{,}5) = 2{,}5 \cdot 1 = 2{,}5.$$

Da D_A Randwerte besitzt, dürfen wir nicht vergessen, auf Randmaxima zu prüfen. Hier gilt aber offenbar $A(0) = A(5) = 0$, da das Rechteck für $x = 0$ oder 5 zu einem Strich entartet. Somit ist $x = 2{,}5$ die einzige Maximalstelle.

A **8.1** Die Summe zweier Zahlen sei 10.

a) Welches dieser Zahlenpaare besitzt das größte Produkt?

b) Für welches dieser Zahlenpaare wird die Summe ihrer Quadrate am kleinsten?

A **8.2** Wir betrachten die Funktion

$$f\colon (\,0\,;4\,) \to \mathbb{R}, \quad f(x) = -\frac{1}{8}\,x^2 + 2.$$

Ihrem Schaubild K_f wird wie in Abbildung 8.3 ein rechtwinkliges Dreieck OPQ einbeschrieben. Wo muss der Punkt P liegen, damit das Dreieck maximalen Flächeninhalt besitzt und wie groß ist dieser?

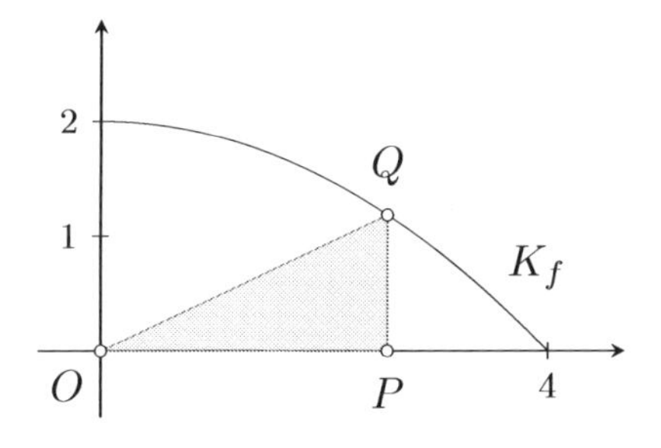

Abbildung 8.3

 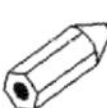 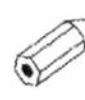

8.2 Komplexe(re) Extremwertaufgaben

Der Übergang zum vorigen Abschnitt ist fließend. Hier sind die Nebenbedingungen etwas weniger offensichtlich oder die algebraischen Anforderungen sind höher.

Beispiel 8.3 Aus einer Holzkugel vom Radius R soll ein Zylinder mit möglichst großem Volumen herausgefräst werden. Wir bestimmen dessen Volumen.

Die Zielfunktion ist das Zylindervolumen

$$V = \pi r^2 h,$$

wobei r der Radius des Zylinders und h seine Höhe ist. Für das Aufstellen der Nebenbedingung ist eine Skizze unverzichtbar, siehe Abbildung 8.4. M ist dabei der Mittelpunkt der Kugel. Dass der Punkt P auf dem Rand der Kugel liegen muss, wenn das Zylindervolumen maximal werden soll, versteht sich von selbst.

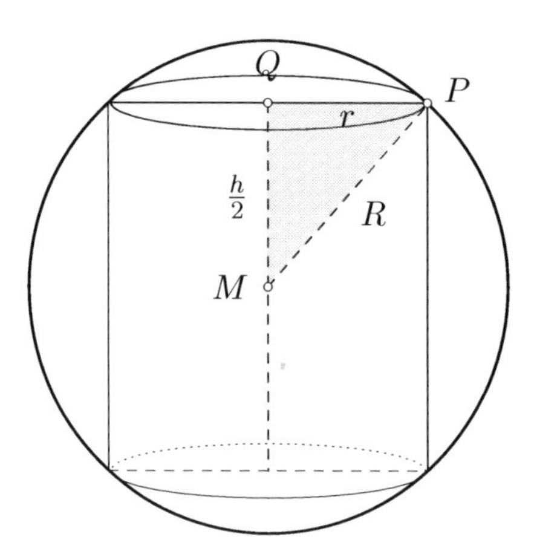

Abbildung 8.4

Im rechtwinkligen Dreieck MPQ gilt laut Pythagoras

$$r^2 + \left(\frac{h}{2}\right)^2 = R^2 \iff r^2 = R^2 - \frac{h^2}{4}.$$

Dies eingesetzt in V liefert $V = V(h)$ als Funktion von nur einer Variablen[24], h:

$$V(h) = \pi\left(R^2 - \frac{h^2}{4}\right)h = -\frac{\pi}{4}h^3 + \pi R^2 h, \quad D_V = (0\,;2R).$$

Notwendige Bedingung für ein Maximum:

$$V'(h) = -\frac{3\pi}{4}h^2 + \pi R^2 \stackrel{!}{=} 0 \iff h = \sqrt{\frac{4R^2\pi}{3\pi}} = \frac{2R}{\sqrt{3}}.$$

[24] Man könnte auch das h rauswerfen, um $V = V(r)$ zu erhalten, aber davon ist stark abzuraten, da $h = 2\sqrt{R^2 - r^2}$ ist.

Hinreichende Bedingung für ein Maximum:

$$V''(h) = -\frac{3\pi}{2}\,h < 0 \quad \text{(für jedes } h > 0\text{)} \quad \checkmark.$$

Für $h = \frac{2R}{\sqrt{3}}$ wird also das Zylindervolumen maximal. Der Zylinderradius im Quadrat (beachte: r selbst wird für V nicht benötigt) beträgt dann

$$r^2 = R^2 - \frac{h^2}{4} = R^2 - \frac{1}{4}\cdot\frac{4R^2}{\sqrt{3}^2} = R^2 - \frac{1}{3}\,R^2 = \frac{2}{3}\,R^2.$$

Das maximale Volumen hat einen Wert von

$$V_{\text{max}} = \pi\cdot\frac{2}{3}\,R^2\cdot\frac{2}{\sqrt{3}}\,R = \frac{4\pi}{3\sqrt{3}}\,R^3.$$

Da das Volumen der Kugel $\frac{4}{3}\pi R^3$ beträgt, gilt

$$V_{\text{max}} = \frac{1}{\sqrt{3}}\cdot\frac{4\pi}{3}\,R^3 = \frac{1}{\sqrt{3}}\,V_{\text{Kugel}} \approx 58\,\%\,V_{\text{Kugel}}.$$

Beispiel 8.4 Der Abstand eines Punktes Q zum Schaubild K_f einer Funktion f ist definiert als das Minimum (falls existent)

$$d(Q, K_f) := \min\{\,|QP|\mid P\in K_f\,\}.$$

Wir bestimmen den Abstand des Punktes $Q\,(\,3\,|\,0\,)$ zur Normalparabel, indem wir den Punkt $P^*\in K_f$ bestimmen, für den die Länge $|QP^*|$ minimal wird.

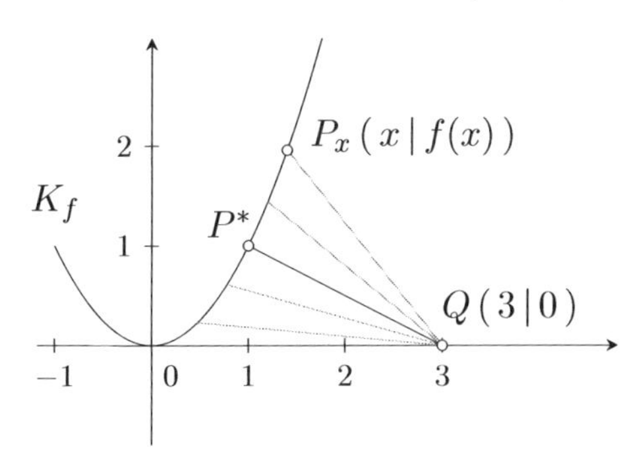

Abbildung 8.5

Dazu wählen wir einen beliebigen Punkt $P_x\,(\,x\,|\,f(x)\,)$, $x\in\mathbb{R}$, auf der Normalparabel. Da diese durch $f(x) = x^2$ beschrieben wird, ist $P_x\,(\,x\,|\,x^2\,)$. Laut Pythagoras gilt für den Abstand von Q zu P_x

$$\begin{aligned}|QP_x| &= \sqrt{(x_{P_x} - x_Q)^2 + (y_{P_x} - y_Q)^2} = \sqrt{(x-3)^2 + (x^2-0)^2}\\ &= \sqrt{(x-3)^2 + x^4} = \sqrt{x^4 + x^2 - 6x + 9} =: d(x).\end{aligned}$$

Wir müssen das Minimum von d bestimmen, allerdings können wir d noch gar nicht ableiten (dazu braucht man die Kettenregel; siehe nächstes Jahr). Hier hilft ein Trick weiter: Ist die Funktion unter der Wurzel minimal, dann ist auch die Wurzel daraus minimal, da die Wurzelfunktion streng monoton steigend ist. Anstatt das Minimum von d zu suchen, betrachten wir daher nur den Radikanden, also die Funktion unter der Wurzel:

$$r(x) = d(x)^2 = x^4 + x^2 - 6x + 9.$$

Notwendige Bedingung für ein Minimum:

$$r'(x) = 4x^3 + 2x - 6 \stackrel{!}{=} 0.$$

Diese Gleichung können wir nur durch Raten lösen, aber wie der Zufall so will, ist $x = 1$ eine leicht erkennbare Lösung. (Polynomdivision durch $x - 1$ zeigt, dass es keine weiteren Lösungen mehr gibt.)
Hinreichende Bedingung für ein Minimum:

$$r''(1) = 12 \cdot 1^2 + 2 > 0 \quad \checkmark.$$

Somit ist $P^*\,(\,1\,|\,1^2\,)$ der Punkt auf der Normalparabel, der den kleinsten Abstand zu Q besitzt; dieser beträgt

$$|QP^*| = d(1) = \sqrt{(1-3)^2 + 1^4} = \sqrt{5},$$

also beträgt der Abstand von Q zur Normalparabel

$$d(Q, K_f) = |QP^*| = \sqrt{5}.$$

Auf diese Weise kann man prinzipiell den Abstand eines jeden Punktes zu einem beliebigen Schaubild berechnen, nur stößt man dann ganz schnell auf Gleichungen, die man nur noch mit Hilfe eines Rechners numerisch lösen kann.

Herausforderung: Löse dieses Beispiel mit Hilfe der Normalen an K_f.

A 8.3 Aus einer Holzplatte, die die Form eines gleichschenkligen Dreiecks mit $a = b = 50$ cm und $c = 60$ cm hat, soll ein möglichst großes, rechteckiges Brett herausgeschnitten werden (dessen eine Seite auf der Basis c verläuft). Berechne den Flächeninhalt dieses rechteckigen Bretts.

A 8.4 Es soll eine zylinderförmige Dose (mit Deckel) vom Volumen V hergestellt werden. Wie sind ihre Maße zu wählen, damit dabei möglichst wenig Material verbraucht wird? Berechne diese Maße für eine 0,33 l-Dose.

A 8.5 Welches Rechteck, das aus einem Halbkreis vom Radius R ausgeschnitten werden kann, besitzt den größten Flächeninhalt? Gib A_{max} an.

A 8.6 Aus einer Holzkugel vom Radius R soll ein (gerader) Kegel mit möglichst großem Volumen herausgefräst werden. Wie viel Prozent Abfall ensteht dabei? ☠

A 8.7 Wir betrachten die Funktion

$$f\colon [0\,;4] \to \mathbb{R}, \quad f(x) = \frac{1}{5}x^2 + 1.$$

Abbildung 8.6 links zeigt, wie zwischen dem Schaubild K_f und der x-Achse Rechtecke einbeschrieben werden, deren rechte Seite immer auf der Linie $x = 4$ verlaufen. Welches dieser Rechtecke besitzt den größten Flächeninhalt und wie groß ist dieser?

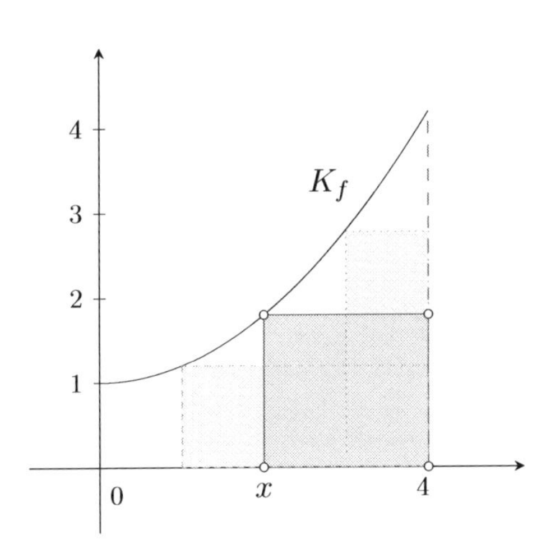

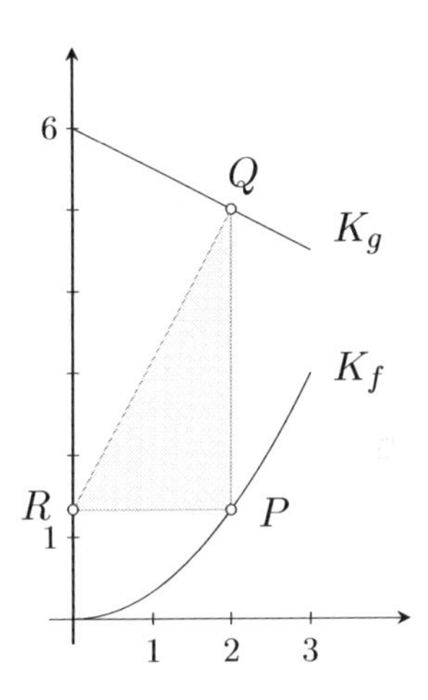

Abbildung 8.6

A 8.8 Gegeben sind die Funktionen f und g mit

$$f(x) = \frac{1}{3}x^2 \quad \text{und} \quad g(x) = -\frac{1}{2}x + 6 \quad \text{auf} \quad D_f = D_g = [0\,;3],$$

deren Schaubilder K_f und K_g in Abbildung 8.6 rechts dargestellt sind. Wie muss der Punkt $P \in K_f$ gewählt werden, damit das eingezeichnete rechtwinklige Dreieck PQR, dessen Katheten PQ und RP stets parallel zu den Koordinatenachsen verlaufen, den maximalen Flächeninhalt besitzt und wie groß ist $A_{\max}$?

A 8.9 Bestimme den Abstand des Punktes Q zum Schaubild K_f.

a) $f(x) = \frac{1}{2}x, \quad Q(3\,|\,-1)$ b) $f(x) = \sqrt{x}, \quad Q(2{,}5\,|\,0)$

9 Kurvenscharen

9.1 Was sind Kurvenscharen?

Als wäre Kurvendiskussion einer Funktion noch nicht schlimm genug, untersuchen wir nun gleich unendlich viele Funktionen auf einmal. Bei einer sogenannten *Funktionenschar* wird zusätzlich zur Variablen x eine weitere Größe in die Funktionsvorschrift hineingeschmuggelt, wie z.B. in

$$f_t(x) = x^3 - 3tx + t^2; \quad t \in \mathbb{R}.$$

Für jeden Wert von t, dem *Parameter* der Schar, erhalten wir eine andere Funktionsvorschrift:

$$\begin{aligned} t = 0: &\quad f_0(x) = x^3, \\ t = 1: &\quad f_1(x) = x^3 - 3x + 1, \\ t = 2: &\quad f_2(x) = x^3 - 6x + 4, \\ t = \pi: &\quad f_\pi(x) = x^3 - 3\pi x + \pi^2, \quad \text{usw.} \end{aligned}$$

Somit besteht die Funktionenschar[25] f_t, $t \in \mathbb{R}$, aus unendlich vielen Funktionen, denn zu jedem Parameterwert $t \in \mathbb{R}$ gehört ein $f_t(x)$ (und in diesem Beispiel unterscheiden sich diese offenbar alle voneinander). Die Menge aller zu den f_t gehörigen Kurven K_{f_t}, oder kürzer K_t, heißt *Kurvenschar*. Die einzelnen Kurven der Schar, also z.B. K_{-4} für $t = -4$, werden als *Scharkurven* bezeichnet.
Wir wollen uns einen Überblick über das Verhalten aller K_t verschaffen, aber natürlich nicht, indem wir unendlich viele Kurvendiskussionen durchführen, sondern indem wir den Parameter t allgemein mitschleppen, ohne eine konkrete Zahl für ihn einzusetzen. Im Laufe der Funktionsuntersuchung stellt sich dann heraus, wie der Parameter z.B. Anzahl und Lage von Nullstellen, sowie von Extrem- und Wendepunkten der Scharkurven K_t beeinflusst. Aber starten wir zunächst mit einem ganz harmlosen Beispiel.

Beispiel 9.1 Betrachte die folgende Schar linearer Funktionen:

$$f_t(x) = \frac{1}{2}x + t; \quad t \in \mathbb{R}.$$

Die zugehörige Kurvenschar wird sinnigerweise auch als *Geradenschar* bezeichnet. Man sieht hier auch ganz ohne Kurvendiskussion, dass es sich bei K_t um eine Gerade mit Steigung $\frac{1}{2}$ und y-Achsenabschnitt t handelt. Zeichnet man einige Schargeraden, z.B. für die Parameterwerte $t = -1$, 0, 1 und 2, so ergibt sich Abbildung 9.1. (Würden wir alle K_t, $t \in \mathbb{R}$, einzeichnen, so wäre das Blatt komplett schwarz.)
Bereits an diesem einfachen Beispiel lassen sich zwei typische Fragestellungen im Zusammenhang mit Kurvenscharen illustrieren.

[25] Korrektere Schreibweisen wären: $\{ f_t \mid t \in \mathbb{R} \}$ oder $(f_t)_{t \in \mathbb{R}}$.

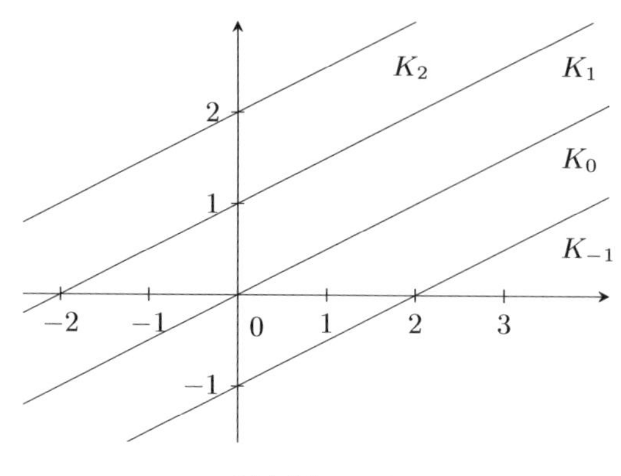

Abbildung 9.1

(1) Punktprobe: Welche Schargerade verläuft durch den Punkt $P(4\,|\,3)$?
Anhand der Abbildung ist klar, dass es genau eine Gerade geben wird, die durch P verlaufen wird. Um diese zu finden, machen wir ganz einfach die Punktprobe mit $f_t(x)$ – neu ist nur, dass diesmal der Parameter t gesucht wird.

$$f_t(4) = 3, \qquad \text{d.h.} \quad \frac{1}{2} \cdot 4 + t = 3,$$

woraus $t = 3 - 2 = 1$ folgt. Somit ist K_1 die gesuchte Schargerade.

(2) Gemeinsame Punkte: Gibt es einen Punkt S, durch den alle Scharkurven verlaufen?
Hier wird die Antwort offensichtlich „Nein" lauten, da die K_t ja allesamt verschiedene parallele Geraden sind. Aber wie zeigt man das rechnerisch sauber? Nun, wenn alle Scharkurven durch einen Punkt verlaufen, dann insbesondere auch K_0 und K_1, also diejenigen mit $t = 0$ und $t = 1$ (wähle hier möglichst einfache Parameterwerte). Überprüfen wir, ob diese beiden sich schneiden:

$$f_0(x) = f_1(x): \quad \frac{1}{2}x = \frac{1}{2}x + 1 \quad \Longrightarrow \quad 0 = 1 \;\text{↯}$$

Der offenbare Widerspruch $0 = 1$ zeigt, dass K_0 und K_1 sich nicht schneiden; somit gibt es erst recht keinen Punkt, durch den alle Scharkurven verlaufen.

Beispiel 9.2 Untersuche die zur Funktionenschar

$$f_t(x) = tx^2 - 4tx + 4t + 1; \quad t > 0$$

gehörige Kurvenschar auf gemeinsame Punkte.
Wir gehen wieder wie im vorigen Beispiel vor, indem wir zunächst K_1 und K_2 betrachten (K_0 ist diesmal nicht möglich, da $t \neq 0$ vorausgesetzt wird).

$$f_1(x) = f_2(x): \quad x^2 - 4x + 5 = 2x^2 - 8x + 9 \quad \Longrightarrow \quad x^2 - 4x + 4 = 0.$$

Wer in der letzten Gleichung das Binom $(x-2)^2$ erkennt, spart sich die Mitternachtsformel, denn aus $(x-2)^2 = 0$ folgt sofort $x_{1,2} = 2$ als einzige Lösung. Da $f_1(2) = 1$

ist, schneiden (präziser: berühren; siehe unten) K_1 und K_2 sich in $S(2\,|\,1)$.
Verlaufen auch die anderen Scharkurven K_t durch diesen Punkt? Wir machen ganz einfach eine Punktprobe für allgemeines t:

$$f_t(2) = t \cdot 2^2 - 4t \cdot 2 + 4t + 1 = 4t - 8t + 4t + 1 = 1,$$

und dies gilt *unabhängig von* t! Somit ist $f_t(2) = 1$ insbesondere für jedes reelle $t > 0$ erfüllt, d.h. S ist ein gemeinsamer Punkt aller Scharkurven. Dass es keine weiteren solcher Punkte geben kann, zeigt bereits die Untersuchung von K_1 und K_2, da schon diese zwei Kurven nur S als einzigen gemeinsamen Punkt besitzen.
Ein Blick auf die Kurvenschar in Abbildung 9.2 bestätigt unser Ergebnis. Hier erkennt man auch, dass es sich bei S sogar um einen *Berührpunkt* handelt, da alle Scharkurven dort dieselbe Steigung, nämlich Null, besitzen.

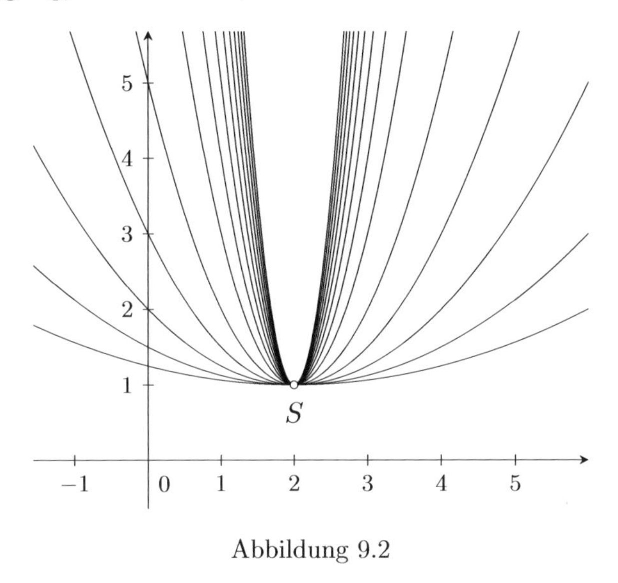

Abbildung 9.2

Man hätte übrigens noch schneller auf den Punkt S kommen können, indem man die Funktionsgleichung $f_t(x)$ umformt:

$$f_t(x) = tx^2 - 4tx + 4t + 1 = t \cdot (x^2 - 4x + 4) + 1 = t(x-2)^2 + 1.$$

Nun solltest du erkennen, dass es sich um die Scheitelform einer Parabelgleichung handelt. Der Ausdruck $t(x-2)^2$ wird für $x = 2$ Null, und zwar unabhängig von t. Die Kurvenschar ist also eine Parabelschar mit gemeinsamem Scheitel bei $S(2\,|\,1)$. Aufgrund von $t > 0$ sind alle Parabeln nach oben geöffnet, d.h. S ist gemeinsamer Tiefpunkt aller Scharkurven. Welche Kurven in obiger Abbildung gehören zu kleinen t-Werten und welche zu großen?
Wenn dich diese Ausführungen zur Scheitelform frustriert haben, dann wird dir Aufgabe 9.3 hoffentlich wieder ein kleines Erfolgserlebnis verschaffen.

Merke: Aufspüren gemeinsamer Punkte einer Kurvenschar.

(i) Zwei Kurven K_{t_1} und K_{t_2} mit möglichst einfachen Parameterwerten $t_1 \neq t_2$ werden auf gemeinsame Punkte untersucht, indem $f_{t_1}(x) = f_{t_2}(x)$ nach x aufgelöst wird.
Jede Lösung x_0 liefert einen Kandidaten $S\,(x_0\,|\,y_0)$ mit $y_0 = f_{t_1}(x_0) = f_{t_2}(x_0)$ für einen gemeinsamen Scharpunkt[a]. Gibt es keine Lösung, dann haben K_{t_1} und K_{t_2} keine gemeinsamen Punkte, und die ganze Schar erst recht nicht.

(ii) Punktprobe durchführen: x_0 wird in $f_t(x)$ mit allgemeinem t eingesetzt und es wird so weit wie möglich zusammengefasst. Fliegt t dabei raus, dann gilt $f_t(x_0) = y_0$ für jeden Parameterwert t der Schar, d.h. S ist gemeinsamer Scharpunkt. Falls nein, $f_t(x_0)$ also noch von t abhängt, ist S kein solcher Punkt.

[a] Du brauchst y_0 hier noch gar nicht auszurechnen, weil es in Schritt (ii) ggf. automatisch rauskommt.

A 9.1 Gegeben ist eine Parabelschar durch die Funktionsgleichungen

$$f_k(x) = x^2 + k; \quad k \in \mathbb{R}.$$

a) Skizziere die Schar und bestimme die Parabel K_k, die durch $P\,(2\,|\,2)$ verläuft.

b) Zeige rechnerisch, dass die Schar keine gemeinsamen Punkte besitzt.

A 9.2 Betrachte die Schar linearer Funktionen

$$g_t(x) = (t-1)x + 3 - 2t; \quad t \in \mathbb{R}.$$

a) Skizziere die zugehörige Geradenschar und untersuche sie rechnerisch auf gemeinsame Punkte.

b) Welche Schargerade verläuft durch $P\,(2\,|\,2)$? Geometrische Erklärung?

A 9.3 Bestimme den Tiefpunkt der Scharkurven aus Beispiel 9.2 mit Hilfe der Differenzialrechnung (auf deutsch: durch Ableiten).

A 9.4 Untersuche die zu den folgenden Funktionenscharen gehörigen Kurvenscharen auf gemeinsame Punkte.

a) $f_a(x) = ax^2 - 2ax + 1 - 3a; \quad a \in \mathbb{R}\backslash\{0\}$

b) $g_t(x) = -\dfrac{5+3t}{4-2t}x - \dfrac{2-12t}{4-2t}; \quad t \in \mathbb{R}\backslash\{2\}$

9.2 Ortskurven

Bevor wir zur allgemeinen Kurvendiskussion mit Parameter kommen, betrachten wir noch eine klassische Aufgabenstellung im Zusammenhang mit Kurvenscharen.

Beispiel 9.3 Gegeben ist die Funktionenschar

$$f_t(x) = -\frac{1}{2t}\,x^4 + x^2; \quad t > 0.$$

In Abbildung 9.3 sind einige Scharkurven K_t dargestellt (dünne schwarze Linien). Offenbar besitzt jedes K_t zwei (globale) Hochpunkte, die symmetrisch zur y-Achse liegen.

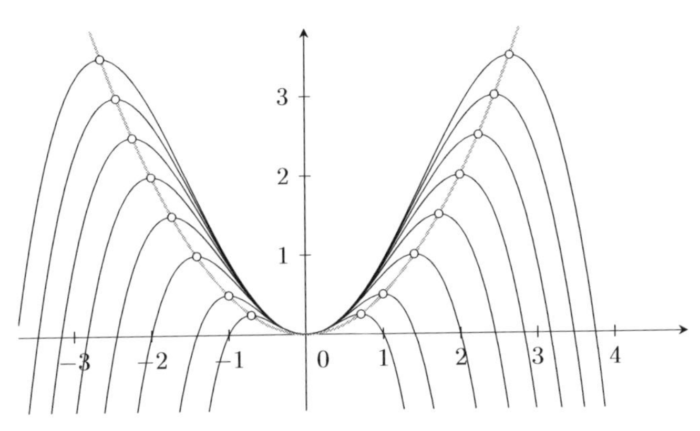

Abbildung 9.3

Wenn wir nun im Geiste alle Kurven K_t ausblenden und nur noch deren Hochpunkte betrachten, so scheinen diese selbst wieder eine Kurve zu bilden (fette graue Linie), dem Anschein nach vermutlich einer Parabel K_p. Diese heißt *Ortskurve* der Hochpunkte der Kurvenschar und wir wollen jetzt ein Verfahren entwickeln, um ihre Funktionsgleichung $p(x)$ zu bestimmen.

(i) Zunächst berechnen wir wie gewohnt die Hochpunkte von K_t; den Parameter schleppen wir dabei einfach mit und behandeln ihn wie eine gewöhnliche Zahl. Zweimal ableiten:

$$f_t'(x) = -\frac{1}{2t}\cdot 4x^3 + 2x = -\frac{2}{t}\,x^3 + 2x$$

$$f_t''(x) = -\frac{6}{t}\,x^2 + 2.$$

Notwendige Bedingung für EP: $f_t'(x) = 0$ ergibt

$$-\frac{2}{t}\,x^3 + 2x = 2x\cdot\left(-\frac{1}{t}\,x^2 + 1\right) = 0 \quad \overset{\text{NPS}}{\Longleftrightarrow} \quad 2x = 0 \lor -\frac{1}{t}\,x^2 + 1 = 0.$$

Die Lösung der ersten Gleichung ist natürlich $x_1 = 0$, während die zweite auf

$$-\frac{1}{t}\,x^2 = -1 \quad \Longleftrightarrow \quad x^2 = t \quad \Longleftrightarrow \quad |x| = \sqrt{t}$$

führt, d.h. auf $x_{2,3} = \pm\sqrt{t}$. (Beachte: Wurzelziehen ist möglich, da $t > 0$ vorausgesetzt wurde.)

Hinreichende Bedingung für EP: $f_t''(x_1) = 2 > 0$, also ist $x_1 = 0$ Tiefstelle von K_t.

$$f_t''(x_{2,3}) = -\frac{6}{t}\left(\pm\sqrt{t}\right)^2 + 2 = -\frac{6}{t}\cdot t + 2 = -6 + 2 = -4 < 0,$$

also sind x_2 und x_3 beides Hochstellen von K_t. Berechnen der zugehörigen y-Koordinate:

$$f_t(x_{2,3}) = -\frac{1}{2t}\left(\pm\sqrt{t}\right)^4 + \left(\pm\sqrt{t}\right)^2 = -\frac{1}{2t}\cdot t^2 + t = -\frac{t}{2} + t = \frac{t}{2}\,.$$

Damit besitzt jede Scharkurve K_t zwei Hochpunkte mit den Koordinaten

$$H_{1,t}\left(\sqrt{t}\;\middle|\;\frac{t}{2}\right) \quad \text{und} \quad H_{2,t}\left(-\sqrt{t}\;\middle|\;\frac{t}{2}\right).$$

Da die x- und y-Koordinaten noch vom Parameter t abhängen, spricht man hier von der *Parameterdarstellung* der Hochpunkte.

(ii) Nun gelangen wir zur *parameterfreien Darstellung*, indem wir den Parameter t ganz einfach rausschmeißen. Beginnen wir mit $H_{1,t}$; dort ist

$$H_{1,t}\colon \begin{cases} x(t) = \sqrt{t} \\ y(t) = \dfrac{t}{2}\,. \end{cases}$$

Auflösen der $x(t)$-Gleichung nach t ergibt $t = x(t)^2$, was wir jetzt nur noch als $t = x^2$ schreiben (denn t soll ja eliminiert werden). Dies für t in $y(t)$ eingesetzt liefert

$$y = \frac{x^2}{2} = \frac{1}{2}\,x^2.$$

Führt man diese Prozedur für $H_{2,t}$ durch (tue dies!), so erhält man ebenfalls $y = \frac{1}{2}x^2$. Also lautet die Gleichung der Ortskurve K_p der Hochpunkte aller Scharkurven K_t

$$p(x) = \frac{1}{2}\,x^2.$$

Halt, das stimmt so noch nicht ganz! Wenn du bis hierhin aber alles verstanden hast, darfst du dich auf jeden Fall schon mal freuen, selbst wenn dir nicht alle Feinheiten von Punkt (iii) einleuchten sollten.

(iii) Wir haben uns bisher ja gar nicht darum gekümmert, für welche x-Werte obige Umformungen überhaupt gegolten haben. In anderen Worten, der Definitionsbereich der Ortskurve ist noch gar nicht festgelegt. Bei $H_{1,t}$ war $x = \sqrt{t}$ mit $t > 0$. Da Wurzeln definitionsgemäß positiv sind, gilt hier auf jeden Fall $x > 0$. Da weiterhin alle beliebigen positiven t-Werte zugelassen sind, nimmt $x = \sqrt{t}$

auch jeden Wert zwischen 0 und ∞ an (stelle dir das Schaubild der Wurzelfunktion vor!). Somit liegen die Hochpunkte $H_{1,t}$, also diejenigen mit positiver x-Koordinate, auf der Ortskurve mit der Gleichung

$$p_1(x) = \frac{1}{2}x^2; \quad x > 0.$$

Für $H_{2,t}$ gilt $x = -\sqrt{t}$ mit $t > 0$ und nach analogen Argumenten wie eben bedeutet dies, dass x alle Zahlen zwischen 0 und $-\infty$ durchläuft, d.h.

$$p_2(x) = \frac{1}{2}x^2; \quad x < 0$$

beschreibt die Lage der Hochpunkte $H_{2,t}$ mit negativer x-Koordinate. Insgesamt ist

$$p(x) = \frac{1}{2}x^2; \quad x \in \mathbb{R}\backslash\{0\}$$

die korrekte Angabe der Funktionsgleichung der Ortskurve K_p aller Hochpunkte der Kurvenschar. Das Schaubild K_p ist also eine Parabel, bei welcher der Punkt $(0\,|\,0)$ fehlt, da $0 \notin D_p$ gilt. Beachte, dass $x = 0$ von vornherein nicht zum Definitionsbereich von p gehören kann, da $(0\,|\,0)$ kein Hochpunkt, sondern ein Tiefpunkt von K_t ist (sogar für alle $t > 0$), und somit nicht auf der Ortskurve der Hochpunkte liegen darf.
Au weh, ratlose Gesichter? Dann schnell noch ein Beispiel, welches Punkt (iii) hoffentlich klarer macht.

Beispiel 9.4 Nehmen wir an, die Tiefpunkte T_t einer Kurvenschar K_t, $t \in \mathbb{R}$, sehen so aus:

$$T_t\,(\,t^2\,|\,2t^4+1\,).$$

Die Punkte T_t besitzen also die Parameterdarstellung

$$T_t\colon \begin{cases} x(t) = t^2 \\ y(t) = 2t^4 + 1\,. \end{cases}$$

Eliminieren des Parameters: $x = t^2$ nach t auflösen führt auf $t = \pm\sqrt{x}$, was eingesetzt in $y(t)$

$$y(x) = 2\left(\pm\sqrt{x}\right)^4 + 1 = 2x^2 + 1$$

ergibt. Jetzt wäre es aber falsch zu sagen, die Parabel mit der Gleichung $y(x) = 2x^2+1$ wäre die Ortskurve der Tiefpunkte. Denn aufgrund von $x(t) = t^2 \geqslant 0$ durchläuft x nur alle positiven Zahlen (und die Null), wenn der Parameter t alle reellen Zahlen durchläuft. Die korrekte Angabe der Ortskurvengleichung lautet also

$$y(x) = 2x^2 + 1; \quad x \geqslant 0 \quad (\text{bzw. } x \in \mathbb{R}_0^+).$$

Das Schaubild der Ortskurve ist also nur der rechte Ast einer Parabel, nicht die ganze Parabel. Klar(er)?

Merke: Ermitteln der Ortskurve spezieller Punkte einer Kurvenschar.

(i) Bestimmen der Koordinaten der gesuchten Punkte P (meist Extrem- oder Wendepunkte) in Abhängigkeit vom Parameter. Ist z.B. die Ortskurve der Hochpunkte verlangt, so werden erstmal wie gewohnt die Hochpunkte von K_t berechnet, nur eben, dass der Parameter t dabei mitgeschleppt wird. Man erhält so die Parameterdarstellung $P_t\,(\,x(t)\,|\,y(t)\,)$.

(ii) Rauswerfen des Parameters: Die Gleichung für $x(t)$ wird nach t aufgelöst und dieses t wird in $y(t)$ eingesetzt. Dadurch erhält man die Funktionsgleichung der Ortskurve in der gewohnten Form $y(x)$.

(iii) Definitionsbereich der Ortskurvengleichung bestimmen: Einsetzen aller erlaubten Parameterwerte t in $x(t)$ zeigt, für welche x-Werte die Ortskurve überhaupt definiert ist.

A 9.5 Gegeben ist eine Parabelschar durch die Funktionsgleichungen

$$f_k(x) = -2kx^2 + 4x; \quad k \in \mathbb{R}\setminus\{0\}.$$

Bestimme die Ortskurve der Extrempunkte aller Scharkurven. Handelt es sich dabei um Hoch- oder Tiefpunkte?

A 9.6 Betrachte die Funktionenschar

$$g_t(x) = \frac{x^4}{4} - t^2x^2; \quad t > 0.$$

Ermittle die Gleichung der Ortskurve, auf der die Tiefpunkte aller Kurven K_t liegen. Was ändert sich, wenn man zusätzlich auch $t < 0$ zulässt?

Zusatzfrage für Käpsele: Gibt es eine Kurve K_t, welche die Ortskurve senkrecht schneidet? ☠

A 9.7 Der „weiße“ Bereich oberhalb der x-Achse in der Abbildung zu Beispiel 9.3, in dem keine Scharkurve K_t verläuft, scheint von einer Parabel begrenzt zu werden. Hast du eine Idee, wie man die Gleichung dieser *Hüllkurve* der Kurvenschar herausfinden könnte? ☠☠

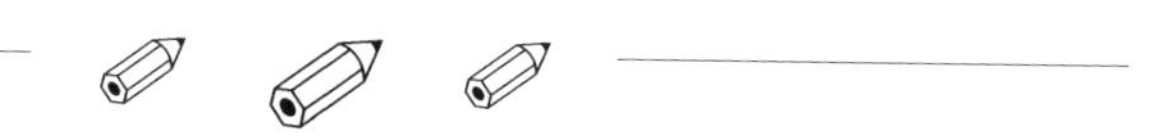

9.3 Kurvendiskussion mit Parameter

Beispiel 9.5 Wir untersuchen eine Parabelschar dritter Ordnung, die durch

$$f_t(x) = \frac{1}{t}\,x^3 + 2x^2 + tx; \quad t > 0$$

beschrieben wird. Dabei spulen wir ganz stur das schon bekannte Programm für Kurvendiskussionen ab, achten aber stets darauf, welchen Einfluss der Parameter t auf die Ergebnisse hat.

(1) *Symmetrie*: Das Schaubild K_t weist keine einfache Symmetrie (also zur y-Achse oder zum Ursprung) auf, da $f_t(x)$ „gemischte Hochzahlen" enthält. Zu sagen, K_t sei nicht symmetrisch ist falsch, denn wir wissen ja bereits, dass Parabeln dritter Ordnung immer punktsymmetrisch zu ihrem Wendepunkt sind, siehe Aufgabe 6.14.

(2) *Achsen-SP*: K_t schneidet die y-Achse bei $Y\,(0\,|\,0)$, da $f_t(0) = 0$ für alle t ist. Dieses Y ist gleichzeitig also auch eine Nullstelle.
Um die weiteren Schnittpunkte mit der x-Achse zu finden, setzen wir $f_t(x) = 0$:

$$f_t(x) = x \cdot \Big(\frac{1}{t}\,x^2 + 2x + t\Big) = 0 \quad \overset{\text{NPS}}{\iff} \quad x_1 = 0 \vee \frac{1}{t}\,x^2 + 2x + t = 0.$$

Um Brüche in der Mitternachtsformel zu vermeiden, multiplizieren wir die zweite Gleichung erst noch mit t und erhalten so:

$$x^2 + 2tx + t^2 = 0 \quad \iff \quad x_{2,3} = \frac{-2t \pm \sqrt{4t^2 - 4 \cdot 1 \cdot t^2}}{2} = \frac{-2t \pm \sqrt{0}}{2} = -t,$$

was man übrigens noch viel schneller sieht, wenn man das Binom $x^2+2tx+t^2 = (x+t)^2$ erkennt. Somit sind die Schnittpunkte mit der x-Achse $N_1\,(0\,|\,0) = Y$ und $N_{2,t}\,(-t\,|\,0)$. Wenn du früher gut aufgepasst hast, hast du vielleicht schon erkannt, dass $x = -t$ sogar eine doppelte Nullstelle ist, und damit automatisch auch Extremstelle von f_t sein wird. Falls nicht, auch nicht schlimm, da es gleich sowieso über die Ableitung rauskommt.

(3) *Globalverlauf* (Kurzform): Der Funktionsterm mit der höchsten Potenz ist $\frac{1}{t}\,x^3$ und aufgrund von $t > 0$ (wichtig!) verhält sich f_t global wie die Kubikfunktion $x \mapsto x^3$, d.h. es gilt

$$\lim_{x\to-\infty} f_t(x) = -\infty \quad \text{und} \quad \lim_{x\to+\infty} f_t(x) = +\infty.$$

(4) *Ableitungen*:

$$f_t'(x) = \frac{3}{t}\,x^2 + 4x + t$$

$$f_t''(x) = \frac{6}{t}\,x + 4$$

$$f_t'''(x) = \frac{6}{t}\,.$$

(5) *Punkte mit waagerechter Tangente*: $f_t'(x) = 0$ führt nach Multiplikation mit t auf

$$3x^2+4tx+t^2 = 0 \iff x_{4,5} = \frac{-4t \pm \sqrt{16t^2 - 12t^2}}{6} = \frac{-4t \pm 2t}{6} = \begin{cases} -\frac{t}{3} \\ -t. \end{cases}$$

Überprüfen der hinreichenden Bedingung für Extrempunkte:

$$f_t''(x_4) = \tfrac{6}{t} \cdot \left(-\tfrac{t}{3}\right) + 4 = -2 + 4 = 2 > 0 \Longrightarrow \text{TP} \quad T_t\left(-\tfrac{t}{3} \mid -\tfrac{4}{27}t^2\right).$$

(Nebenrechnung zur y-Koordinate von T_t:

$$f_t\left(-\tfrac{t}{3}\right) = \tfrac{1}{t} \cdot \left(-\tfrac{t}{3}\right)^3 + 2 \cdot \left(-\tfrac{t}{3}\right)^2 + t \cdot \left(-\tfrac{t}{3}\right) = -\tfrac{t^2}{27} + \tfrac{2t^2}{9} - \tfrac{t^2}{3} = \tfrac{-1+6-9}{27}t^2 = -\tfrac{4}{27}t^2.)$$

Und die doppelte Nullstelle $x = -t$ erweist sich nun tatsächlich als Hochstelle:

$$f_t''(x_5) = \tfrac{6}{t} \cdot (-t) + 4 = -6 + 4 = -2 < 0 \Longrightarrow \text{HP} \quad H_t(-t \mid 0).$$

(6) *Wendepunkte*: Die notwendige Bedingung $f_t''(x) = 0$ ist erfüllt für $\frac{6}{t}x + 4 = 0$, d.h. für

$$x_6 = -\frac{4}{6}t = -\frac{2}{3}t.$$

Die hinreichende Bedingung für WPe ist automatisch erfüllt, da $f_t'''(x) = \frac{6}{t} \neq 0$ für jedes x gilt. Somit ist $x_6 = -\frac{2}{3}t$ Wendestelle von K_t mit zugehörigem y-Wert

$$f_t\left(-\tfrac{2}{3}t\right) = \tfrac{1}{t} \cdot \left(-\tfrac{8}{27}t^3\right) + 2 \cdot \tfrac{4}{9}t^2 - \tfrac{2}{3}t^2 = -\tfrac{2}{27}t^2,$$

d.h. $W_t\left(-\frac{2}{3}t \mid -\frac{2}{27}t^2\right)$ ist der Wendepunkt von K_t.

Beachte, dass in diesem Beispiel die Extrem- und Wendepunkte für jedes $t > 0$ existieren. Dass dies nicht immer so sein muss, zeigt Aufgabe 9.8.

(7) *Schaubild(er)*: In Abbildung 9.4 sind die Scharkurven K_t für $t \in \{1, 2, \ldots, 6\}$ dargestellt.

Fett grau siehst du die Ortskurve der Wendepunkte aller K_t, deren Gleichung wir zum Abschluss noch bestimmen. Deren Parameterdarstellung lautet

$$W_t\colon \begin{cases} x(t) = -\frac{2}{3}t \\ y(t) = -\frac{2}{27}t^2 \end{cases} \qquad t > 0.$$

Die erste Gleichung wird nach t aufgelöst, $t = -\frac{3}{2}x$, und in die zweite eingesetzt:

$$y = -\frac{2}{27} \cdot \left(-\frac{3}{2}x\right)^2 = -\frac{2}{27} \cdot \frac{9}{4}x^2 = -\frac{1}{6}x^2.$$

Definitionsbereich: Da $x = -\frac{2}{3}t$ mit $t > 0$ gilt, durchläuft x alle negativen Zahlen. Die vollständige Angabe der Gleichung der Ortskurve aller Wendepunkte lautet also

$$y(x) = -\frac{1}{6}x^2; \quad x < 0.$$

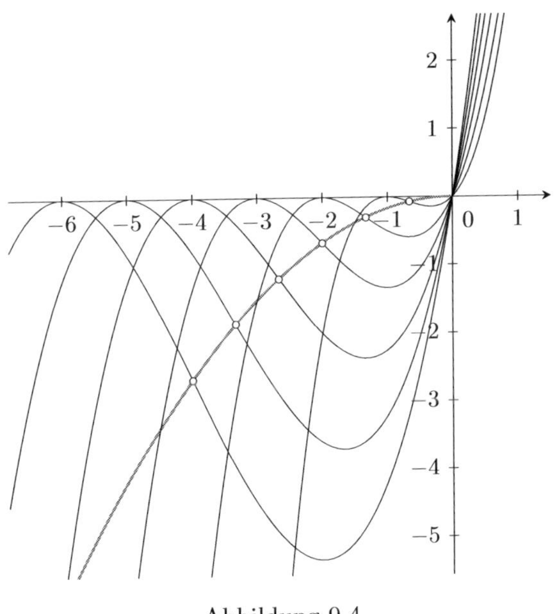

Abbildung 9.4

A 9.8 Gegeben ist die Funktionenschar

$$f_k(x) = kx^3 + kx^2 - x; \quad k \in \mathbb{R}\backslash\{0\}.$$

Für welche Werte von k besitzen die zugehörigen Scharkurven K_k Punkte mit waagerechter Tangente? (Es braucht nicht überprüft zu werden, ob dies dann tatsächlich Extrempunkte sind.)

A 9.9 Betrachte die Funktionenschar

$$f_t(x) = -\frac{x^4}{2t} + x^2 + \frac{3t}{2}; \quad t > 0.$$

a) Diskutiere die zu f_t gehörenden Kurven K_t. Skizziere K_t für $t \in \{\frac{1}{2}, 1, \frac{3}{2}\}$.

b) Bestimme diejenigen Werte von t, für die $P(1\,|\,2)$ auf K_t liegt.

c) Gibt es gemeinsame Punkte aller Scharkurven K_t?

d) Ermittle die Gleichung der Ortskurve aller Hochpunkte der Schar.

e) Was ändert sich in a), wenn die Schar f_t mit $t < 0$ untersucht wird?

Anhang: Funktionen und Schaubilder

Hier sind alle Grundkenntnisse zusammengestellt, die du im Umgang mit Funktionen und ihren Schaubildern in den letzten Jahren erworben haben solltest.

A.1 Grundlegendes

Beispiel A.1 *Wiederholung des Funktionsbegriffs*

Eine (reelle) *Funktion* f ist eine Vorschrift, die einer Variablen $x \in \mathbb{R}$ einen Wert, den sogenannten Funktionswert (auch: y-Wert) $f(x) \in \mathbb{R}$, zuordnet. Zum Beispiel könnten

$$f(0) = 1, \qquad f(1) = 2, \qquad f(2) = 3, \qquad \ldots$$

die Werte einer Funktion f sein, wenn man die x-Werte $0, 1, 2, \ldots$ einsetzt. Wichtig ist, dass diese Zuordnung bei einer Funktion *eindeutig* sein muss, d.h.

$$f(0) = \pm 1$$

wäre keine erlaubte Zuordnung, da nicht klar ist, ob an der Stelle $x = 0$ der Funktionswert $f(x)$ gleich 1 oder -1 sein soll.
Man kann Funktionswerte in Form einer Wertetabelle übersichtlich aufschreiben:

x	0	1	2
$f(x)$	1	2	3

Wenn x nun aber alle reellen Zahlen $\mathbb{R}$ durchläuft, kann man so natürlich nicht alle (unendlich vielen) Funktionswerte notieren, weshalb man dies kompakt in Form einer *Funktionsvorschrift* macht, in der ein Term für $f(x)$ angegeben wird. Eine möglichst einfache Funktionsvorschrift für obige Werte wäre

$$f\colon \mathbb{R} \to \mathbb{R}, \quad f(x) = x + 1.$$

Eine andere Schreibweise hierfür ist

$$f\colon \mathbb{R} \to \mathbb{R}, \quad x \mapsto x + 1,$$

wobei man $x \mapsto x + 1$ (beachte das Strichlein am Beginn des Pfeils) als

„x geht über nach $x + 1$“ oder „x wird abgebildet auf $x + 1$“

liest. $f\colon \mathbb{R} \to \mathbb{R}$ liest man als

„f (bildet ab) von $\mathbb{R}$ nach $\mathbb{R}$“;

das erste $\mathbb{R}$ steht dabei für den *Definitionsbereich* von f, das sind die x-Werte, die man in $f(x)$ einsetzt. Das zweite $\mathbb{R}$ ist der *Wertebereich*, welcher angibt, wo die Funktionswerte $f(x)$ liegen. Mehr dazu später.

Für obige Wertetabelle gibt es noch viele weitere mögliche Funktionsvorschriften, z.B.

$$g\colon \mathbb{R} \to \mathbb{R}, \quad g(x) = x^3 - 3x^2 + 3x + 1.$$

Übung A.1 Überzeuge dich, dass g für $x = 0, 1, 2$ dieselben Werte wie f annimmt.

Übung A.2 Bestimme für $f(x) = 2x^2 - 3x + 1$ die folgenden Ausdrücke und vereinfache sie so weit wie möglich.

a) $f(2)$ b) $f(-1)$ c) $f(\heartsuit)$ d) $f(-x)$ e) $f(1+h) - f(1)$

Beispiel A.2 *Schaubild einer Funktion*

Wir zeichnen das Schaubild der Funktion f aus Beispiel A.1,

$$f\colon \mathbb{R} \to \mathbb{R}, \quad f(x) = x + 1.$$

(Wer bei linearen Funktionen gut aufgepasst hat, sollte das ratzfatz können; wir präsentieren im Hinblick auf später jedoch gleich das allgemeine Vorgehen.)
Um das Schaubild einer Funktion f mit gegebenem Funktionsterm $f(x)$ zu zeichnen, erstellt man sich zunächst eine Wertetabelle mit Hilfe des TRs. Das geht so:

- table `2: Edit function` enter
- Den Term von $f(x)$ eingeben; das x erhält man über die $\mathbf{x}^{yzt}_{abcd}$-Taste. enter
- Bei `TABLE SETUP` den Startwert für x wählen, z.B. $x = -2$. Bei `Step` kann man die Schrittweite der Wertetabelle eingeben, z.B. 0,5. Dann auf `CALC` runter und enter.

Dann überträgt man die Wertetabelle ins Heft (tue dies; Schrittweite 1 genügt) und zeichnet die Wertepaare $(\,x \mid f(x)\,)$ in ein x-y-Koordinatensystem.

- $(\,1{,}5 \mid 2{,}5\,)$ bedeutet: Laufe von $(\,0 \mid 0\,)$ um 1,5 nach rechts (positive x-Richtung) und um 2,5 nach oben (positive y-Richtung) und mache dort ein Kreuzchen / Pünktchen.
- $(\,-1 \mid 0\,)$ bedeutet: Laufe von $(\,0 \mid 0\,)$ um 1 nach links (negative x-Richtung) und um 0 nach oben (d.h. du bleibst auf der x-Achse).

Dann verbindet man die eingezeichneten Punkte *möglichst „glatt“*, d.h. ohne Knicke[26] und Beulen. Da es sich in diesem Trivial-Beispiel offenbar um eine Gerade handelt, kann man die Punkte mit dem Geodreieck verbinden. Für Schaubilder, die keine Geraden sind, ist das **strengstens verboten**. Man erhält so das *Schaubild* K_f aus Abbildung A.1.

Das K in K_f steht für „Kurve“ (auch wenn hier eine Gerade vorliegt); gebräuchlich ist außerdem die Bezeichung G_f für „Graph von f“.

[26] Ausnahme: Bei Schaubildern von Betragsfunktionen treten Knicke auf.

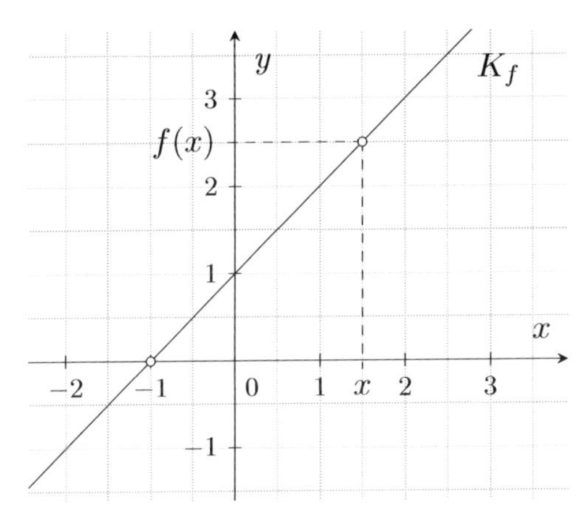

Abbildung A.1

Übung A.3 Zeichne das Schaubild K_g der Funktion g aus Übung A.1 mit dem Funktionsterm $g(x) = x^3 - 3x^2 + 3x + 1$ für $x \in [-0{,}5\,;2{,}5]$, d.h. für x-Werte mit $-0{,}5 \leqslant x \leqslant 2{,}5$. Wähle 0,5 als Schrittweite deiner Wertetabelle.

Abstrakt gesehen ist das Schaubild die Menge aller Punkte $(\,x\,|\,y\,)$ der Ebene $\mathbb{R}^2$, die von der Form $(\,x\,|\,f(x)\,)$ sind, d.h.

$$K_f = \{\,(\,x\,|\,y\,) \in \mathbb{R}^2 \mid y = f(x)\,\},$$

was man abkürzend auch einfach als

$$y = f(x)$$

aufschreiben kann. **Achtung:** Die Kurve K_f ist eine Menge von Punkten in der Ebene $\mathbb{R}^2$, d.h. eine Aussage wie

„der Punkt $P\,(\,1\,|\,2\,)$ liegt auf K_f (kurz: $P \in K_f$)"

ergibt Sinn (und ist in obigem Beispiel wahr). Aussagen wie

„der Punkt $P\,(\,1\,|\,2\,)$ liegt auf $f(x)$ (kurz: $P \in f(x)$)"

sind **sinnlos**, denn $f(x)$ ist nur ein Funktionsterm, es können also keine Punkte auf ihm liegen. Mit obiger Vereinbarung wäre „$P\,(\,1\,|\,2\,)$ liegt auf $y = f(x)$" in Ordnung, aber am besten verwendet man einfach immer die K_f-Notation.

Beispiel A.3 *Zum Definitions- und Wertebereich*

a) Ein Spaziergänger läuft 2 Stunden lang mit einer (nahezu konstanten) Geschwindigkeit von 3,5 $\frac{\text{km}}{\text{h}}$. Sein zurückgelegter Weg[27] wird dann beschrieben durch die Funktion f mit

$$f(x) = 3{,}5 \cdot x; \quad x \text{ in h}, \; f \text{ in km}.$$

[27]Normalerweise würde man diesen mit $s(t)$ bezeichnen, aber wir wollen bei a) und b) dieselben Buchstaben verwenden.

Da er nur 2 Stunden lang läuft, liegt der Definitionsbereich D_f zwischen 0 und 2 (h). Da man in diesem Zeitraum jede beliebige Zahl für x einsetzen darf, z.B. 1,75 (h), ist D_f das gesamte Intervall

$$D_f = [\,0\,;2\,] = \{\,x \in \mathbb{R} \mid 0 \leqslant x \leqslant 2\,\}.$$

Der Wertebereich, also alle y-Werte, die rauskommen, wenn man alle $x \in D_f$ einsetzt, besteht hier aus allen Werten zwischen 0 und 7 (km):

$$W_f = [\,0\,;7\,] = \{\,y \in \mathbb{R} \mid 0 \leqslant x \leqslant 7\,\}.$$

b) Eine Kochgruppe bei den Projekttagen verkauft ihre Veggie-Burritos für 3,5 € pro Stück. Ihre Einnahmen werden beschrieben durch

$$f(x) = 3{,}5 \cdot x; \quad f \text{ in } €,$$

wobei diesmal x nur natürliche Werte (und Null) annehmen kann, da ja keine 1,75 Burritos verkauft werden. Somit ist hier

$$D_f = \mathbb{N}_0 = \{\,0, 1, 2, \ldots\}$$

und der Wertebereich ist gegeben durch

$$W_f = \{\,3{,}5 \cdot x \mid x \in \mathbb{N}_0\,\} = \{\,0;\ 3{,}5;\ 7;\ 10{,}5;\ \ldots\}.$$

Obwohl in a) und b) jeweils dieselbe Funktionsvorschrift $f(x)$ zugrunde liegt, beschreibt f jeweils ganz verschiedene Situationen, was man erst durch Betrachtung von D_f (und W_f) erkennt. Der Definitionsbereich ist deshalb eine wichtige Größe, die vor allem bei Anwendungsaufgaben nie fehlen sollte.

Beispiel A.4 *Nochmals zum Definitions- und Wertebereich*

Die folgenden Funktionen besitzen zwar alle wieder denselben Funktionsterm, aber es handelt sich um unterschiedliche Funktionen, da sich ihre Definitionsbereiche unterscheiden, d.h. man lässt unterschiedliche x-Bereiche zu, aus denen Werte in $f(x)$ eingesetzt werden:

$$f_1\colon \mathbb{R} \to \mathbb{R}, \qquad x \mapsto x + 1,$$

$$f_2\colon [\,0\,;2\,] \to \mathbb{R}, \qquad x \mapsto x + 1,$$

$$f_3\colon \mathbb{Z} \to \mathbb{R}, \qquad x \mapsto x + 1.$$

Ein Blick auf Abbildung A.1 (es ist $K_{f_1} = K_f$) und A.2 zeigt, wie verschieden diese drei Funktionen sind – die Angabe des Definitionsbereichs D_f ist also unerlässlich, um eine Funktion komplett zu beschreiben. Bei diesen Funktionen ist

$$D_{f_1} = \mathbb{R}, \qquad D_{f_2} = [\,0\,;2\,], \qquad D_{f_3} = \mathbb{Z} = \{\,\ldots, -2, -1, 0, 1, 2, \ldots\}.$$

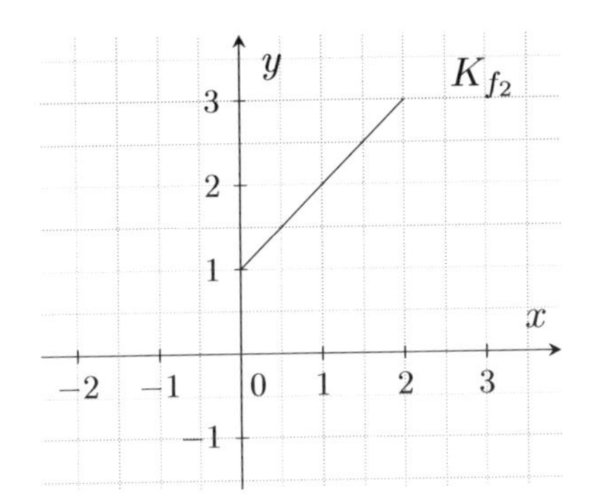

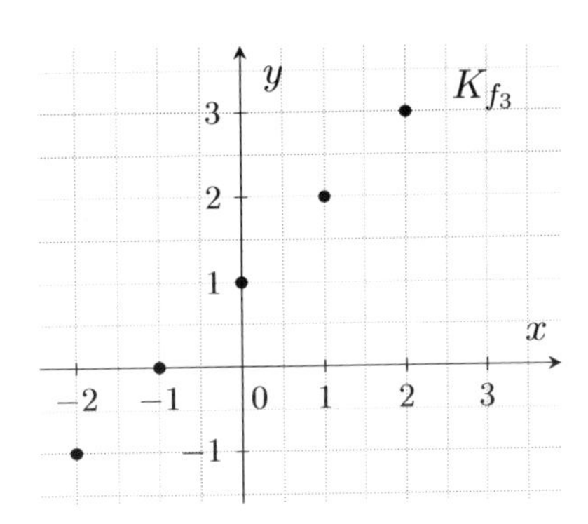

Abbildung A.2

Den Wertebereich W_f kann man noch genauer spezifizieren; zwar könnte man bei allen drei Funktionsvorschriften $f_i\colon D_{f_i} \to \mathbb{R}$ das $\mathbb{R}$ als Bildbereich stehen lassen, da die Funktionswerte stets in $\mathbb{R}$ liegen, aber da mit

$$W_f = \{\, y \in \mathbb{R} \mid y = f(x) \text{ für } x \in D_f \,\}$$

nur die y-Werte gemeint sind, die f tatsächlich ausspuckt, wenn man es mit allen x-Werten aus D_f füttert, gilt:

$$W_{f_1} = \mathbb{R}, \qquad W_{f_2} = [\,1\,;3\,], \qquad W_{f_3} = \mathbb{Z}.$$

Ablesbar ist dies anhand der Schaubilder in Abbildung A.1 und A.2: Man sucht alle Werte auf der y-Achse, die von f_i „getroffen“ werden.

Beispiel A.5 *Maximaler Definitionsbereich*

Meist ist mit D_f der *maximale Definitionsbereich* einer Funktion f gemeint:

$$D_{f,\,\max} = \{\, x \in \mathbb{R} \mid f(x) \text{ ist definiert} \,\},$$

also die Menge aller „erlaubten“ x-Werte, die man in $f(x)$ einsetzen kann und so wieder eine reelle Zahl erhält. Bei Funktionsvorschriften wie

$$f(x) = x + 1 \quad \text{oder} \quad f(x) = x^2 - 5x + 2$$

ist natürlich

$$D_{f,\,\max} = \mathbb{R},$$

denn hier kann man ja beliebige reelle Zahlen x einsetzen, ohne dass etwas schiefgehen könnte. Interessanter wird es bei einer (Hyperbel-)Funktion wie

$$h(x) = \frac{1}{x}\,.$$

Hier darf man alle reellen x einsetzen, außer $x = 0$, denn $\frac{1}{0}$ ist nicht definiert, also ist

$$D_{h,\,\max} = \{\, x \in \mathbb{R} \mid x \neq 0 \,\} =: \mathbb{R} \setminus \{0\} \qquad \text{(lies: „}\mathbb{R}\text{ ohne Null“).}$$

Für die Wurzelfunktion w mit

$$w(x) = \sqrt{x}$$

ist $x < 0$ nicht erlaubt, da unter einer Wurzel nichts Negatives stehen darf, also gilt

$$D_{w,\max} = \{ x \in \mathbb{R} \mid x \geqslant 0 \} =: \mathbb{R}_0^+,$$

denn für alle $x \geqslant 0$ ist $\sqrt{x}$ in $\mathbb{R}$ definiert.

Übung A.4 Bestimme die maximalen Definitionsbereiche der Funktionen.

$$a(x) = \frac{1}{x-2}, \qquad b(x) = \frac{4}{x^2-4}, \qquad c(x) = \frac{1}{x^2+1}, \qquad d(x) = \sqrt{x-4}.$$

A.2 Lineare Funktionen

Eine *lineare Funktion* f ist eine Funktion der Gestalt

$$f\colon \mathbb{R} \to \mathbb{R}, \quad f(x) = mx + c$$

mit zwei reellen Konstanten m und c. Ihr Schaubild K_f ist eine *Gerade* mit *Steigung* m und *y-Achsenabschnitt* c. Das bedeutet: K_f schneidet die y-Achse im Punkt $Y(0\,|\,c)$ (klar, da $f(0) = m \cdot 0 + c = c$ ist) und geht man von Y um 1 nach rechts, dann muss man (im Fall $m \geqslant 0$) um m nach oben laufen (bzw. um $|m|$ nach unten, falls $m < 0$), um zu einem zweiten Punkt P auf K_f zu gelangen. Durch Kenntnis der beiden Punkte Y und P ist die Gerade bereits eindeutig festgelegt.

Beispiel A.6 *Gerade zeichnen*

Wir zeichnen das Schaubild K_f der linearen Funktion

$$f\colon \mathbb{R} \to \mathbb{R}, \quad f(x) = \frac{2}{3}x - 1.$$

Ihr Schnittpunkt mit der y-Achse ist $Y(0\,|\,-1)$. Von dort gehen wir 1 nach rechts und $m = \frac{2}{3}$ hoch. Weil das aber nur ungenau zu zeichnen ist, gehen wir besser 3 nach rechts (Nenner von m) und 2 nach oben (Zähler von m). Verbindet man beide Punkte, so erhält man die Gerade K_f aus Abbildung A.3. Gestrichelt siehst du das (bzw. ein) *Steigungsdreieck* der Geraden.

Pro-Tipp: Manche verwechseln Zähler und Nenner und laufen 2 nach rechts und 3 nach oben. Wenn du dir unsicher bist, setze einfach zwei möglichst einfache x-Werte in $f(x)$ ein, um zwei Punkte auf der Geraden zu erhalten.

- Am einfachsten ist natürlich $x = 0$: $f(0) = \frac{2}{3} \cdot 0 - 1 = -1$, d.h. $Y(0\,|\,-1) \in K_f$.
- $x = 3$ cancelt den Bruch: $f(3) = \frac{2}{3} \cdot 3 - 1 = 2 - 1 = 1$, d.h. $P(3\,|\,1) \in K_f$.

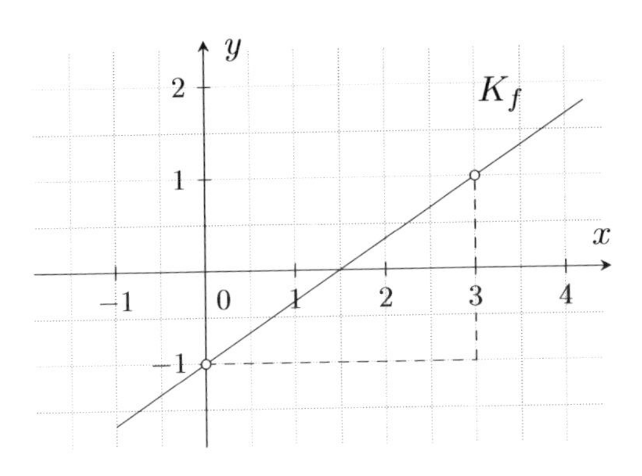

Abbildung A.3

Übung A.5 Zeichne die Geraden, die zu $f(x) = 2x$ und $g(x) = -\frac{3}{4}x + 2$ gehören.

Beispiel A.7 *Geradengleichung am Schaubild ablesen*

Wir bestimmen die Gleichung der in Abbildung A.4 dargestellten Geraden. Den y-Achsenabschnitt kann man direkt ablesen: $c = 1{,}5$. Um die Steigung m zu bestimmen, wählt man zwei Punkte auf K_f, deren Koordinaten man möglichst präzise ablesen kann.

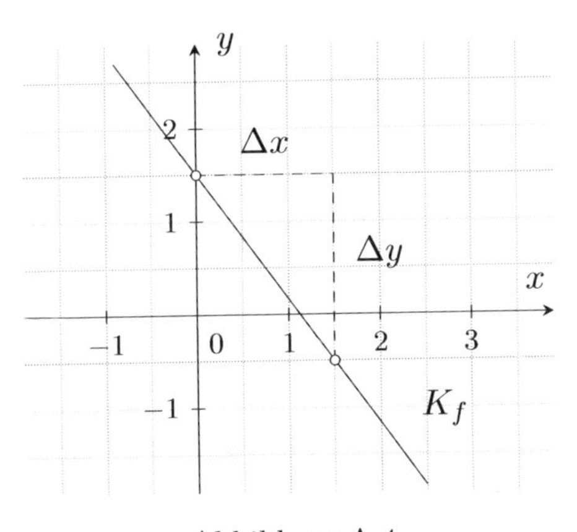

Abbildung A.4

Der einzige Punkt außer $Y\,(0\,|\,1{,}5)$, der hier exakt ablesbar ist, ist $P\,(1{,}5\,|\,-0{,}5)$. Dann rechnet man

$$m = \frac{\Delta y}{\Delta x} = \frac{-2}{1{,}5} = -\frac{4}{3}\,.$$

(Beachte, dass Δy negativ ist, da man 1,5 nach rechts und 2 *nach unten* läuft, um von Y nach P zu gelangen.) Somit ist die lineare Funktion f, die zu K_f gehört, gegeben durch

$$f\colon \mathbb{R} \to \mathbb{R}, \quad f(x) = -\frac{4}{3}\,x + 1{,}5.$$

Beispiel A.8 *Geradengleichung aus zwei Punkten aufstellen*

Wir bestimmen die Gleichung der Gerade K_f, die durch $P(-1\,|\,2)$ und $Q(3\,|\,{-0{,}5})$ verläuft.
Die Steigung berechnen wir nach derselben Formel wie im letzten Beispiel:

$$m = \frac{\Delta y}{\Delta x} = \frac{y_Q - y_P}{x_Q - x_P} = \frac{-0{,}5 - 2}{3 - (-1)} = \frac{-2{,}5}{4} = -\frac{5}{8}.$$

Anmerkung: Man könnte ebensogut

$$m = \frac{\Delta y}{\Delta x} = \frac{y_P - y_Q}{x_P - x_Q} = \frac{2 - (-0{,}5)}{-1 - 3} = \frac{2{,}5}{-4} = -\frac{5}{8}$$

rechnen; wichtig ist nur, dass im Zähler und Nenner die Reihenfolge von P- und Q-Koordinaten gleich ist.
Den y-Achsenabschnitt c können wir in diesem Beispiel nicht direkt erkennen; wir wissen bisher nur, dass die Gleichung der linearen Funktion f von der Gestalt

$$f(x) = -\frac{5}{8}x + c$$

ist. Um c zu bestimmen, führen wir eine *Punktprobe* durch: P liegt auf der Geraden K_f, d.h. wenn man die x-Koordinate von P, $x = -1$, in $f(x)$ einsetzt, muss die y-Koordinate von P, $y = 2$, rauskommen, kurz:

$$P(-1\,|\,2) \in K_f \implies f(-1) = 2.$$

Dies ergibt

$$-\frac{5}{8}\cdot(-1) + c = 2 \quad\Longleftrightarrow\quad \frac{5}{8} + c = 2 \quad\Longleftrightarrow\quad c = 2 - \frac{5}{8} = \frac{11}{8}.$$

Damit ist die lineare Funktion f, die zu K_f gehört, gegeben durch

$$f\colon \mathbb{R} \to \mathbb{R}, \quad f(x) = -\frac{5}{8}x + \frac{11}{8}.$$

(Zur Kontrolle kann man noch die Punktprobe mit $Q(3\,|\,{-0{,}5})$ durchführen:

$$f(3) = -\frac{5}{8}\cdot 3 + \frac{11}{8} = -\frac{15}{8} + \frac{11}{8} = -\frac{4}{8} = -0{,}5 \quad \checkmark.)$$

Übung A.6 Bestimme die Gleichung der Gerade K_f durch $P(-2\,|\,{-4})$ und $Q(1\,|\,2)$.

Beispiel A.9 *Achsenparallele Geraden*

Zum Schluss noch zwei Spezialfälle. Die zur x-Achse parallele Gerade K_f aus Abbildung A.5 gehört zur linearen Funktion

$$f\colon \mathbb{R} \to \mathbb{R}, \quad f(x) = 0 \cdot x + 1{,}5 = 1{,}5,$$

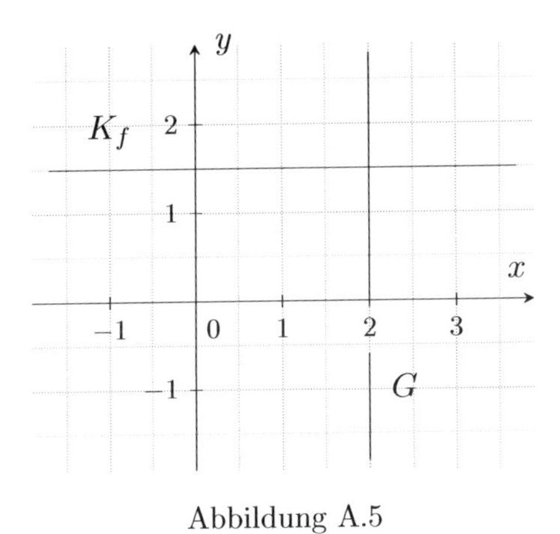

Abbildung A.5

denn die Steigung der Geraden ist offensichtlich $m = 0$. Am kürzesten lässt K_f sich durch

$$K_f\colon y = 1{,}5$$

beschreiben, denn jeder y-Wert (von Punkten auf K_f) ist stets 1,5 – unabhängig vom x-Wert.
Der zur y-Achse parallelen Geraden G hingegen kann man *keine* Funktionsgleichung zuordnen, denn dem x-Wert $x = 2$ werden durch G ja unendlich viele y-Werte zugeordnet – das ist bei einer Funktion verboten, da jedem x ein eindeutiges y zugeordnet werden muss. (Anders betrachtet besitzt G die Steigung $m = \frac{\Delta y}{\Delta x} = \frac{\Delta y}{0}$, also einen unendlich großen Wert, und $g(x) = \infty \cdot x + c$ ist keine sinnvolle Funktionsgleichung.) Stattdessen beschreibt man G durch

$$G = \{\, (2 \mid y) \mid y \in \mathbb{R} \,\},$$

oder kürzer einfach als

$$G\colon x = 2.$$

A.3 Quadratische Funktionen

A.3.1 Wir erinnern uns an Klasse 8

Eine *quadratische Funktion* f ist eine Funktion der Gestalt

$$f\colon \mathbb{R} \to \mathbb{R}, \quad f(x) = ax^2 + bx + c,$$

mit Konstanten $a, b, c \in \mathbb{R}$, wobei $a \neq 0$ sein muss (da es sich sonst um eine lineare Funktion handelt). Das Schaubild K_f einer quadratischen Funktion heißt *Parabel*.

Beispiel A.10 Die einfachste quadratische Funktion ist die *Quadratfunktion*:

$$q\colon \mathbb{R} \to \mathbb{R}, \quad q(x) = x^2$$

(also $a = 1$, $b = c = 0$). Ihr Schaubild K_q ist die *Normalparabel* (siehe Übung A.8).

Jede Parabel besitzt einen *Extrempunkt*, den sogenannten *Scheitel.*
Für $a > 0$ ist die Parabel nach oben geöffnet und der Scheitel ist ein *Tiefpunkt* (der tiefste Punkt, der auf der Parabel liegt).
Für $a < 0$ ist die Parabel nach unten geöffnet und der Scheitel ist ein *Hochpunkt* (der höchste Punkt, der auf der Parabel liegt).

Die obige *allgemeine Form* einer quadratischen Funktion, $f(x) = ax^2 + bx + c$, lässt sich in die *Scheitelform* umwandeln:

$$f(x) = a \cdot (x - d)^2 + e,$$

an der man die Lage des Scheitels S direkt ablesen kann:

$$S\,(\,d\,|\,e\,).$$

Um von der ersten auf die zweite Form zu kommen, muss man eine *quadratische Ergänzung* durchführen, was bei vielen Schülern zu Übelkeit und Brechreiz führt. Die gute Nachricht: Das spielt momentan keine Rolle und dieses Jahr lernst du eine viel einfachere Methode kennen, um den Scheitel zu finden.

Übung A.7 Zeichne mit Hilfe einer Wertetabelle die Parabel, die zu

$$f(x) = -\frac{1}{2} \cdot (x - 2)^2 + 1$$

gehört. Gib den Scheitel von K_f an, sowie den Wertebereich W_f.

A.3.2 Verschieben und Strecken von Parabeln

Wir wollen verstehen, wie man Schritt für Schritt eine Parabel wie aus Übung A.7 aus der Normalparabel erhält.

a) Verschieben in y-Richtung: Das ist der einfachste Fall, denn bei

$$f(x) = x^2 + e,$$

$e > 0$ eine beliebige aber feste Zahl, wird einfach jeder Wert der Quadratfunktion $q(x) = x^2$ um die Zahl e erhöht. Entsprechend wird bei

$$g(x) = x^2 - e$$

(mit $e > 0$) jeder Funktionswert von $q(x)$ um e vermindert.
Bei „$+e$“ wird dadurch die Normalparabel um e nach oben verschoben, und für „$-e$“ wird sie um e nach unten verschoben.

Übung A.8 Zeichne die Schaubilder der Funktionen

$$q(x) = x^2, \qquad f(x) = x^2 + 1 \qquad \text{und} \qquad g(x) = x^2 - 2$$

in das Koordinatensystem aus Abbildung A.6 (mit Table-Schrittweite 0,5). Beschreibe, wie K_f und K_g aus der Normalparabel hervorgehen.

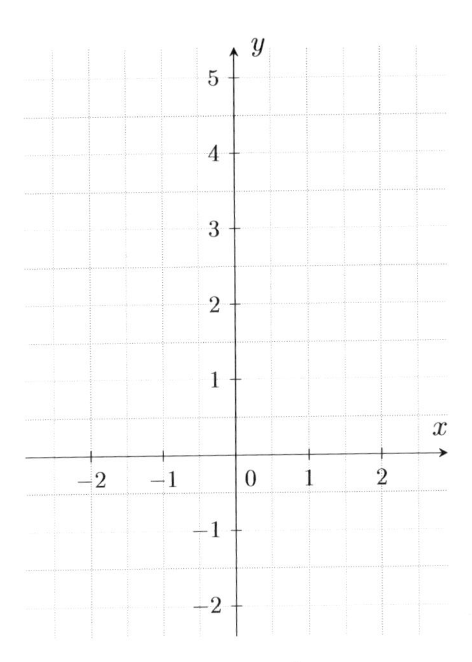

Abbildung A.6

Merke: Es sei e eine *positive* reelle Zahl.
Das Schaubild von $f(x) = x^2 \pm e$ ist eine um e in y-Richtung verschobene Normalparabel („+“: um e nach oben; „−“: um e nach unten).

b) Verschieben in x-Richtung: Hier darfst du erst selber tätig werden.

Übung A.9 Zeichne die Schaubilder der Funktionen (mit Table-Schrittweite 0,5)

$$f(x) = (x-1)^2 \qquad \text{und} \qquad g(x) = (x+2)^2.$$

Beschreibe, wie sie aus der Normalparabel hervorgehen.

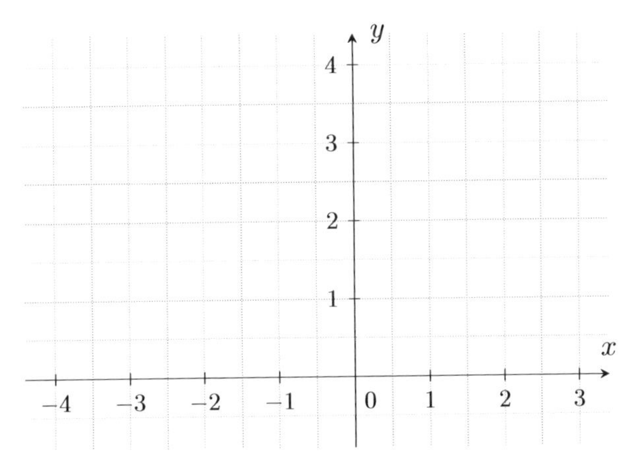

Abbildung A.7

Erklärung: Auf den ersten Blick könnte man meinen, dass z.B. bei

$$f(x) = (x-1)^2$$

eine Verschiebung um 1 nach *links* stattfindet (denn -1 heißt ja „1 ins Negative"), was aber laut Abbildung A.7 *falsch* ist, denn die Normalparabel wurde um 1 nach *rechts* verschoben! Das kann man folgendermaßen verstehen: Der Scheitel von $y = x^2$ liegt bei 0; wird das x jetzt aber zu $\heartsuit = x - 1$ abgeändert, dann muss man $x = +1$ einsetzen, um auf $\heartsuit = 0$ zu kommen, d.h. der x-Wert des Scheitels wandert von 0 auf $+1$ um 1 nach rechts. Generell werden alle Funktionswerte bei $f(x) = (x-1)^2$ erst um 1 „später" angenommen als bei $q(x) = x^2$, d.h. das Schaubild wird um 1 nach rechts verschoben.
Genau umgekehrt verhält sich die Sache bei $g(x) = (x+2)^2$: Man muss nun $x = -2$ einsetzen um den Tiefpunkt (Scheitel) zu erhalten, d.h. die Normalparabel wird um 2 nach links verschoben.

Merke: Es sei d eine *positive* reelle Zahl.
Das Schaubild von $f(x) = (x \pm d)^2$ ist eine um d in x-Richtung verschobene Normalparabel („+": um d nach links(!); „−": um d nach rechts(!)).

c) Strecken / Stauchen in y-Richtung:

Übung A.10 Zeichne die Schaubilder der Funktionen (mit Table-Schrittweite 0,5)

$$f(x) = 2 \cdot x^2, \qquad g(x) = \frac{1}{2} \cdot x^2 \qquad \text{und} \qquad h(x) = -\frac{1}{2} \cdot x^2.$$

Beschreibe, wie sie aus der Normalparabel hervorgehen.

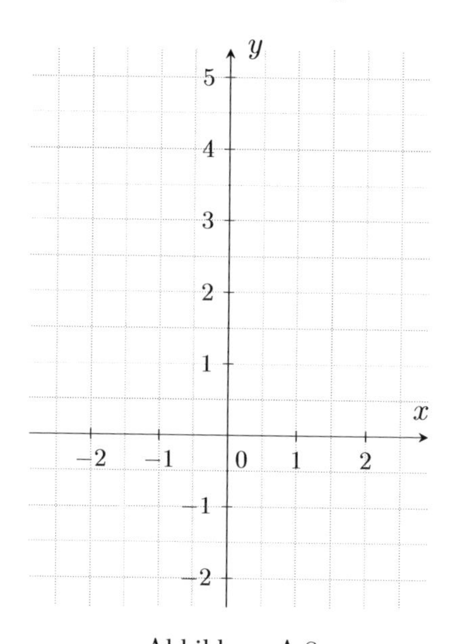

Abbildung A.8

Erklärung: Multipliziert man x^2 mit einem Faktor $a > 1$, bildet man also z.B.

$$f(x) = 2 \cdot x^2,$$

dann wird einfach jeder Funktionswert mal 2 genommen, sprich verdoppelt. Dadurch wird die Normalparabel um den Faktor 2 in y-Richtung gestreckt.
Für $0 < a < 1$, also z.B. bei

$$g(x) = \frac{1}{2} \cdot x^2,$$

wird jeder Funktionswert halbiert, d.h. die Normalparabel wird in y-Richtung gestaucht. Aufpassen bei der Sprechweise: Bei $a = \frac{1}{2}$ ist der Stauchfaktor in y-Richtung die Zahl 2 ($= \frac{1}{a}$). Ebenso gut könnte man aber von einer Streckung in y-Richtung mit Streckfaktor $a = \frac{1}{2}$ sprechen; Streckfaktor a mit $|a| < 1$ bedeutet effektiv eine Stauchung der Parabel.
Ist $a < 0$, wie z.B. bei

$$h(x) = -\frac{1}{2} \cdot x^2,$$

so wird zusätzlich zur Streckung mit Faktor $|a| = \frac{1}{2}$ noch das Vorzeichen eines jeden Funktionswerts umgedreht, wodurch die Parabel zusätzlich noch an der x-Achse gespiegelt wird.

Merke: Bei einer Parabel mit Funktionsgleichung $f(x) = a \cdot x^2$ liegt im Fall $0 < |a| < 1$ eine Stauchung der Normalparabel in y-Richtung vor, für $|a| > 1$ wird die Normalparabel gestreckt, um K_f zu ergeben. Bei $a < 0$ wird zusätzlich noch an der x-Achse gespiegelt.

Bei einer Funktionsgleichung der Gestalt[28]

$$f(x) = a \cdot (x - d)^2 + e$$

finden alle drei Transformationen a) – c) auf einmal statt.

Übung A.11 Gib Schritt für Schritt an, wie die Parabel aus Übung A.7 aus der Normalparabel entsteht. Beschreibe, wo der Scheitel bei jedem Schritt hinwandert. Untersuche zudem, ob die Reihenfolge der Transformationen eine Rolle spielt.

d) Strecken / Stauchen in x-Richtung: Der Fall, der bislang noch fehlt, ist eine Funktionsgleichung wie

$$f(x) = (2 \cdot x)^2 \qquad \text{oder} \qquad g(x) = \left(\frac{1}{2} \cdot x - 1\right)^2,$$

[28] Um sich die $\pm$-Zeichen zu sparen, lässt man für d und e auch negative Werte zu; dann bestimmen die Vorzeichen von d und e, in welche Richtung verschoben wird.

wo also der Streckfaktor a direkt beim x steht und nicht außerhalb der Klammer wie bei $f(x) = a \cdot (x-d)^2 + e$. Dies kann man als Streckung in x-Richtung interpretieren, was bei Parabeln aber nicht nötig ist (im Gegensatz zu z.B. trigonometrischen Kurven), da man hier durch eine kleine Umformung im Fall c) landet. So gilt

$$f(x) = (2 \cdot x)^2 = 2^2 \cdot x^2 = 4 \cdot x^2,$$

d.h. die Normalparabel wird mit Streckfaktor 4 in y-Richtung gestreckt. Ähnlich gilt

$$g(x) = \left(\frac{1}{2} \cdot x - 1\right)^2 = \left(\frac{1}{2} \cdot (x-2)\right)^2 = \frac{1}{4} \cdot (x-2)^2,$$

d.h. um K_g zu erhalten, wird die Normalparabel um 2 nach rechts verschoben und mit Streckfaktor $\frac{1}{4}$ in y-Richtung gestreckt (bzw. mit Faktor 4 gestaucht).

A.4 Potenzfunktionen ...

Eine Funktion f mit Funktionsterm

$$f(x) = a \cdot x^r \quad (a \in \mathbb{R}, r \in \mathbb{Q})$$

heißt *Potenzfunktion*. Die Fälle $r = 0$, 1, 2 kennen wir bereits. Für $r = 0$ bzw. 1 ist

$$f(x) = a \cdot x^0 = a \qquad \text{bzw.} \qquad f(x) = a \cdot x^1 = a \cdot x.$$

Die erste ist eine konstante Funktion, die zweite eine lineare. Im ersten Fall ist K_f eine Parallele zur x-Achse auf Höhe a, im zweiten Fall eine Ursprungsgerade mit Steigung $m = a$. Für $r = 2$ ist

$$f(x) = a \cdot x^2$$

die gute alte Quadratfunktion, die mit dem Streckfaktor a skaliert wird. Im Folgenden studieren wir Potenzfunktionen ...

A.4.1 ... mit natürlichen Hochzahlen

Wir beginnen mit Potenzfunktionen der Gestalt

$$f(x) = a \cdot x^n \quad \text{mit } n \in \mathbb{N},$$

wobei wir die Fälle $n \leqslant 2$ wie bereits gesagt kennen. Der wichtigste Unterschied ist hier, ob der Exponent n eine gerade oder ungerade Zahl ist, siehe nächste Übung.

Übung A.12 Zeichne die Schaubilder der Funktionen f und g in die Koordinatensysteme aus Abbildung A.9 ein (mit Table-Schrittweite 0,5 oder sogar 0,25)

$$f(x) = x^3 \qquad \text{und} \qquad g(x) = x^4.$$

a) Welche Symmetrie weisen K_f (*Normalparabel dritter Ordnung*) bzw. K_g (*Normalparabel vierter Ordnung*) jeweils auf? Begründe dies.
b) Vergleiche K_g mit der Normalparabel (zweiter Ordnung).

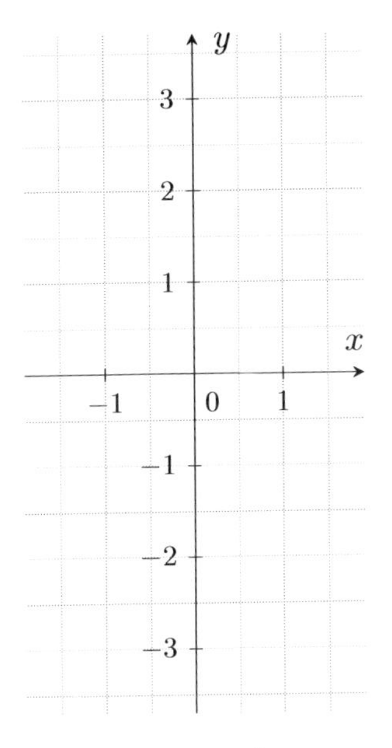

n ungerade

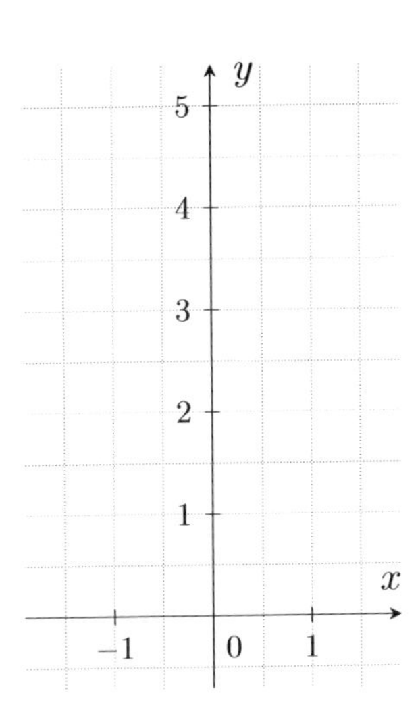

n gerade

Abbildung A.9

Die Schaubilder der Funktionen $f\colon x \mapsto x^5$, x^7, etc. sehen vom Verlauf her ähnlich wie $y = x^3$ aus (nur noch stärker gequetscht für $|x| < 1$ bzw. gestreckt für $|x| > 1$); gleiches gilt für die Schaubilder von $g\colon x \mapsto x^6$, x^8, etc. im Vergleich zu $y = x^4$.

A.4.2 . . . mit negativen, ganzen Hochzahlen

Übung A.13 Zeichne die Schaubilder der Funktionen f und g in die Koordinatensysteme aus Abbildung A.10 ein (mit Table-Schrittweite 0,5)

$$f(x) = x^{-1} = \frac{1}{x} \qquad \text{und} \qquad g(x) = x^{-2} = \frac{1}{x^2}\,.$$

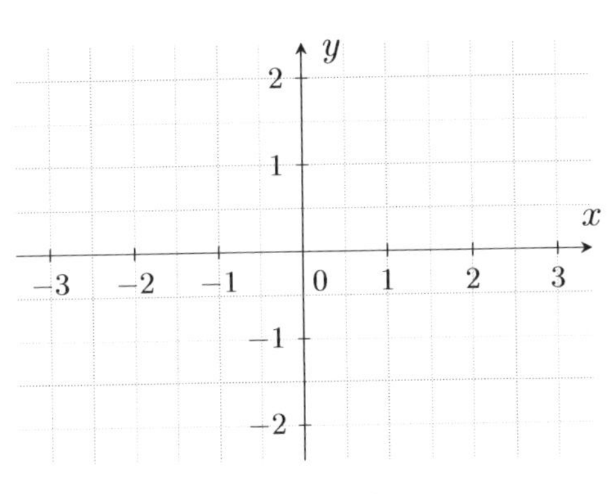

n ungerade

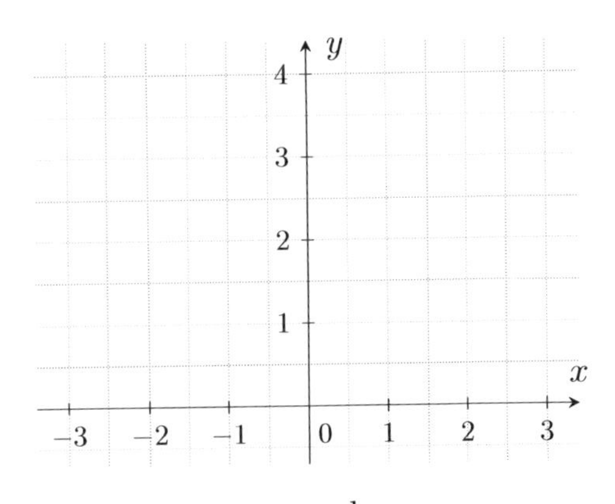

n gerade

Abbildung A.10

Eine jede Funktion der Gestalt

$$f(x) = x^m \quad \text{mit negativer, ganzer Hochzahl } m = -n \ (n \in \mathbb{N})$$

lässt sich nach Definition negativer Hochzahlen umschreiben zu

$$f(x) = x^m = x^{-n} = \frac{1}{x^n}\,.$$

Das zugehörige Schaubild K_f heißt *Hyperbel n-ter Ordnung*, du hast in obiger Übung also gerade eine Hyperbel erster und zweiter Ordnung gezeichnet. (Der Ausdruck „Normalhyperbel“ scheint nicht gebräuchlich zu sein.) Der maximale Definitionsbereich solcher Hyperbelfunktionen ist im Gegensatz zu bisher nicht mehr ganz $\mathbb{R}$, sondern

$$D_f = \mathbb{R} \setminus \{0\} = \{\, x \in \mathbb{R} \mid x \neq 0 \,\}.$$

Denn würde man $x = 0$ in $f(x)$ einsetzen, erhielte man

$$f(0) = \frac{1}{0^n} = \frac{1}{0} \quad \lightning,$$

was nicht definiert ist. Was hier passiert, kann man an den Schaubildern gut erkennen: Nähert man sich der Stelle $x = 0$, dann hauen die Funktionswerte $f(x)$ nach $+\infty$ (oder $-\infty$, je nach n und Richtung, aus der man kommt) ab. Die y-Achse ($x = 0$) heißt *senkrechte Asymptote* bzw. *Pol* des Schaubilds.
In x-Richtung passiert für große $|x|$-Werte Folgendes: Die Hyperbeln nähern sich immer mehr der x-Achse an, ohne sie jedoch jemals zu berühren oder zu schneiden, denn die Gleichung

$$f(x) = \frac{1}{x^n} = 0$$

besitzt keine Lösung. Ein Bruch wird nämlich genau dann Null, wenn sein Zähler Null wird (und der Nenner ungleich Null ist), aber offenbar gilt $1 \neq 0$ unabhängig von x. Da sich die Hyperbeln immer mehr an die x-Achse anschmiegen, heißt sie *waagerechte Asymptote*. All diese Begriffe werden in der Kursstufe genauer behandelt.

Verschieben und Strecken von Hyperbeln läuft wie bei Parabeln; siehe A.3.2.

Übung A.14 Skizziere das Schaubild K_f von $f(x) = \dfrac{1}{x-2} + 1.$

A.4.3 ... mit rationalen Hochzahlen

Potenzfunktionen mit rationalen Hochzahlen $r = \frac{m}{n}$ ($m \in \mathbb{Z}$, $n \in \mathbb{N}$) lassen sich nach unseren Erkenntnissen über n-te Wurzeln darstellen als

$$f(x) = a \cdot x^{\frac{m}{n}} = a \cdot \sqrt[n]{x^m}.$$

Der Definitionsbereich ist hierbei so einzuschränken, dass unter der Wurzel nie etwas Negatives steht. Der einzige für die Schule relevante Fall ist $r = \frac{1}{2}$, also die *Wurzelfunktion*

$$w\colon \mathbb{R}_0^+ \to \mathbb{R}, \quad x \mapsto \sqrt{x},$$

wobei $\mathbb{R}_0^+ = \{\, x \in \mathbb{R} \mid x \geqslant 0 \,\}$ die nicht negativen Zahlen bezeichnet.

Dass Wurzelziehen die Umkehrrechenart des Quadrierens ist, kann man auch an den zugehörigen Schaubildern erkennen.

Übung A.15 Zeichne die Schaubilder der Funktionen (Table-Schrittweite 0,5)

$$q\colon \mathbb{R}_0^+ \to \mathbb{R}, \quad x \mapsto x^2 \qquad \text{und} \qquad w\colon \mathbb{R}_0^+ \to \mathbb{R}, \quad x \mapsto \sqrt{x}.$$

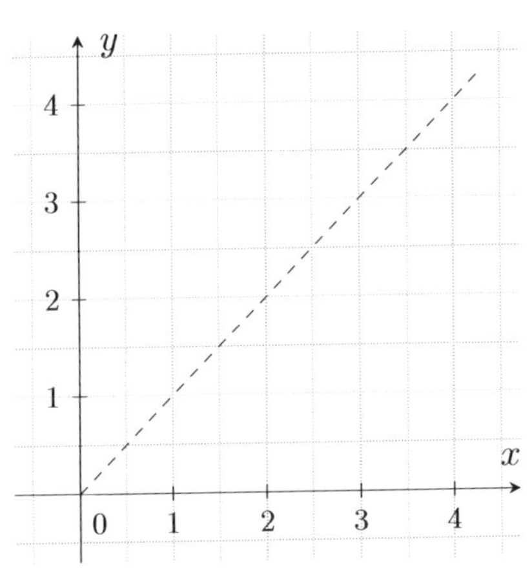

Abbildung A.11

Es fällt auf, dass K_w durch Spiegelung an der ersten Winkelhalbierenden $y = x$ aus K_q hervorgeht. Dies gilt allgemein, wenn es sich um „Umkehrfunktionen“ handelt, d.h. wenn w und q sich „gegenseitig aufheben“, wie es hier der Fall ist, denn für alle $x \geqslant 0$ gilt

$$q\big(w(x)\big) = q\big(\sqrt{x}\big) = \big(\sqrt{x}\big)^2 = x,$$

und

$$w\big(q(x)\big) = w\big(x^2\big) = \sqrt{x^2} = |x| = x.$$

Beachte, dass im letzten Schritt $x \geqslant 0$ wichtig ist.

Übung A.16 Skizziere das Schaubild von $\quad f(x) = 2 \cdot \sqrt{x+1}.$

A.5 Vermischte Übungen

Übung A.17 Gegeben ist die Funktion $f\colon \mathbb{R} \to \mathbb{R}$ mit

$$f(x) = (x+2)^3 + 1.$$

a) Erläutere, wie K_f aus dem Schaubild $y = x^3$ entsteht. Zeichne K_f.

b) Gib den Wertebereich von f an.

c) Berechne die Nullstellen von K_f, d.h. die Schnittstellen von K_f mit der x-Achse, sowie den Schnittpunkt mit der y-Achse.

d) Ergänze die fehlende Koordinate der Punkte $P\,(\,1\,|\,\heartsuit\,)$ und $Q\,(\,\square\,|\,65\,)$ so, dass sie auf K_f liegen.

Übung A.18 Gegeben ist die Funktion $f\colon D_f \to \mathbb{R}$ mit

$$f(x) = \frac{2}{(x-2)^2} - 2.$$

a) Erläutere, wie K_f aus dem Schaubild $y = \frac{1}{x^2}$ entsteht. Zeichne K_f.

b) Bestimme den (maximalen) Definitions- und Wertebereich von f.

c) Berechne die Nullstellen von K_f und den Schnittpunkt mit der y-Achse.

d) Ergänze die fehlende Koordinate der Punkte $P\,(\,4\,|\,\heartsuit\,)$ und $Q\,(\,\square\,|\,-2\,)$ auf K_f.

e) Berechne die Schnittpunkte von K_f mit der Geraden $y = 2$ (Parallele zur x-Achse).

Übung A.19 Das Schaubild der Funktion $f(x) = a \cdot \sqrt{x+2} - 2$ verläuft durch den Punkt $(\,2\,|\,-1\,)$. Bestimme den Wert von a.

Diese Bestimmung des Streckfaktors a ist auch bei der nächsten Übung wichtig!

Übung A.20 Gib eine Funktionsgleichung an, die zu den unten dargestellten Schaubildern passt. Trage zudem Definitions- und Wertebereich der Funktion ein.

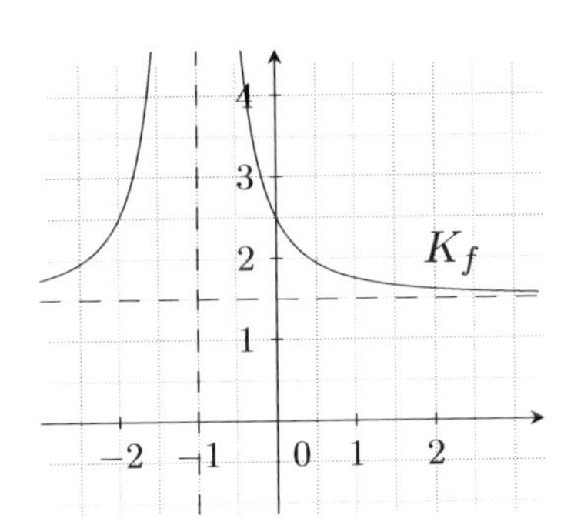

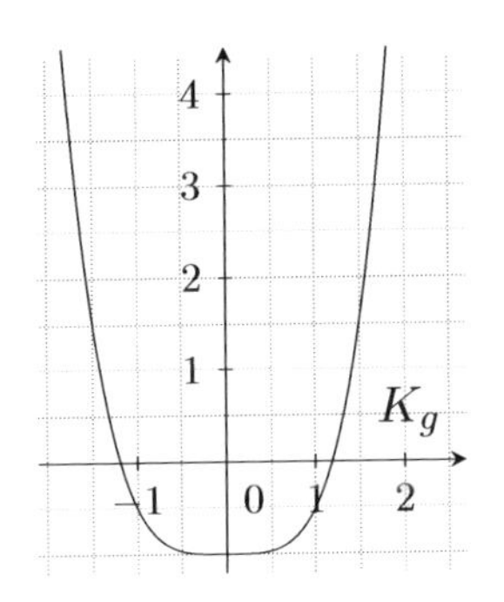

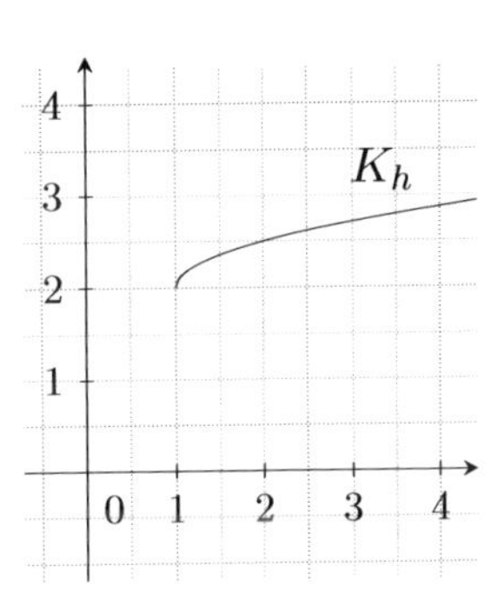

$f(x) =$ $g(x) =$ $h(x) =$

$D_f =$ $D_g =$ $D_h =$

$W_f =$ $W_g =$ $W_h =$

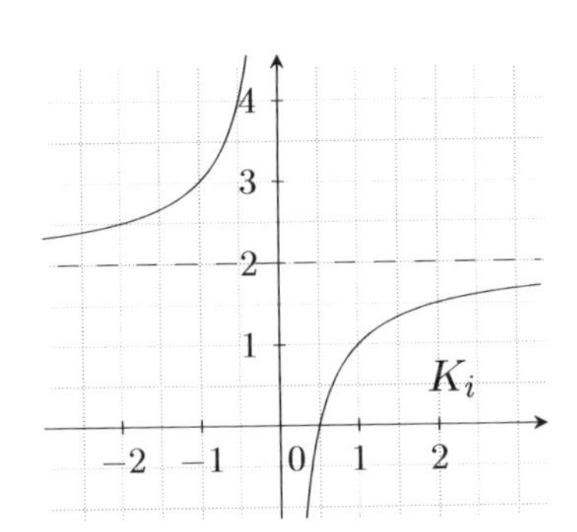

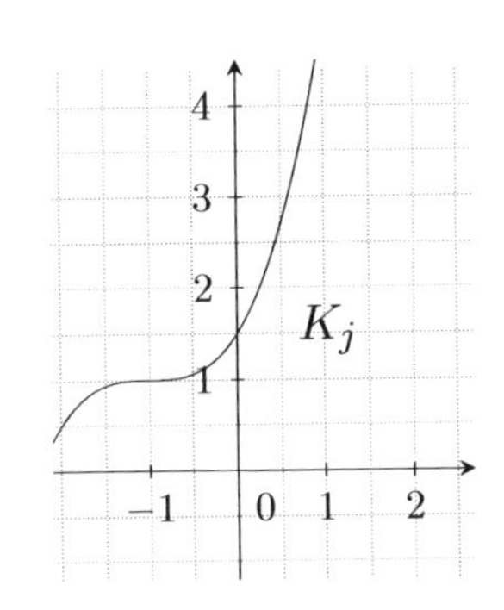

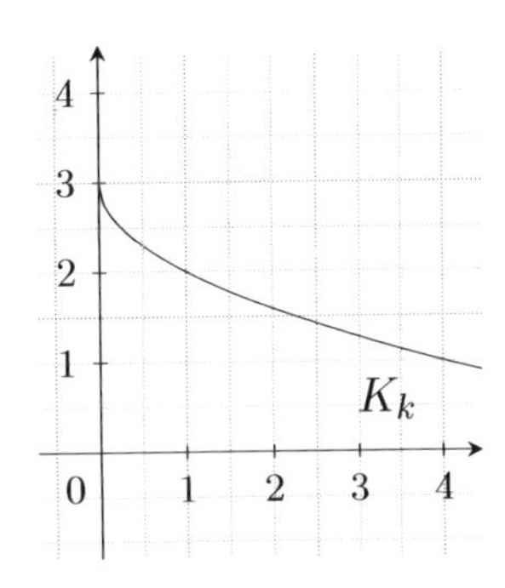

$i(x) =$ $j(x) =$ $k(x) =$

$D_i =$ $D_j =$ $D_k =$

$W_i =$ $W_j =$ $W_k =$

Deutsch – Mathe; Mathe – Deutsch

Äquivalenzpfeile: Wenn du eine Gleichung wie z.B. $2x+5=11$ nach x auflöst, schreibst du das gewöhnlich so auf:

$$\begin{aligned} 2x+5 &= 11 \quad &&|-5 \\ 2x &= 6 &&|:2 \\ x &= 3 \end{aligned}$$

Dagegen ist auch nichts einzuwenden, und du kannst das ruhig so beibehalten. Ein mathematisch (über)pingeliger Korrektor könnte höchstens kritisieren, dass da drei Gleichungen untereinander stehen, die logisch durch kein Zeichen miteinander verknüpft sind. Um es ganz korrekt zu machen, schreiben wir das in diesem Buch deshalb so (aus Platzgründen auch meist in eine Zeile gepresst):

$$2x+5=11 \quad \Longleftrightarrow \quad 2x=6 \quad \Longleftrightarrow \quad x=3.$$

Der Äquivalenzpfeil „$\Longleftrightarrow$“ drückt dabei aus, dass es sich um eine Äquivalenzumformung handelt, man also „in beide Richtungen gehen kann“. Auf beiden Seiten minus 5 zu rechnen ist eine solche Umformung, da man mit „plus 5“ wieder zur ursprünglichen Gleichung zurückkommt. Ebenso „geteilt durch 2“, was man durch „mal 2“ wieder rückgängig machen kann. Wenn du dir diese Schreibweise aneignest, musst du darauf achten, dass du auch wirklich in jedem Schritt Äquivalenzumformungen machst. Vorsicht ist z.B. beim Quadrieren geboten:

$$x=y \quad \Longleftrightarrow \quad x^2=y^2 \qquad \text{ist FALSCH,}$$

wenn x und y auch negative Werte annehmen können. So ist z.B. für $x=-1$ und $y=1$ zwar $x^2=1=y^2$, aber daraus folgt nicht $x=y$; der Rückwärtspfeil in obiger Umformung ist also nicht gerechtfertigt. (Wenn x und y allerdings beide $\geqslant 0$ sind, ist die Äquivalenz korrekt.)

Einheiten in Klammern: In Mathe darf man im Gegensatz zu Physik die Einheiten in Zahlenrechnungen weglassen. Ich verwende oft folgendes Zwischending: Bewegt sich ein Dreirad mit 2 $\frac{\text{m}}{\text{s}}$, so legt es in 10 s den Weg $s = 2\cdot 10 = 20$ (m) zurück. Das (m) am Schluss zeigt an, dass s in Metern rauskommt und die Klammer soll andeuten, dass die Einheit nicht mit zur Gleichung gehört. Lässt man die Klammer weg, so steht da $2\cdot 10 = 20$ m, was einen Einheitenfehler darstellt, da es nach Teilen durch 20 auf $1=\text{m}$ führt. Du kannst die Einheiten natürlich auch immer konsequent mitschleppen, oder sie einfach ganz weglassen und nur im Antwortsatz erwähnen.

Intervalle: Unter dem *abgeschlossenen Intervall* von a bis b versteht man die Menge

$$[\,a\,;b\,] = \{\,x\in\mathbb{R} \mid a\leqslant x\leqslant b\,\},$$

also alle Zahlen auf dem Zahlenstrahl, die zwischen a und b liegen, *inklusive* der Grenzen a und b selbst. Das *offene Intervall* von a bis b hingegen ist

$$(\,a\,;b\,) = \{\,x\in\mathbb{R} \mid a< x< b\,\},$$

hier gehören also die Grenzen a und b nicht mehr dazu. Entsprechend sind die *halboffenen Intervalle* $(\,a\,;b\,]$ und $[\,a\,;b\,)$ definiert: Die Grenze mit der eckigen Klammer gehört jeweils mit dazu, die mit der runden nicht. Ist eine der Grenzen ∞, so muss dort eine runde Klammer stehen, denn ∞ ist keine Zahl, und kann damit auch nicht zum Intervall gehören. So ist z.B. $[\,a\,;\infty\,) = \{\,x\in\mathbb{R} \mid x\geqslant a\,\}$ das Intervall, das bei a startet (a gehört dazu) und sich nach rechts unbeschränkt bis ins Unendliche erstreckt. $[\,0\,;\infty\,)$ kürzt man auch als $\mathbb{R}_{\geqslant 0}$ oder $\mathbb{R}_0^+$ ab, während $\mathbb{R}_{>0}$ oder $\mathbb{R}^+$ für $(\,0\,;\infty\,)$ steht.

Mitternachtsformel (MNF): Diese legendäre Formel besagt, dass die quadratische Gleichung

$$ax^2 + bx + c = 0 \quad (a \neq 0) \qquad \text{die Lösungen} \qquad x_{1,2} = \frac{-b \pm \sqrt{b^2 - 4ac}}{2a}$$

besitzt (die nur für $b^2 - 4ac \geqslant 0$ reell sind). In manchen Bundesländern wohl auch bzw. nur als p-q-Formel bekannt: Hat man die Gleichung auf die Form $x^2 + px + q = 0$ gebracht, so sind die Lösungen $x_{1,2} = -\frac{p}{2} \pm \sqrt{\left(\frac{p}{2}\right)^2 - q}$.

Nullproduktsatz (NPS): Dies ist die geschwollene Bezeichnung für die simple Tatsache, dass aus $a \cdot b = 0$ stets $a = 0$ oder $b = 0$ folgt (kein ausschließendes entweder-oder). In Worten: Wenn ein Produkt $a \cdot b$ Null ergibt, muss (mindestens) einer der Faktoren Null sein. Dies hilft beim Lösen von Gleichungen wie $(x-5) \cdot (x^2 - 2) = 0$: Auf gar keinen Fall ausmultiplizieren, sondern die beiden Faktoren einzeln 0 setzen, d.h. $x - 5 = 0$ oder $x^2 - 2 = 0$, und dann einzeln nach x auflösen.

Satz von Vieta: Mit Hilfe dieses nützlichen kleinen Sätzchens kann man sich manchmal die Mitternachts- bzw. p-q-Formel beim Lösen von $x^2 + bx + c = 0$ sparen (wichtig: vor dem x^2 muss eine 1 stehen). Erkennt man im Kopf zwei Zahlen x_1 und x_2, die

$$x_1 + x_2 = -b \qquad \text{und} \qquad x_1 \cdot x_2 = c$$

erfüllen, so hat man die Lösungen der quadratischen Gleichung gefunden. Beim Lösen von z.B. $x^2 - 7x + 12 = 0$ muss also die Summe $x_1 + x_2 = -b = 7$ ergeben, während das Produkt $x_1 \cdot x_2 = c = 12$ sein muss. So erkennt man $x_1 = 3$ und $x_2 = 4$ als die Lösungen.

(Zahlen-)Mengen: Wir verwenden die folgenden Symbole.

$\mathbb{N}$ für die Menge der natürlichen Zahlen: $\mathbb{N} = \{\,1, 2, \ldots\}$ und $\mathbb{N}_0 = \{\,0, 1, 2, \ldots\}$.

$\mathbb{Z}$ für die Menge der ganzen Zahlen: $\mathbb{Z} = \{\,\ldots, -2, -1, 0, 1, 2, \ldots\}$.

$\mathbb{Q}$ für die Menge der rationalen Zahlen (Brüche): $\mathbb{Q} = \{\,\frac{p}{q} \mid p, q \in \mathbb{Z}, q \neq 0\,\}$.

$\mathbb{R}$ für die Menge der reellen Zahlen (alle Dezimalzahlen).

$x \in \mathbb{Q}$ (lies: „x ist Element von $\mathbb{Q}$“) bedeutet, dass x in $\mathbb{Q}$ liegt, also eine rationale Zahl ist, während $x \notin \mathbb{Q}$ (lies: „x ist kein Element von $\mathbb{Q}$“) heißt, dass x nicht in $\mathbb{Q}$ liegt, und damit irrational ist (vorausgesetzt $x \in \mathbb{R}$, was in der Schule stets der Fall ist). Um einzelne (oder mehrere) Zahlen, wie z.B. die 0, aus einer Menge wie z.B. $\mathbb{R}$ auszuschließen, schreibt man

$$\mathbb{R} \setminus \{0\} = \{\,x \in \mathbb{R} \mid x \neq 0\,\} \qquad \text{(lies: „}\mathbb{R}\text{ ohne Null“).}$$

Lösungen der Übungsaufgaben

Lösungen zu Kapitel 1

L 1.1

a) $f'(x) = 17 \cdot x^{17-1} = 17x^{16}$

b) Zunächst g umschreiben, damit die Potenzregel angewendet werden kann:

$$g(x) = \frac{1}{x^2} = x^{-2} \implies g'(x) = -2x^{-2-1} = -2x^{-3} = -\frac{2}{x^3}.$$

Achtung: Immer schön zwischen g und g' unterscheiden. Die Lösung

$$g(x) = \frac{1}{x^2} = x^{-2} = -2x^{-3} \quad \text{ist falsch aufgeschrieben,}$$

denn nach dem letzten Gleichzeichen steht nicht mehr $g(x)$, sondern $g'(x)$. Korrekt wäre folgende Schreibweise:

$$g'(x) = \left(\frac{1}{x^2}\right)' = (x^{-2})' = -2x^{-3}.$$

c) Hier musst du dich an die Definition der n-ten Wurzel erinnern, $\sqrt[n]{x} = x^{\frac{1}{n}}$, damit die Potenzregel anwendbar wird:

$$h(x) = \sqrt[3]{x} = x^{\frac{1}{3}} \implies h'(x) = \frac{1}{3}x^{\frac{1}{3}-1} = \frac{1}{3}x^{-\frac{2}{3}} = \frac{1}{3x^{\frac{2}{3}}} = \frac{1}{3\sqrt[3]{x^2}}.$$

d) Hier wird $\sqrt[n]{x^m} = x^{\frac{m}{n}}$ benötigt:

$$i(x) = \frac{1}{\sqrt[5]{x^7}} = \frac{1}{x^{\frac{7}{5}}} = x^{-\frac{7}{5}} \implies i'(x) = -\frac{7}{5}x^{-\frac{12}{5}} = -\frac{7}{5\sqrt[5]{x^{12}}}.$$

L 1.2 Anwenden der Faktorregel.

a) $f'(x) = (20x^3)' = 20 \cdot (x^3)' = 20 \cdot 3x^2 = 60x^2$

b) $g'(x) = \left(\frac{5}{x}\right)' = 5 \cdot (x^{-1})' = -5 \cdot x^{-2} = -\frac{5}{x^2}$

c) $h'(x) = (c \cdot 1)' = c \cdot 1' = c \cdot 0 = 0$

L 1.3 Anwenden der Summenregel (und Faktorregel).

a) $a'(x) = (x^2 + 5)' = (x^2)' + 5' = 2x + 0 = 2x$

b) $b'(x) = \left(\frac{1}{3}x^3 + 4\sqrt{x}\right)' = \left(\frac{1}{3}x^3\right)' + (4\sqrt{x})' = \frac{1}{3} \cdot 3x^2 + 4 \cdot \frac{1}{2\sqrt{x}} = x^2 + \frac{2}{\sqrt{x}}$

c) $c'(x) = \left(\frac{\pi}{x^2} - 3\cos(x)\right)' = (\pi \cdot x^{-2})' - (3\cos(x))' = -2\pi x^{-3} - 3(-\sin(x))$

$$= -\frac{2\pi}{x^3} + 3\sin(x)$$

L 1.4

a) $f'(x) = \dfrac{1}{2019} \cdot 6057x^{6056} = 3x^{6056}$

b) $g'(z) = 2\,\dfrac{1}{2\sqrt{z}} - \big(-\sin(z)\big) = \dfrac{1}{\sqrt{z}} + \sin(z)$

c) $h'(t) = \big(t^{-4} + 3t^{-\frac{1}{3}}\big)' = -4t^{-5} + 3 \cdot \left(-\dfrac{1}{3}t^{-\frac{4}{3}}\right) = -\dfrac{4}{t^5} - \dfrac{1}{\sqrt[3]{t^4}}$

d) $k'(x) = t \cdot (x^2)' + t^2 \cdot (x)' = t \cdot 2x + t^2 \cdot 1 = 2tx + t^2$

e) Diesmal ist x als Konstante zu behandeln, da nach t abgeleitet wird:

$$k'(t) = (t)' \cdot x^2 + (t^2)' \cdot x = 1 \cdot x^2 + 2t \cdot x = x^2 + 2tx.$$

f) $n'(t) = 0$, da $n(t)$ nicht von t abhängt, also als Funktion von t betrachtet konstant ist.

g) Erst mittels Potenzgesetzen zusammenfassen, damit die Potenzregel anwendbar wird:

$$p'(x) = \big(x \cdot x^{\frac{1}{2}} + 1\big)' = \big(x^{\frac{3}{2}} + 1\big)' = \frac{3}{2}\,x^{\frac{1}{2}} + 0 = \frac{3}{2}\sqrt{x}.$$

h) Da wir keine Regel kennen, wie man $(2x-1)^2$ direkt ableitet, muss zunächst mit der zweiten binomischen Formel gearbeitet werden:

$$q(x) = (2x-1)^2 = (2x)^2 - 2 \cdot (2x) \cdot 1 + 1^2 = 4x^2 - 4x + 1.$$

Nun kann mit den bekannten Regeln abgeleitet werden:

$$q'(x) = 8x - 4.$$

(Hättest du versucht, $(2x-1)^2$ direkt mit der Potenzregel abzuleiten, hättest du den Ausdruck $2 \cdot (2x-1) = 4x - 2$ erhalten. Nahe dran, aber es fehlt der Faktor 2. Warum das so ist, lernst du nächstes Jahr; Stichwort: Kettenregel.)

i) Auf keinen Fall darf man Zähler und Nenner einzeln ableiten, d.h.

$$r'(x) = \frac{(x-x^3)'}{(2x^2)'} = \frac{1-3x^2}{4x} \quad \text{ist falsch.}$$

Stattdessen muss erst der Bruch beseitigt werden (unter Verwendung von $\frac{a-b}{c} = \frac{a}{c} - \frac{b}{c}$):

$$r(x) = \frac{x - x^3}{2x^2} = \frac{x}{2x^2} - \frac{x^3}{2x^2} = \frac{1}{2x} - \frac{1}{2}\,x.$$

Damit ist die korrekte Ableitung

$$r'(x) = \left(\frac{1}{2}\,x^{-1}\right)' - \frac{1}{2} = -\frac{1}{2x^2} - \frac{1}{2}.$$

L 1.5

a) Ableiten: $f'(x) = -\frac{4}{x^2}$. Steigung von K_f bei $x_0 = 4$: $f'(4) = -\frac{4}{4^2} = -\frac{1}{4} = -0{,}25$.

b) Ableiten: $f'(x) = 2 \cdot \frac{1}{2\sqrt{x}} = \frac{1}{\sqrt{x}}$. Steigung von K_f bei $x_0 = 4$: $f'(4) = \frac{1}{\sqrt{4}} = \frac{1}{2} = 0{,}5$.

c) Ableiten: $f'(x) = 2$. Steigung von K_f an der Stelle $x_0 = 4$: $f'(4) = 2$, was so sein muss, da K_f eine Gerade mit Steigung 2 ist.

L 1.6 Ist x_0 eine Stelle mit waagerechter Tangente von K_f, so gilt dort $f'(x_0) = 0$. Man setzt also $f'(x) = 0$ und löst die Gleichung nach x auf (um Schreibarbeit zu sparen, schreibt man beim Gleichungslösen x statt x_0).

a) $f'(x) = 2x - 2 = 0 \iff x = 1$, d.h. $x_0 = 1$ ist die einzige Stelle, an der K_f eine waagerechte Tangente besitzt. Da es sich bei K_f um eine Parabel handelt, ist $x_0 = 1$ die x-Koordinate des Scheitels; da K_f nach oben geöffnet ist, handelt es sich beim Scheitel $S(1\,|\,f(1))$ um einen Tiefpunkt.

b) $f'(x) = \cos(x) = 0$: Am Einheitskreis erkennt man $\frac{\pi}{2}$ und $\frac{3\pi}{2}$ als Lösungen. Aufgrund der 2π-Periodizität des Kosinus sind aber auch $\frac{\pi}{2} + 2\pi = \frac{5\pi}{2}$ und $\frac{3\pi}{2} + 2\pi = \frac{7\pi}{2} = \frac{\pi}{2} + 3\pi$ usw. Lösungen der Gleichung $\cos(x) = 0$. Insgesamt erhält man alle Stellen $x_{0,k}$ der Gestalt

$$x_{0,k} = \frac{\pi}{2} + k\pi \quad \text{mit } k \in \mathbb{Z}$$

als Stellen mit waagerechten Tangenten der Sinuskurve. Ein Blick auf die Sinuskurve zeigt, dass genau dort ihre Hoch- und Tiefpunkte liegen.

c) $f'(x) = 3x^2 + 3x - 18 = 0 \iff x^2 + x - 6 = 0 \iff x_1 = -3;\ x_2 = 2$ (MNF oder Satz von Vieta). Ob es sich um Hoch- oder Tiefstellen (oder etwas anderes) handelt, können wir ohne Kenntnis des Schaubilds momentan noch nicht entscheiden.

L 1.7 Wir suchen die x-Werte, für die K_f eine positive Steigung besitzt, für die also $f'(x) > 0$ gilt.

$$f'(x) = -2x + 3 > 0 \iff -2x > -3 \iff x < \frac{-3}{-2} = 1{,}5$$

(im letzten Schritt Ungleichheitszeichen umdrehen, da durch etwas Negatives geteilt wird). Somit besitzt K_f auf dem Intervall

$$\{\, x \in \mathbb{R} \mid x < 1{,}5 \,\} = (\, -\infty\, ; 1{,}5\,)$$

eine positive Steigung. Da es sich bei K_f um eine nach unten geöffnete Parabel handelt, muss ihr Scheitel bei $x_0 = 1{,}5$ liegen, denn links von S, also für $x < x_0$, besitzt eine umgedrehte Parabel positive Tangentensteigung.

L 1.8

a_1) Mit Hilfe der Punktprobe:

(1) Ableiten: $f'(x) = -2x + 2$.

(2) Tangentensteigung: $m_t = f'(x_0) = f'(2) = -4 + 2 = -2$.

(3) Vorläufige Tangentengleichung: $t(x) = m_t\, x + c = -2x + c$.

(4) Das fehlende c durch Punktprobe bestimmen: Da K_t durch $P(2\,|\,0)$ verläuft (es ist $y_P = f(2) = 0$), muss bei Einsetzen von $x_0 = 2$ in $t(x)$ gerade $y_P = 0$ rauskommen, d.h.

$$t(2) \stackrel{!}{=} 0 \iff -4 + c = 0 \iff c = 4.$$

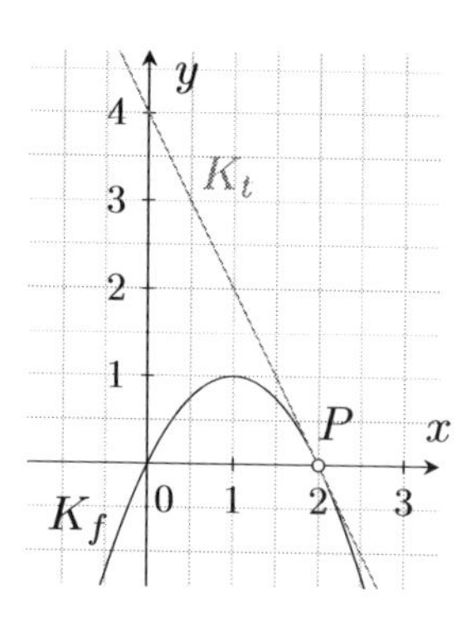

Abbildung L.1

(5) Die Tangentengleichung lautet demnach

$$t(x) = -2x + 4.$$

a₂) Mit Hilfe der allgemeinen Tangentengleichung: Wie oben ist $x_0 = 2$, $f'(x_0) = -2$ und $f(x_0) = 0$. Einsetzen ergibt

$$t(x) = f'(x_0) \cdot (x - x_0) + f(x_0) = -2 \cdot (x - 2) + 0 = -2x + 4.$$

b₁) Mit Hilfe der Punktprobe:

(1) Ableiten: $g'(x) = (2 \cdot x^{\frac{1}{2}} + 1)' = 2 \cdot \frac{1}{2} x^{-\frac{1}{2}} + 0 = x^{-\frac{1}{2}} = \frac{1}{x^{\frac{1}{2}}} = \frac{1}{\sqrt{x}}$. (Oder man weiß direkt $(\sqrt{x})' = \frac{1}{2\sqrt{x}}$ auswendig.)

(2) Tangentensteigung: $m_t = g'(x_0) = g'(4) = \frac{1}{\sqrt{4}} = \frac{1}{2}$.

(3) Vorläufige Tangentengleichung: $t(x) = m_t\, x + c = \frac{1}{2}\, x + c$.

(4) Das fehlende c durch Punktprobe bestimmen: Da K_t durch $P\,(4\,|\,5)$ verläuft (es ist $y_P = g(4) = 2\sqrt{4} + 1 = 5$), muss bei Einsetzen von $x_0 = 4$ in $t(x)$ gerade $y_P = 5$ rauskommen, d.h.

$$t(4) \overset{!}{=} 5 \quad \Longleftrightarrow \quad \frac{1}{2} \cdot 4 + c = 5 \quad \Longleftrightarrow \quad c = 3.$$

(5) Die Tangentengleichung lautet somit

$$t(x) = \frac{1}{2}\, x + 3.$$

K_f ist das Schaubild der Wurzelfunktion $x \mapsto \sqrt{x}$ mit Faktor 2 in y-Richtung gestreckt und um 1 nach oben verschoben.

b₂) Mit Hilfe der allgemeinen Tangentengleichung: Wie oben ist $x_0 = 4$, $g'(x_0) = \frac{1}{2}$ und $g(x_0) = 5$. Stures Einsetzen ergibt

$$t(x) = g'(x_0) \cdot (x - x_0) + g(x_0) = \frac{1}{2} \cdot (x - 4) + 5 = \frac{1}{2}\, x - 2 + 5 = \frac{1}{2}\, x + 3.$$

c) Wir führen nur die Lösung mit Hilfe der allgemeinen Tangentengleichung aus.
Es ist $h'(x) = -\sin(x)$ und $h'(x_0) = h'(\pi) = -\sin(\pi) = 0$, d.h. es liegt eine waagerechte Tangente vor ($m_t = 0$). Einsetzen in die allgemeine Tangentengleichung:

$$t(x) = h'(x_0) \cdot (x - x_0) + h(x_0) = 0 \cdot (x - \pi) + \cos(\pi) = 0 - 1 = -1.$$

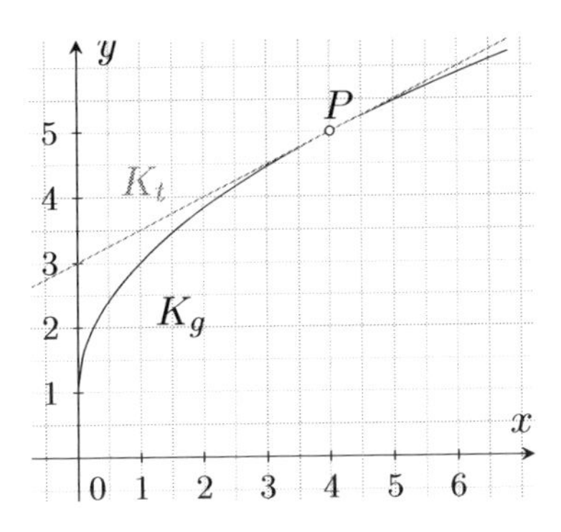

Abbildung L.2

Die Tangente ist also eine Parallele zur x-Achse auf der Höhe -1. Dies ist klar, wenn man bedenkt, dass die Kosinuskurve in P einen Tiefpunkt besitzt.

Schaubild mit Tangente:

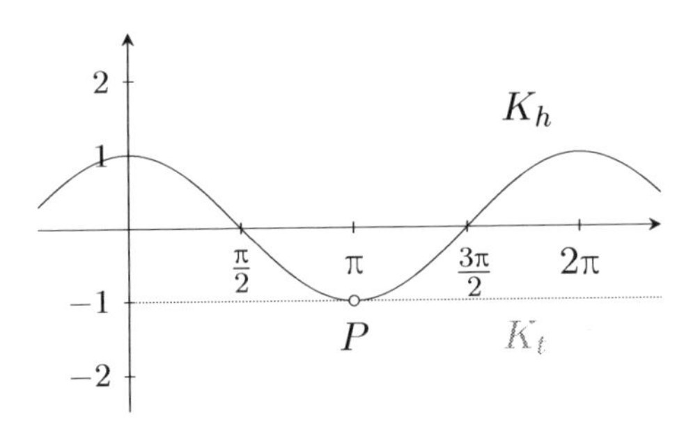

Abbildung L.3

d) Da K_i eine Gerade ist, müssen Tangente und Schaubild identisch sein. Rechnung mit der allgemeinen Tangentengleichung bestätigt dies: Es ist $i'(x) = 2$, also auch $i'(x_0) = 2$ und $i(x_0) = 2 - 1 = 1$, d.h.

$$t(x) = i'(x_0) \cdot (x - x_0) + i(x_0) = 2 \cdot (x - 1) + 1 = 2x - 2 + 1 = 2x - 1.$$

Schaubild und Tangente sparen wir uns; beides ist eine Gerade mit Steigung 2 und y-Achsenabschnitt -1.

L 1.9 Zunächst müssen wir $f(x)$ umformen, damit wir ableiten können:

$$f(x) = \frac{1}{2}(x-3)^2 + 1 = \frac{1}{2}(x^2 - 6x + 9) + 1 = \frac{1}{2}x^2 - 3x + \frac{11}{2}.$$

Somit ist

$$f'(x) = x - 3, \qquad \text{also} \qquad f'(1) = -2.$$

Allgemeine Tangentengleichung mit $x_0 = 1$:

$$t(x) = f'(1)(x-1) + f(1) = -2(x-1) + 3 = -2x + 5.$$

Die Tangente K_t schneidet die y-Achse in $Y(0|5)$ (da $t(0) = 0 + 5 = 5$ ist). Wer den Schnittpunkt X mit der x-Achse nicht direkt sieht, rechnet

$$t(x) = 0 \iff -2x + 5 = 0 \iff 2x = 5 \iff x = \frac{5}{2} = 2{,}5.$$

Somit ist $X\,(\,2{,}5\,|\,0\,)$. Da das Dreieck OXY in Abbildung L.4 rechtwinklig ist, folgt für seinen Flächeninhalt

$$A = \frac{1}{2} \cdot 2{,}5 \cdot 5 = 6{,}25.$$

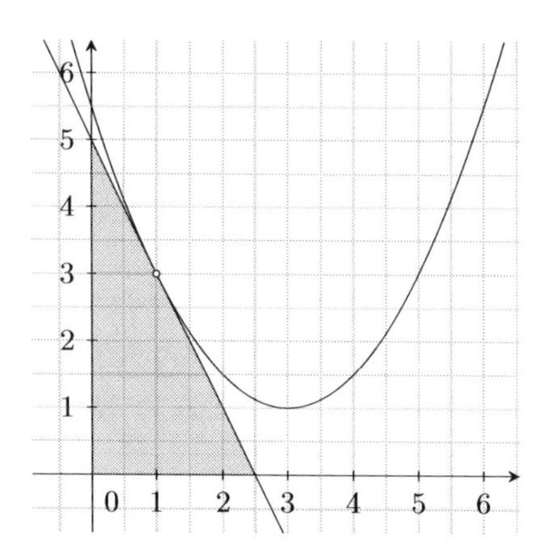

Abbildung L.4

L 1.10

a) Bei der Nullstellenberechnung kann man sich die MNF sparen: Nach Ausklammern von $\frac{1}{2}x$ wird $f(x)$ zu

$$f(x) = \frac{1}{2}x \cdot (-x + 4)$$

und man erkennt mit dem NPS die Nullstellen $x_1 = 0$ und $x_2 = 4$. Eigentlich müsste man nun beide Tangentengleichungen aufstellen und die Tangenten schneiden, um den Punkt S und damit die Höhe $h = |HS|$ des Dreiecks N_1N_2S zu erhalten. Unter Beachtung der Symmetrie der Parabel K_f (siehe Abbildung L.5) erkennt man jedoch, dass die Tangenten sich bei $x = 2$ schneiden. Somit genügt es, nur die Tangentengleichung $t_1(x)$ aufzustellen, um h als Funktionswert $t_1(2)$ zu bekommen.

Es ist $f'(x) = -x + 2$ und die allgemeine Tangentengleichung mit $x_0 = 0$ liefert:

$$t_1(x) = f'(0) \cdot (x - 0) + f(0) = 2 \cdot x + 0 = 2x.$$

Somit beträgt die Dreieckshöhe $h = t_1(2) = 4$ und da die Grundseite ebenfalls $g = |N_1N_2| = 4$ misst, folgt für den Flächeninhalt

$$A = \frac{1}{2} \cdot g \cdot h = \frac{1}{2} \cdot 4 \cdot 4 = 8.$$

b) Lösungshinweise (Zwischenschritte selbst ausführen):

Hat P die Koordinaten $(\,a\,|\,f(a)\,)$ mit $0 < a < 2$, so muss Q aus Symmetriegründen die Koordinaten $(\,4 - a\,|\,f(a)\,)$ besitzen. Die Tangentengleichung in P lautet (nach einigen Umformungen)

$$t_1(x) = (2 - a)x + \frac{1}{2}a^2.$$

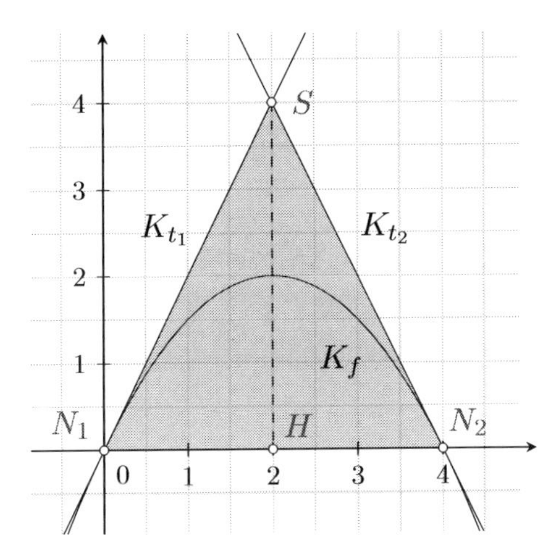

Abbildung L.5

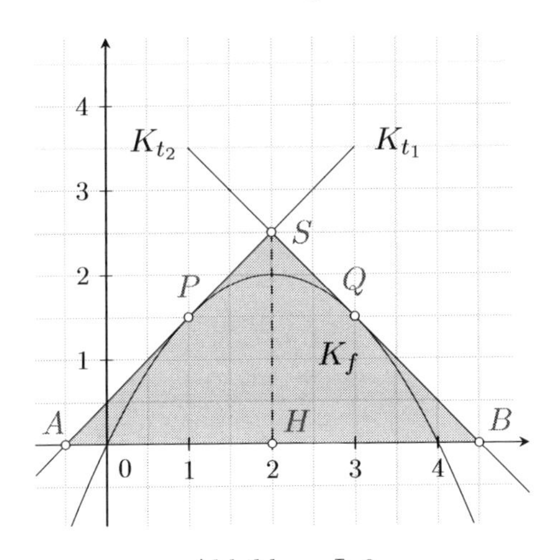

Abbildung L.6

Die Tangente t_2 kann man sich aus Symmetriegründen wieder sparen.
Ihre Nullstelle A liegt bei (nachrechnen!)

$$x_A = \frac{a^2}{2(a-2)} ,$$

sodass die Grundseite des Dreiecks ABS eine Länge von

$$g = 2 \cdot (2 + |x_A|) = 2 \cdot (2 - x_A) = \ldots = \frac{a^2 - 4a + 8}{2 - a}$$

besitzt (beachte $x_A < 0$!). Da die Tangenten sich aus Symmetriegründen bei $x = 2$ schneiden, beträgt die Höhe des Dreiecks

$$h = t_1(2) = \ldots = \frac{1}{2}\,(a^2 - 4a + 8).$$

Sein Flächeninhalt berechnet sich zu

$$A = \frac{1}{2} \cdot g \cdot h = \frac{(a^2 - 4a + 8)^2}{4(2-a)} .$$

Soll nun $A = \frac{25}{4}$ betragen, so führt dies auf die Gleichung

$$\frac{(a^2 - 4a + 8)^2}{2 - a} = 25,$$

die man nicht mehr von Hand lösen kann. Scharfes Hinsehen zeigt jedoch, dass für $a = 1$ der Nenner der linken Seite 1 ergibt und im Zähler $(1 - 4 + 8)^2 = 25$ steht. Wenn man das nicht sieht, muss man die Gleichung per PC (z.B. mit WolframAlpha) lösen. Die gesuchten Punkte sind somit $P\,(1\,|\,1{,}5)$ und $Q\,(3\,|\,1{,}5)$.

L 1.11

a) Es ist

$$f'(x) = -\frac{1}{x^2}$$

und mit der allgemeinen Tangentengleichung an der Stelle $x_0 = a \neq 0$ folgt

$$\begin{aligned} t_a(x) &= f'(a) \cdot (x - a) + f(a) = -\frac{1}{a^2} \cdot (x - a) + \frac{1}{a} = -\frac{1}{a^2} \cdot x + \frac{1}{a^2} \cdot a + \frac{1}{a} \\ &= -\frac{1}{a^2}\,x + \frac{1}{a} + \frac{1}{a} = -\frac{1}{a^2}\,x + \frac{2}{a}\,. \end{aligned}$$

b) Der y-Achsenabschnitt von K_{t_a} ist $Y_a\,(0\,|\,\frac{2}{a})$ und die Nullstelle erhält man über

$$t_a(x) = 0 \iff -\frac{1}{a^2}\,x + \frac{2}{a} = 0 \iff \frac{1}{a^2}\,x = \frac{2}{a} \iff x = \frac{2}{a} \cdot a^2 = 2a.$$

Somit ist $X_a\,(2a\,|\,0)$ und das rechtwinklige Dreieck OX_aY_a (Abbildung L.7 zeigt die Fälle $a = 1$ und $a = 2$) besitzt einen Flächeninhalt von

$$A = \frac{1}{2} \cdot 2|a| \cdot \frac{2}{|a|} = 2,$$

der in der Tat unabhängig von a ist. (Die Betragsstriche muss man setzen, weil a auch negativ sein darf, die Seitenlängen eines Dreiecks aber positiv sein müssen.)

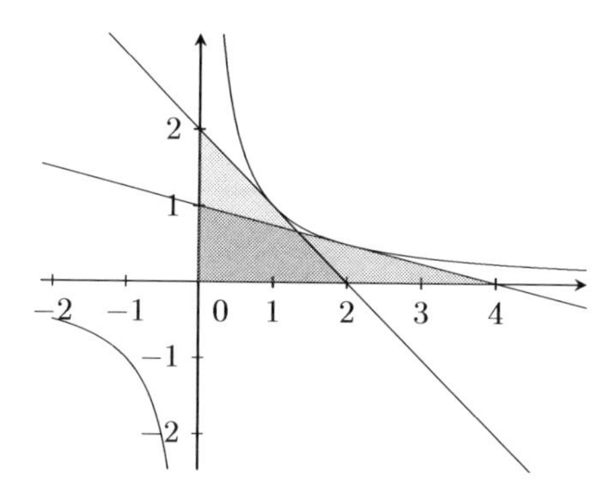

Abbildung L.7

L 1.12

a) Allgemeine Tangentengleichung mit $x_0 = a \neq 0$:

$$t_a(x) = f'(a) \cdot (x-a) + f(a) = 2a \cdot (x-a) + a^2 = 2ax - 2a^2 + a^2 = 2ax - a^2.$$

Die Nullstelle von K_{t_a} liegt bei $x = \frac{a}{2}$, denn

$$t_a(x) = 0 \iff 2ax - a^2 = 0 \iff 2ax = a^2 \iff x = \frac{a^2}{2a} = \frac{a}{2}.$$

Für $a = 0$ ist Teilen durch a bei dieser Rechnung nicht erlaubt. Tatsächlich ist die Tangente K_{t_0} die x-Achse ($y = 0$), denn für $a = 0$ gilt

$$t_0(x) = 2 \cdot 0 \cdot x - 0^2 = 0.$$

Dies ist auch anschaulich klar, da die Normalparabel in $(0\,|\,0)$ ihren Scheitel besitzt und somit dort eine waagerechte Tangente aufweisen muss.
Fazit: Die Tangente an die Normalparabel im Punkt $A(a\,|\,f(a))$ schneidet (für $a \neq 0$) die x-Achse in $N(\frac{a}{2}\,|\,0)$.

b) Nach dem Ergebnis von a) muss man einfach die Punkte $A(a\,|\,f(a)) \in K_f$ und $N(\frac{a}{2}\,|\,0)$ miteinander verbinden und schon hat man die Tangente gezeichnet.
Abbildung L.8 zeigt dies für $P(-1\,|\,1)$ mit Nullstelle $N_P(-\frac{1}{2}\,|\,0)$ sowie $Q(2\,|\,4)$ mit Nullstelle $N_Q(1\,|\,0)$.

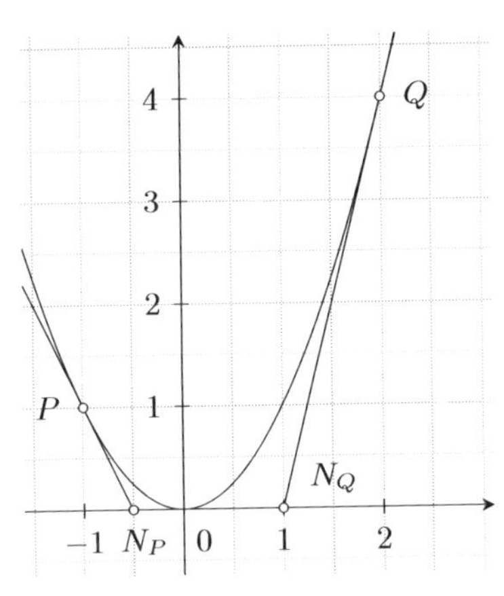

Abbildung L.8

L 1.13

a) Zeichnerisch erhält man die folgenden Ergebnisse für m_1 und m_2:

$$1 \quad \text{und} \quad -1 = -\frac{1}{1}; \qquad \frac{1}{2} \quad \text{und} \quad -2 = -\frac{1}{\frac{1}{2}}; \qquad \frac{2}{3} \quad \text{und} \quad -\frac{3}{2} = -\frac{1}{\frac{2}{3}}.$$

Es ist also m_2 stets der negative Kehrwert von m_1, d.h.

$$m_2 = -\frac{1}{m_1} \qquad \text{bzw.} \qquad m_1 \cdot m_2 = -1.$$

Anhand von Abbildung L.9 lässt sich dieser Zusammenhang auch leicht begründen.

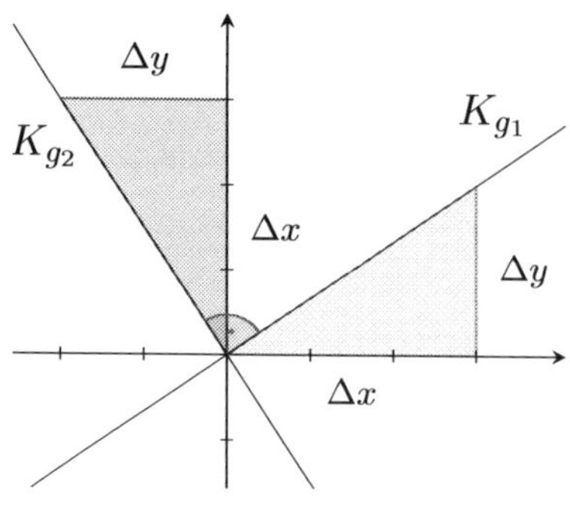

Abbildung L.9

Sei K_{g_1} (bei Geraden schreibt man meist nur g_1) eine Gerade mit Steigung m_1, die sich mit Hilfe des Steigungsdreiecks zu

$$m_1 = \frac{\Delta y}{\Delta x}$$

berechnet. Ist g_2 eine dazu orthogonale Gerade, in Zeichen $g_2 \perp g_1$, so entsteht ihr Steigungsdreieck durch Rotation des Steigungsdreiecks von g_1 um 90° gegen den Uhrzeigersinn (siehe Abbildung L.9). Dabei werden die x- und y-Längen der Dreiecke vertauscht; außerdem fällt g_2, wenn g_1 steigt (bzw. g_2 steigt, falls g_1 fällt), d.h. die Steigung von g_2 muss mit einem Minuszeichen versehen werden und für sie gilt

$$m_2 = -\frac{\Delta x}{\Delta y} = -\frac{1}{\frac{\Delta y}{\Delta x}} = -\frac{1}{m_1}\,.$$

b) Die Steigung der Tangente K_t an K_f im Punkt $P\,(\,x_0\,|\,f(x_0)\,)$ besitzt die Steigung

$$m_t = f'(x_0).$$

Da die Normale orthogonal zu K_t verläuft, gilt für ihre Steigung laut a)

$$m_n = -\frac{1}{m_t} = -\frac{1}{f'(x_0)}\,.$$

Das ist natürlich nur dann erlaubt, wenn $f'(x_0) \neq 0$ ist.
Da die Normale ebenfalls durch $P\,(\,x_0\,|\,f(x_0)\,)$ verläuft, geht der Rest exakt gleich wie bei der allgemeinen Tangentengleichung, es muss dort nur die Steigung geändert werden:

$$n(x) = m_n \cdot (x - x_0) + f(x_0) = -\frac{1}{f'(x_0)} \cdot (x - x_0) + f(x_0).$$

Welche Bedingung muss erfüllt sein, damit man überhaupt eine Funktionsvorschrift für $n(x)$ aufstellen kann? Wie bereits gesagt, kann man m_n nur für $f'(x_0) \neq 0$ angeben. Im Falle einer waagerechten Tangente, also für $f'(x_0) = 0$, verläuft die Normale parallel zur y-Achse („Steigung ∞"); ihr Schaubild gehört dann nicht mehr zu einer Funktion (da dem x-Wert x_0 unendlich viele y-Werte zugeordnet werden), sondern muss durch

$$n\colon x = x_0$$

beschrieben werden.

c) K_f: Es ist $x_0 = 2$, $f'(x_0) = -2$ und $f(x_0) = 0$ und Einsetzen in die allgemeine Normalengleichung ergibt

$$n(x) = -\frac{1}{f'(x_0)} \cdot (x - x_0) + f(x_0) = -\frac{1}{-2} \cdot (x-2) + 0 = \frac{1}{2}x - 1.$$

Einzeichnen in Abbildung L.1 bitte selber.

Anmerkung: Wem die allgemeine Normalengleichung entfallen sollte, der kann alternativ wie bei der Tangente damals die Methode mit der Punktprobe anwenden.

K_g: Es ist $x_0 = 4$, $g'(x_0) = \frac{1}{2}$ und $g(x_0) = 5$. Allgemeine Normalengleichung:

$$n(x) = -\frac{1}{g'(x_0)} \cdot (x - x_0) + g(x_0) = -\frac{1}{\frac{1}{2}} \cdot (x-4) + 5$$
$$= -2 \cdot (x-4) + 5 = -2x + 8 + 5 = -2x + 13.$$

Einzeichnen in Abbildung L.1 wieder selber; vom Punkt P aus mit Hilfe des Steigungsdreiecks, da der y-Achsenabschnitt 13 nicht mehr ins Koordinatensystem passt (dafür aber die Nullstelle bei $x = 6{,}5$).

K_h: Hier gilt $h'(\pi) = 0$, d.h. es liegt eine waagerechte Tangente vor. Wie in b) erklärt, lässt sich die Normale hier nur durch die Gleichung

$$n\colon x = \pi$$

beschreiben; sie ist eine Parallele zur y-Achse, die im Abstand π rechts von ihr verläuft.

L 1.14 Zunächst stellen wir die Gleichungen für Tangente und Normale in einem beliebigen Kurvenpunkt $P_a\,(a\,|\,a^2)$ der Normalparabel K_f auf.
Tangente (wie in Lösung 1.12):

$$t_a(x) = f'(a) \cdot (x-a) + f(a) = 2a \cdot (x-a) + a^2 = 2ax - 2a^2 + a^2 = 2ax - a^2.$$

Normale:

$$n_a(x) = -\frac{1}{f'(a)} \cdot (x-a) + f(a) = -\frac{1}{2a} \cdot (x-a) + a^2 = -\frac{1}{2a}x + \frac{a}{2a} + a^2$$
$$= -\frac{1}{2a}x + \frac{1}{2} + a^2.$$

In Abbildung L.10 erkennt man, dass das gesuchte Dreieck die Höhe $h_a = f(a) = a^2$ besitzt (gestrichelte Linie). Zur Berechnung der Grundseitenlänge g_a benötigt man die Nullstellen $x_{t,a}$ und $x_{n,a}$ von Tangente und Normale. Aus Lösung 1.12 wissen wir bereits, dass

$$x_{t,a} = \frac{a}{2}$$

ist. Die Nullstelle der Normale ergibt sich aus

$$n_a(x) = 0 \iff -\frac{1}{2a}x + \frac{1}{2} + a^2 = 0 \iff x = -2a \cdot \left(-a^2 - \frac{1}{2}\right),$$

also ist

$$x_{n,a} = -2a \cdot (-a^2) + 2a \cdot \frac{1}{2} = 2a^3 + a.$$

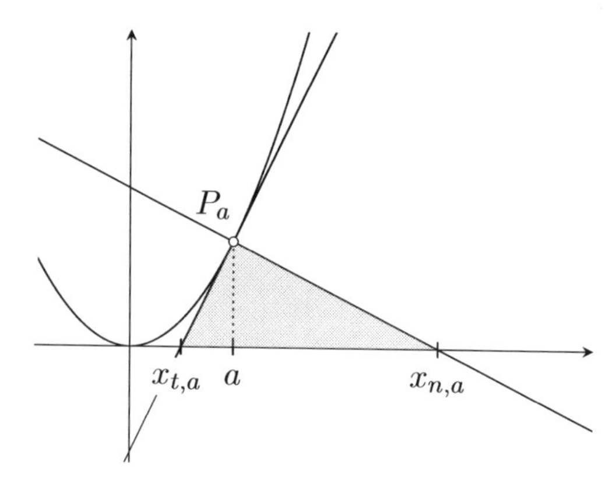

Abbildung L.10

Da $a > 0$ ist, gilt $x_{n,a} > x_{t,a}$ (siehe auch Abbildung L.10) und für die Grundseitenlänge des Dreiecks folgt

$$g_a = x_{n,a} - x_{t,a} = 2a^3 + a - \frac{a}{2} = 2a^3 + \frac{a}{2}.$$

Damit ist der Flächeninhalt des Dreiecks gegeben durch

$$A(a) = \frac{1}{2} \cdot g_a \cdot h_a = \frac{1}{2} \cdot \left(2a^3 + \frac{a}{2}\right) \cdot a^2 = a^5 + \frac{a^3}{4}.$$

Durch Hinschauen oder Anwenden der Table-Funktion des TRs erhält man z.B. folgende Werte von a, für die dieser Inhalt eine ganze Zahl ist:

$$A(2) = 34, \qquad A(4) = 1040, \qquad A(6) = 32896, \quad \dots$$

(Tatsächlich ist $A(a)$ für jede gerade Zahl a, also $a = 2k$ mit $k \in \mathbb{N}$, eine ganze Zahl, denn

$$A(2k) = (2k)^5 + \frac{(2k)^3}{4} = 32k^5 + \frac{8k^3}{4} = 32k^5 + 2k^3,$$

was aufgrund von $k \in \mathbb{N}$ ganzzahlig ist. Findest du noch weitere Werte von a, für die $A(a)$ ganzzahlig wird?)

L 1.15 Siehe Abbildung L.11. Dass der Kreis K und die Parabel K_f sich in P berühren, heißt, dass sie dort dieselbe Tangente besitzen. Die Tangente K_t an K_f in P ist also gleichzeitig die Tangente an den Kreis. Folglich ist die Normale K_n an K_f in P auch die Normale für den Kreis. Bekanntlich liegt der Mittelpunkt M eines jeden Kreises stets auf der Normalen durch eine (beliebige) Tangente an den Kreis. Da zudem bekannt ist, dass M die x-Koordinate 4 besitzt, müssen wir nur noch K_n mit der Geraden $x = 4$ schneiden, um M bzw. seine y-Koordinate zu erhalten. Der Radius von K ergibt sich dann aus dem Abstand $|PM|$. Schritt für Schritt:

1. Normalengleichung von K_f (bzw. K) in $P(2\,|\,1)$: Es ist $f'(2) = -2 \cdot 2 + 2 = -2$ und damit folgt

$$n(x) = -\frac{1}{f'(2)} \cdot (x-2) + 1 = -\frac{1}{-2} \cdot (x-2) + 1 = \frac{1}{2}x - 1 + 1 = \frac{1}{2}x.$$

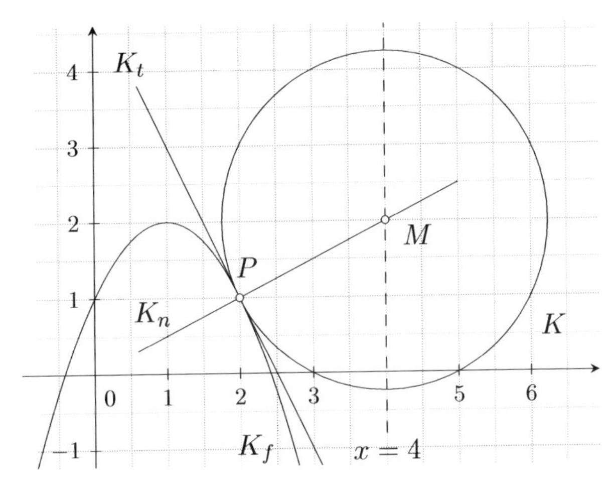

Abbildung L.11

2. K_n mit $x = 4$ zu schneiden, bedeutet einfach, $x = 4$ in $n(x)$ einzusetzen. Dies ergibt die y-Koordinate von M:

$$y_M = n(4) = \frac{1}{2} \cdot 4 = 2.$$

3. Damit ist $M\,(4\,|\,2)$ und mit der Abstandsformel zweier Punkte (Pythagoras!) folgt für den Radius von K:

$$r = |PM| = \sqrt{(x_M - x_P)^2 + (y_M - y_P)^2} = \sqrt{2^2 + 1^2} = \sqrt{5}.$$

L 1.16 Anschaulich sollte es für $Q\,(0\,|\,0)$ genau eine Tangente geben, nämlich die x-Achse, und für $R\,(0\,|\,-1)$ gar keine Tangente; siehe Abbildung L.12. Überprüfen wir dies rechnerisch.

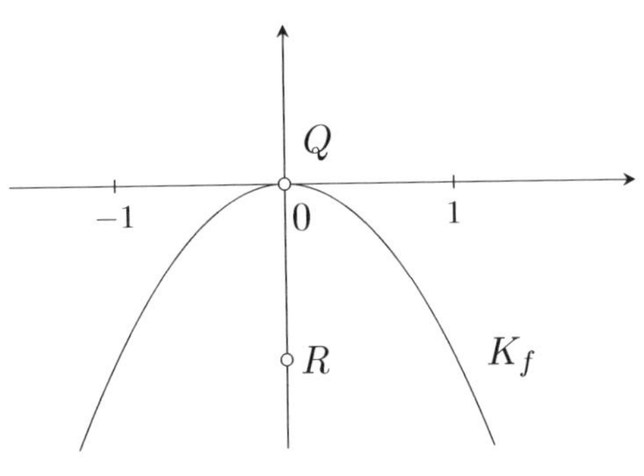

Abbildung L.12

Die Berührpunkte heißen allgemein wieder $B\,(\,b\,|\,f(b)\,)$ mit gesuchtem Parameter b.

(1) Aufstellen der allgemeinen Tangentengleichung an K_f im Punkt $B\,(\,b\,|\,f(b)\,)$:

$$t_b(x) = f'(b) \cdot (x - b) + f(b) = -2b \cdot (x - b) - b^2.$$

(2) Punktprobe: Da die Tangenten durch Q bzw. R verlaufen sollen, muss $Q\,(0\,|\,0) \in K_{t_b}$ bzw. $R\,(0\,|\,-1) \in K_{t_b}$ gelten. Für Q bedeutet dies:

$$t_b(0) \overset{!}{=} 0 \quad \Longleftrightarrow \quad -2b \cdot (0 - b) - b^2 = 0 \quad \Longleftrightarrow \quad b^2 = 0 \quad \Longleftrightarrow \quad b = 0.$$

Für R hingegen führt dies auf eine nicht lösbare Gleichung:

$$t_b(0) \stackrel{!}{=} -1 \iff -2b \cdot (0-b) - b^2 = -1 \iff b^2 = -1 \quad ↯.$$

Somit gibt es für Q genau einen Berührpunkt, nämlich $B\,(0\,|\,0)$, während es für R keinen Berührpunkt und damit auch keine Tangente an K_f gibt, die durch R verläuft.

(3) Die Tangentengleichung im Fall von Q lautet:

$$t_0(x) = -2 \cdot 0 \cdot (x-0) - 0^2 = 0,$$

also ist es die x-Achse, $y = 0$.

L 1.17

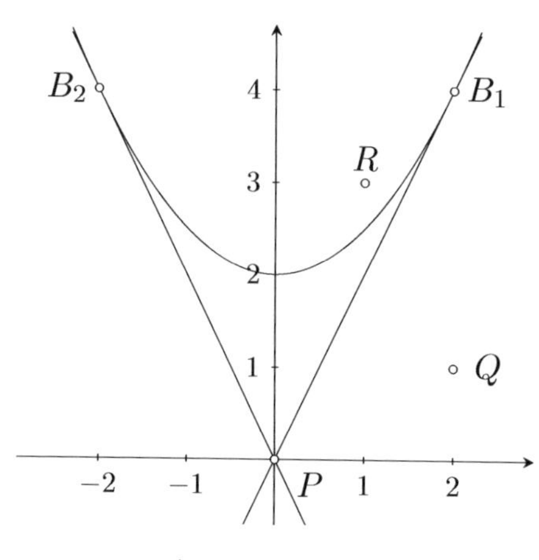

Abbildung L.13

a) Aufgrund des Schaubilds und seiner Symmetrie würde man von Punkt P aus zwei mögliche Tangenten erwarten. Um ihre Gleichungen zu bestimmen, setzen wir als Berührpunkte wie immer $B\,(\,b\,|\,f(b)\,)$ mit gesuchtem Parameter b an.

(1) Aufstellen der allgemeinen Tangentengleichung an K_f im Punkt $B\,(\,b\,|\,f(b)\,)$. Mit $f'(x) = x$ folgt

$$\begin{aligned} t_b(x) &= f'(b) \cdot (x-b) + f(b) = b \cdot (x-b) + \frac{1}{2}\,b^2 + 2 \\ &= bx - b^2 + \frac{1}{2}\,b^2 + 2 = bx - \frac{1}{2}\,b^2 + 2. \end{aligned}$$

(2) Punktprobe: Es muss $P\,(\,0\,|\,0\,) \in K_{t_b}$ gelten, also:

$$t_b(0) \stackrel{!}{=} 0 \iff b \cdot 0 - \frac{1}{2}\,b^2 + 2 = 0 \iff \frac{1}{2}\,b^2 = 2 \iff |b| = \sqrt{4} = 2.$$

Die beiden Lösungen $b_1 = 2$ und $b_2 = -2$ bedeuten, dass es von P aus genau zwei Berührpunkte gibt, nämlich $B_1\,(\,2\,|\,4\,)$ $(y = f(2) = 4)$ und $B_2\,(\,-2\,|\,4\,)$.

(3) Die Tangentengleichungen lauten:

$$t_2(x) = 2x - \frac{1}{2} \cdot 2^2 + 2 = 2x$$

$$t_{-2}(x) = -2x - \frac{1}{2} \cdot (-2)^2 + 2 = -2x.$$

b) Von Q aus würde man laut Schaubild zwei Tangenten erwarten (der rechte Berührpunkt liegt außerhalb des Zeichenbereichs von Abbildung L.13).

(1) Wie eben ist $t_b(x) = bx - \frac{1}{2}b^2 + 2$.

(2) Punktprobe mit $Q(2|1)$:

$$t_b(2) \stackrel{!}{=} 1 \iff b \cdot 2 - \frac{1}{2}b^2 + 2 = 1 \iff -\frac{1}{2}b^2 + 2b + 1 = 0.$$

Multiplizieren mit -2 (um den Vorfaktor $-\frac{1}{2}$ zu beseitigen) und Anwenden der MNF ergibt

$$b^2 - 4b - 2 = 0 \iff b_{1,2} = \frac{4 \pm \sqrt{16 - 4 \cdot (-2)}}{2} = \frac{4 \pm \sqrt{24}}{2}.$$

Durch teilweises Wurzelziehen lässt sich das Ergebnis noch etwas verschönern:

$$b_{1,2} = \frac{4 \pm \sqrt{4 \cdot 6}}{2} = \frac{4 \pm 2 \cdot \sqrt{6}}{2} = \frac{2 \cdot (2 \pm \sqrt{6})}{2} = 2 \pm \sqrt{6}.$$

Somit gibt es genau zwei Berührpunkte, mit den x-Koordinaten $b_1 \approx 4{,}45$ und $b_2 \approx -0{,}45$. Laut Schaubild ist klar, dass zu diesen auch zwei verschiedene Tangenten gehören (dass dies nicht zwingend so sein muss, zeigt Aufgabe 1.18!).

Von R aus sollte man anschaulich gesehen gar keine Tangente an K_f legen können. Und tatsächlich führt die Punktprobe mit $R(1|3)$ auf

$$t_b(1) \stackrel{!}{=} 3 \iff b \cdot 1 - \frac{1}{2}b^2 + 2 = 3 \iff -\frac{1}{2}b^2 + b - 1 = 0.$$

Multiplizieren mit -2 und Anwenden der MNF liefert

$$b^2 - 2b + 2 = 0 \iff b_{1,2} = \frac{2 \pm \sqrt{4 - 4 \cdot 2}}{2} = \frac{4 \pm \sqrt{-4}}{2} \quad ⚡.$$

In diesem Fall gibt es also keine Lösungen, sprich keine Berührpunkte und damit auch keine Tangenten.

L 1.18

(1) Aufstellen der allgemeinen Tangentengleichung an K_f im Punkt $B(b|f(b))$ mit noch unbekanntem Parameter b. Mit $f'(x) = 4x^3 - 4x$ folgt

$$t_b(x) = f'(b) \cdot (x - b) + f(b) = (4b^3 - 4b) \cdot (x - b) + b^4 - 2b^2.$$

(2) Punktprobe mit $P(0|-1)$, also $t_b(0) \stackrel{!}{=} -1$, führt auf:

$$\begin{aligned} & (4b^3 - 4b) \cdot (-b) + b^4 - 2b^2 = -1 \\ \iff \quad & -4b^4 + 4b^2 + b^4 - 2b^2 + 1 = 0 \\ \iff \quad & -3b^4 + 2b^2 + 1 = 0. \end{aligned}$$

Die Substitution $b^2 = u$ überführt dies in eine quadratische Gleichung:

$$-3u^2 + 2u + 1 = 0 \iff u_{1,2} = \frac{-2 \pm \sqrt{4 - 4 \cdot (-3)}}{2 \cdot (-3)} = \frac{-2 \pm \sqrt{16}}{-6} = \begin{cases} -\frac{1}{3} \\ 1. \end{cases}$$

Die Rücksubstitution $u = b^2$ liefert im Fall $b^2 = -\frac{1}{3} < 0$ keine Lösung, während sich für $b^2 = 1$ die Lösungen $b_{1,2} = \pm 1$ ergeben.
Somit gibt es von P aus genau zwei Berührpunkte, nämlich $B_1(1|-1)$ ($y = f(1) = -1$) und $B_2(-1|-1)$.

(3) Nun könnte man dem Trugschluss verfallen, dass es auch zwei verschiedene Tangenten gibt, doch dem ist nicht so. Die Tangentengleichungen lauten:

$$t_1(x) = (4-4)\cdot(x-1)+1-2 = -1 \quad \text{und}$$
$$t_{-1}(x) = (-4+4)\cdot(x+1)+1-2 = -1 = t_1(x).$$

In beiden Fällen handelt es sich also um dieselbe Tangente, eine Parallele zur x-Achse bei $y = -1$. Ein Blick auf Abbildung L.14 zeigt auch sofort, warum das hier so ist.

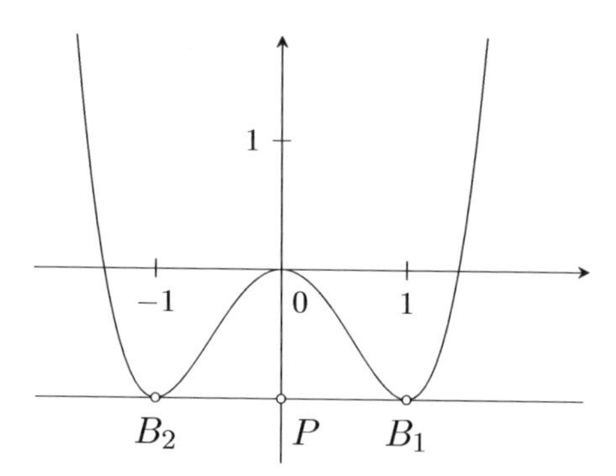

Abbildung L.14

L 1.19 Gesucht ist zunächst der Kurvenpunkt $S(s \mid f(s))$, von welchem aus der Smart das Reh in R anstrahlt. Da das Scheinwerferlicht tangential zum Straßenverlauf, also zu K_f, läuft, ist diese Fragestellung (rückwärts betrachtet) nichts anderes als das Tangentenproblem „von außen“: Welche Tangenten kann man von R aus an K_f legen?

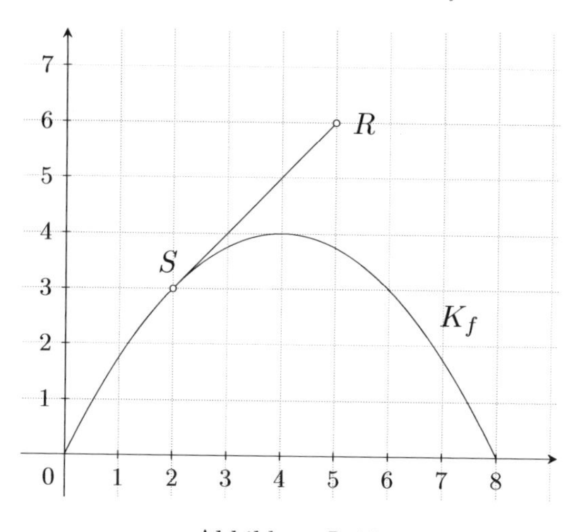

Abbildung L.15

Wir gehen wie gewohnt vor – nur dass der Parameter b jetzt eben s heißt. Wem das Probleme macht, der benenne einfach $S(s \mid f(s))$ in $S(b \mid f(b))$ um.

(1) Allgemeine Tangentengleichung an K_f in $S(s \mid f(s))$: Mit $f'(x) = -\frac{1}{2}x + 2$ folgt

$$t_s(x) = f'(s)\cdot(x-s)+f(s) = \left(-\frac{1}{2}\,s+2\right)\cdot(x-s) - \frac{1}{4}\,s^2 + 2s.$$

(2) Punktprobe: Es muss $R(5|6) \in K_{t_s}$ gelten, also:

$$t_s(5) \stackrel{!}{=} 6 \quad \Longleftrightarrow \quad \left(-\frac{1}{2}s+2\right)\cdot(5-s)-\frac{1}{4}s^2+2s=6.$$

Fassen wir zunächst die linke Seite zusammen:

$$\begin{aligned} & \left(-\frac{1}{2}s+2\right)\cdot(5-s)-\frac{1}{4}s^2+2s=6 \\ \Longleftrightarrow\quad & -\frac{5}{2}s+\frac{1}{2}s^2+10-2s-\frac{1}{4}s^2+2s=6 \\ \Longleftrightarrow\quad & \frac{1}{4}s^2-\frac{5}{2}s+4=0 \quad |\cdot 4 \\ \Longleftrightarrow\quad & s^2-10s+16=0. \end{aligned}$$

Diese quadratische Gleichung besitzt die Lösungen $s_1 = 2$ und $s_2 = 8$ (Vieta oder MNF).

Da sich der Smart bei $x = 8$ bereits rechts vom Reh befindet (von dort aus würde das Rücklicht das Reh anstrahlen), ist unser gesuchter Kurvenpunkt $S(2|3)$ ($y_S = f(2) = 3$). Der Abstand zum Reh beträgt somit

$$|SR| = \sqrt{(5-2)^2+(6-3)^2} = \sqrt{18} = \sqrt{9\cdot 2} = 3\sqrt{2} \text{ (LE)}.$$

Da 1 LE in echt 20 m sind, beträgt der echte Abstand

$$3\sqrt{2}\cdot 20 \approx 85 \text{ (m)}.$$

L 1.20 Zu Abbildung L.16: Rechts von x_0 kann man bei einer Augenhöhe von 1,50 m den Punkt T nicht mehr sehen. Bei x_0 verläuft der Lichtstrahl von T zum Auge des Beobachters gerade tangential an K_f (mit Berührpunkt B). Wir bestimmen also zunächst die Tangente an K_f von T aus.

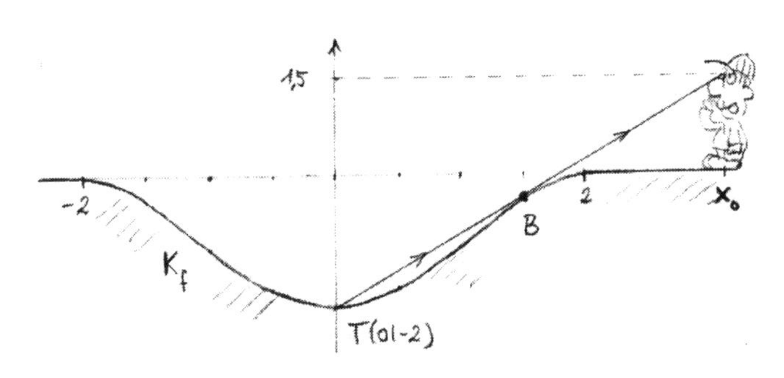

Abbildung L.16

(1) Allgemeine Tangentengleichung an K_f in $B(b|f(b))$: Mit $f'(x) = -\frac{1}{2}x^3 + 2x$ ergibt sich

$$t_b(x) = f'(b)\cdot(x-b)+f(b) = \left(-\frac{1}{2}b^3+2b\right)\cdot(x-b)-\frac{1}{8}b^4+b^2-2.$$

(2) Punktprobe mit $T\,(\,0\,|\,{-2}\,)$:

$$t_b(0) \stackrel{!}{=} -2 \quad\Longleftrightarrow\quad \left(-\frac{1}{2}\,b^3 + 2b\right)\cdot(-b) - \frac{1}{8}\,b^4 + b^2 - 2 = -2.$$

Ausmultiplizieren und Zusammenfassen liefert:

$$\frac{3}{8}\,b^4 - b^2 = 0 \quad\Longleftrightarrow\quad \frac{1}{8}\,b^2\cdot(3b^2 - 8) = 0 \quad\Longleftrightarrow\quad b_1 = 0 \;\wedge\; b_{2,3} = \pm\sqrt{\frac{8}{3}}\,.$$

(3) Der Berührpunkt im Positiven lautet somit $B\,(\,\sqrt{\frac{8}{3}}\,|\,{-\frac{2}{9}}\,)$ ($y_B = f(b_2) = \ldots = -\frac{2}{9}$) und für die Tangentengleichung erhält man näherungsweise

$$t(x) \approx 1{,}089\,x - 2.$$

Um die Stelle x_0 zu finden, muss man schließlich noch die Tangente mit der Gerade $y = 1{,}5$ (Augenhöhe des Beobachters) schneiden, denn es muss ja $t(x_0) = 1{,}5$ gelten:

$$t(x_0) \approx 1{,}089\,x_0 - 2 = 1{,}5 \quad\Longleftrightarrow\quad x_0 \approx \frac{3{,}5}{1{,}089} \approx 3{,}21.$$

Da der Kanal bei $x = 2$ endet, darf der Beobachter also höchstens 1,21 m vom Kanalrand entfernt stehen, wenn der den tiefsten Punkt T noch sehen möchte.

Lösungen zu Kapitel 2

L **2.1** Zeichnen von K_f und Sekante(n): selber. Sekantensteigungen $m_s(h)$ an der Stelle $x_0 = 1$ für verschiedene h-Werte:

$$m_s(1) = \frac{f(1+1)-f(1)}{1} = f(2)-f(1) = \frac{7}{9} \approx 0{,}78,$$

$$m_s(2) = \frac{f(1+2)-f(1)}{2} = \frac{f(3)-f(1)}{2} = \frac{13}{9} \approx 1{,}44,$$

$$m_s(-1) = \frac{f(1-1)-f(1)}{-1} = -\big(f(0)-f(1)\big) = f(1)-f(0) = \frac{1}{9} \approx 0{,}11.$$

Anstatt dies alles einzeln einzutippen, gibt man besser

$$m_s(h) = \frac{f(1+h)-f(1)}{h} = \frac{\frac{1}{9}(1+h)^3+1-(\frac{1}{9}1^3+1)}{h} = \frac{1}{9}\,\frac{(1+h)^3-1}{h}$$

als Funktion in den TR ein (mit x anstelle von h) und lässt sich (mit Table oder $f(\ )$-Aufruf) die Werte für $h = 1,\ 2,\ -1$ berechnen.

L **2.2**

a) Differenzenquotient von f an der Stelle $x_0 = 1$:

$$m_s(h) = \frac{f(1+h)-f(1)}{h} = \frac{2(1+h)^2-2\cdot 1^2}{h} = 2\,\frac{(1+h)^2-1}{h}.$$

Für kleines h liefert der TR für diesen Ausdruck einen Wert nahe bei 4 (für $h \leqslant 1\cdot 10^{-7}$ scheint sogar „exakt" 4 rauszukommen, wobei hier einfach die Rundungsgenauigkeit des TRs überschritten ist); wir vermuten also, dass K_f an der Stelle $x_0 = 1$ die Steigung 4 besitzen wird. Mit Hilfe der Ableitungsregeln aus Kapitel 1 bestätigt sich dies: Es gilt

$$f'(x) = 2\cdot 2x = 4x,$$

also ist

$$f'(1) = 4\cdot 1 = 4.$$

b) Differenzenquotient von g an der Stelle $x_0 = 2$:

$$m_s(h) = \frac{g(2+h)-g(2)}{h} = \frac{(2+h)^3-(2+h)-(2^3-2)}{h} = \frac{(2+h)^3-h-8}{h}.$$

Für kleines h liefert der TR für diesen Ausdruck einen Wert nahe bei 11; somit wird K_g an der Stelle $x_0 = 2$ die Steigung 11 besitzen. Mit Hilfe der Ableitungsregeln aus Kapitel 1 bestätigt sich dies wieder: Es ist

$$g'(x) = 3x^2 - 1$$

und damit folgt

$$g'(2) = 3\cdot 2^2 - 1 = 12 - 1 = 11.$$

L 2.3

a) 1. Aufstellen und Umformen des Differenzenquotienten:

$$m_s(h) = \frac{1}{h}\Big(f(2+h) - f(2)\Big) = \frac{1}{h}\Big(4(2+h) - 3 - (4\cdot 2 - 3)\Big)$$
$$= \frac{1}{h}(8 + 4h - 3 - 5) = \frac{1}{h}\cdot 4h = 4.$$

2. Grenzübergang $h \to 0$ ist hier geschenkt, da $m_s(h)$ nicht mehr von h abhängt:

$$f'(2) = \lim_{h\to 0} m_s(h) = \lim_{h\to 0} 4 = 4.$$

Das Schaubild K_f besitzt im Punkt $P(2\,|\,5)$ somit die Steigung 4, was von vornherein klar war, da K_f eine Gerade mit Steigung 4 ist.

b) 1. Aufstellen und Umformen des Differenzenquotienten:

$$m_s(h) = \frac{1}{h}\Big(f(4+h) - f(4)\Big) = \frac{1}{h}\left(\frac{1}{2}(4+h)^2 - \frac{1}{2}\cdot 4^2\right)$$
$$= \frac{1}{h}\left(\frac{1}{2}(16 + 8h + h^2) - 8\right) = \frac{1}{h}\left(8 + 4h + \frac{1}{2}h^2 - 8\right)$$
$$= 4 + \frac{1}{2}h.$$

2. Grenzübergang $h \to 0$ (in Gedanken $h = 0$ einsetzen):

$$f'(4) = \lim_{h\to 0} m_s(h) = \lim_{h\to 0}\left(4 + \frac{1}{2}h\right) = 4.$$

Das Schaubild K_f besitzt im Punkt $P(4\,|\,8)$ also die Steigung 4.

c) 1. Aufstellen und Umformen des Differenzenquotienten. Hierbei verwenden wir

$$(a+b)^3 = a^3 + 3a^2b + 3ab^2 + b^3 \quad (\star).$$

Here we go:

$$m_s(h) = \frac{1}{h}\Big(f(2+h) - f(2)\Big) = \frac{1}{h}\left(\frac{1}{3}(2+h)^3 - \frac{1}{3}\cdot 2^3\right)$$
$$\overset{(\star)}{=} \frac{1}{h}\left(\frac{1}{3}(2^3 + 3\cdot 2^2\cdot h + 3\cdot 2^1\cdot h^2 + h^3) - \frac{8}{3}\right)$$
$$= \frac{1}{h}\left(\frac{8}{3} + 4h + 2h^2 + \frac{1}{3}h^3 - \frac{8}{3}\right)$$
$$= 4 + 2h + \frac{1}{3}h^2.$$

2. Grenzübergang $h \to 0$ (in Gedanken $h = 0$ einsetzen):

$$f'(2) = \lim_{h\to 0} m_s(h) = \lim_{h\to 0}\left(4 + 2h + \frac{1}{3}h^2\right) = 4.$$

Das Schaubild K_f besitzt bei $x_0 = 2$ die Steigung 4.

d) 1. Aufstellen und Umformen des Differenzenquotienten:

$$m_s(h) = \frac{1}{h}\Big(f(1+h) - f(1)\Big) = \frac{1}{h}\Big(2(1+h)^3 - 3(1+h)^2 - (2-3)\Big)$$

$$\overset{(\star)}{=} \frac{1}{h}\Big(2\cdot(1^3 + 3\cdot 1^2\cdot h + 3\cdot 1^1\cdot h^2 + h^3) - 3\cdot(1^2 + 2h + h^2) + 1\Big)$$

$$= \frac{1}{h}\left(2 + 6h + 6h^2 + 2h^3 - 3 - 6h - 3h^2 + 1\right)$$

$$= \frac{1}{h}\left(3h^2 + 2h^3\right) = 3h + 2h^2.$$

2. Grenzübergang $h \to 0$ (in Gedanken $h = 0$ einsetzen):

$$f'(1) = \lim_{h\to 0} m_s(h) = \lim_{h\to 0}\left(3h + 2h^2\right) = 0.$$

Das Schaubild K_f besitzt bei $x_0 = 1$ somit die Steigung 0, dort liegt also eine waagerechte Tangente vor.

e) 1. Aufstellen und Umformen des Differenzenquotienten:

$$m_s(h) = \frac{1}{h}\Big(f(-3+h) - f(-3)\Big) = \frac{1}{h}\left(\frac{1}{(-3+h)+4} - \frac{1}{-3+4}\right)$$

$$= \frac{1}{h}\left(\frac{1}{h+1} - 1\right) = \frac{1}{h}\left(\frac{1}{h+1} - \frac{h+1}{h+1}\right) = \frac{1}{h}\cdot\frac{1-(h+1)}{h+1}$$

$$= \frac{1}{h}\cdot\frac{-h}{h+1} = \frac{-1}{h+1}.$$

2. Grenzübergang $h \to 0$ (in Gedanken $h = 0$ einsetzen):

$$f'(-3) = \lim_{h\to 0} m_s(h) = \lim_{h\to 0}\frac{-1}{h+1} = \frac{-1}{1} = -1.$$

Das Schaubild K_f besitzt bei $x_0 = -3$ die Steigung -1.

f) 1. Aufstellen und Umformen des Differenzenquotienten:

$$m_s(h) = \frac{1}{h}\Big(f(2+h) - f(2)\Big) = \frac{1}{h}\left(\sqrt{2\cdot(2+h) - 3} - \sqrt{1}\,\right)$$

$$= \frac{1}{h}\left(\sqrt{2h+1} - 1\,\right)\cdot\frac{\sqrt{2h+1}+1}{\sqrt{2h+1}+1} \quad \text{(trickreich erweitert)}$$

$$= \frac{1}{h}\cdot\frac{(\sqrt{2h+1}-1)\cdot(\sqrt{2h+1}+1)}{\sqrt{2h+1}+1} \quad \Big|\ \text{3. Binom}$$

$$= \frac{1}{h}\cdot\frac{\sqrt{2h+1}^{\,2} - 1^2}{\sqrt{2h+1}+1} = \frac{1}{h}\cdot\frac{2h+1-1}{\sqrt{2h+1}+1}$$

$$= \frac{1}{h}\cdot\frac{2h}{\sqrt{2h+1}+1} = \frac{2}{\sqrt{2h+1}+1}.$$

2. Für den Grenzübergang $h \to 0$ beachte $\sqrt{2h+1} \to \sqrt{1} = 1$ (bzw. setze einfach wieder ganz pragmatisch $h = 0$ ein):

$$f'(2) = \lim_{h\to 0} m_s(h) = \lim_{h\to 0}\frac{2}{\sqrt{2h+1}+1} = \frac{2}{\sqrt{1}+1} = \frac{2}{2} = 1.$$

L 2.4

a) Die Funktion aus a) besitzt das in Abbildung L.17 links dargestellte Schaubild. Nähert man sich der Stelle $x_0 = 1$ von links, sprich mit $h < 0$, so gilt offensichtlich immer

$$m_{s,\,\text{links}}(h) = 1 \quad \text{für alle } h < 0,$$

da K_f für $x \leqslant 1$ eine Gerade mit Steigung 1 ist. Von rechts her gilt hingegen

$$m_{s,\,\text{rechts}}(h) = 2 \quad \text{für alle } h > 0,$$

denn K_f ist für $x > 1$ eine Gerade mit Steigung 2.
Somit kann man in $x_0 = 1$ keine eindeutigen Wert angeben, dem sich die Sekantensteigungen bzw. Differenzenquotienten nähern, wenn $h \to 0$ geht, d.h. die Tangentensteigung ist dort nicht definiert. (Von links betrachtet müsste sie 1 sein, von rechts 2.) Somit ist f in $x_0 = 1$ nicht differenzierbar.

Merke: „Schaubilder mit Knick besitzen an der Knickstelle keine Tangente".

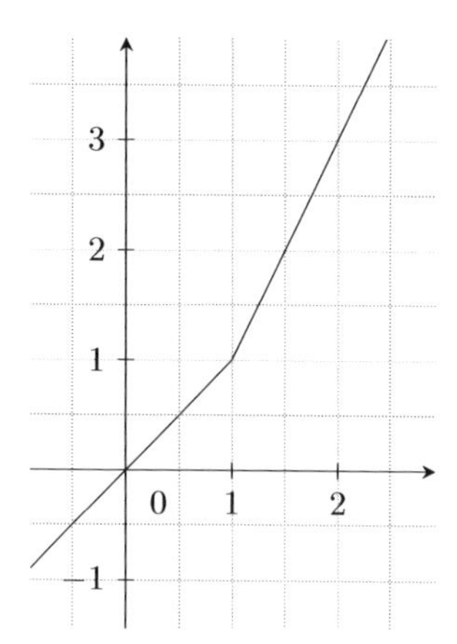

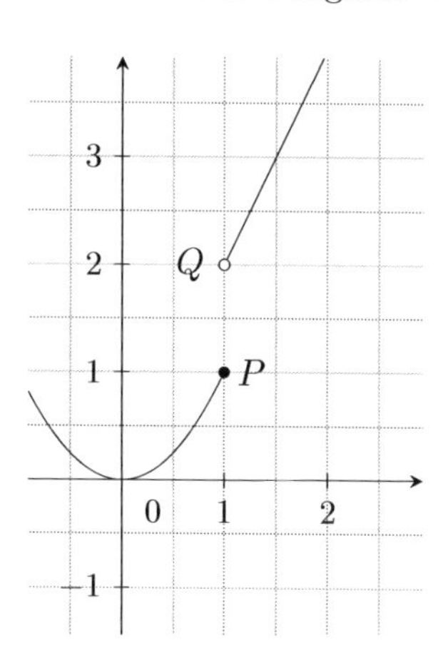

Abbildung L.17

b) In Abbildung L.17 rechts sieht man das Schaubild von f aus b). Von links, also für $h < 0$, ist $f(1+h) = (1+h)^2$, da $1 + h < 1$ gilt, und für die Sekantensteigung folgt

$$m_{s,\,\text{links}}(h) = \frac{1}{h}\Big((1+h)^2 - 1^2\Big) = \frac{1}{h}\Big(1 + 2h + h^2 - 1\Big) = 2 + h \quad (\text{für } h < 0),$$

was für $h \to 0$ gegen 2 strebt.
Von rechts her, also für $h > 0$, ist weiterhin $f(1) = 1^2 = 1$, allerdings gilt nun $f(1+h) = 2 \cdot (1+h)$, da jetzt $1 + h > 1$ ist. Die Sekantensteigung

$$m_{s,\,\text{rechts}}(h) = \frac{2\cdot(1+h) - 1^2}{h} = \frac{1+2h}{h} = \frac{1}{h} + 2 \quad (\text{für } h > 0)$$

nähert sich für $h \to 0$ keiner festen Zahl, sondern strebt gegen ∞ (die Steigung der Strecke PQ). Somit gibt es in $x_0 = 1$ keine Tangentensteigung, d.h. f ist dort nicht differenzierbar. Auch anschaulich ist hier klar, dass es bei $x_0 = 1$ keine „Berührende" von K_f geben kann.

Merke: „Schaubilder mit Sprung besitzen an der Sprungstelle keine Tangente".

Anmerkung: Zu b) kann man allgemein zeigen, dass eine Funktion, die an einer Stelle x_0 eine Ableitung besitzt, dort auch *stetig* sein muss, und somit keine Sprünge machen kann.

L 2.5 1. Aufstellen und Umformen des Differenzenquotienten für beliebiges $x \neq 0$:

$$m_s(h) = \frac{1}{h}\Big(f(x+h) - f(x)\Big) = \frac{1}{h}\left(\frac{1}{x+h} - \frac{1}{x}\right) \quad | \text{ Hauptnenner: } (x+h)x$$

$$= \frac{1}{h}\left(\frac{x}{(x+h)\cdot x} - \frac{x+h}{(x+h)\cdot x}\right) = \frac{1}{h}\cdot\frac{x-(x+h)}{(x+h)x}$$

$$= \frac{1}{h}\cdot\frac{-h}{(x+h)x} = \frac{-1}{(x+h)x}\,.$$

2. Für $h \to 0$ strebt $x + h$ gegen x, also folgt für die Ableitung:

$$f'(x) = \lim_{h\to 0}\frac{-1}{(x+h)x} = \frac{-1}{x\cdot x} = -\frac{1}{x^2}\,,$$

in Übereinstimmung mit der Potenzregel aus Kapitel 1 (angewendet auf $\frac{1}{x} = x^{-1}$).

Lösungen zu Kapitel 3

L 3.1 Tangenten an K_f einzeichnen und deren Steigung ablesen liefert

$$f'(0) \approx 1,\ f'(1) \approx 0{,}5,\ f'(2) = 0,\ f'(3) \approx -0{,}5 \text{ und } f'(4) \approx -1.$$

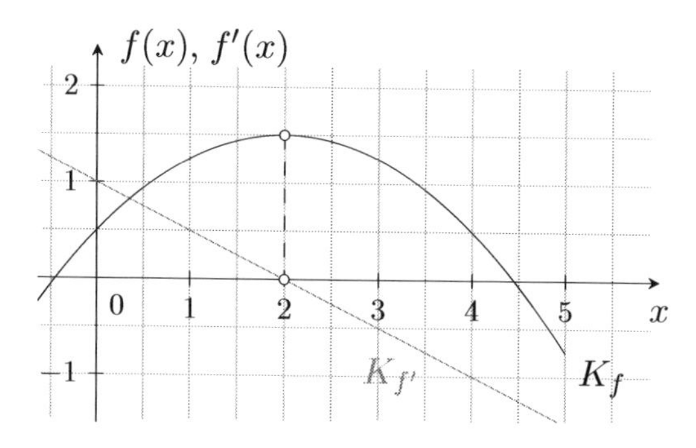

Abbildung L.18

Merke: Besitzt das Schaubild K_f bei x_0 einen Hochpunkt, so hat $K_{f'}$ bei x_0 eine Nullstelle und vollzieht dort einen Vorzeichenwechsel (VZW) von + nach −, d.h. links von x_0 ist $K_{f'}$ im Positiven, schneidet die x-Achse bei x_0 und verläuft danach ins Negative.

Zusatz für Käpsele:

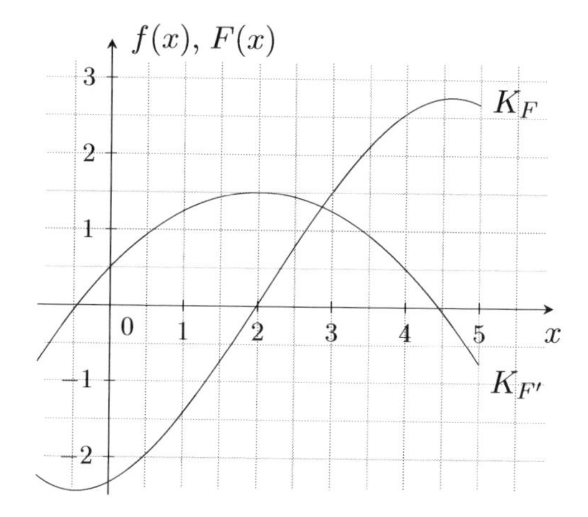

Abbildung L.19

Bei der rechten Nullstelle von K_f hat K_F eine Hochstelle[1], denn $K_f = K_{F'}$ vollzieht dort einen VZW von + nach −. Bei der linken Nullstelle von K_f hat K_F eine Tiefstelle, denn $K_f = K_{F'}$ vollzieht dort einen VZW von − nach + (y-Wert des Tiefpunkts ist ohne Integralrechnung wieder nicht genau bestimmbar). An der Scheitelstelle von K_f, $x = 2$, hat K_F maximale Steigung, und zwar 1,5, weil dort $F'(2) = f(2) = 1{,}5$ der größte Funktionswert von f ist.

[1] Dass die y-Koordinate des Hochpunkts ca. 2,5 beträgt, kannst du zu diesem Zeitpunkt noch nicht bestimmen. Siehe Integralrechnung nächstes Jahr.

L 3.2

$(x_0 \mid f(x_0))$ ist für K_f	Dann ist $(x_0 \mid f'(x_0))$ für $K_{f'}$
ein Hochpunkt	eine Nullstelle, in der $K_{f'}$ einen VZW von $+$ nach $-$ vollzieht.
ein Tiefpunkt	eine Nullstelle, in der $K_{f'}$ einen VZW von $-$ nach $+$ vollzieht.
ein Wendepunkt (hier: mit minimaler positiver Steigung)	ein Extrempunkt. Hier: ein Tiefpunkt (da $f'(x_0)$ minimal ist) mit positiver y-Koordinate (da $f'(x_0) > 0$ ist, weil K_f steigt). Weitere mögliche Fälle: siehe unten!
ein Sattelpunkt (hier: mit negativer Steigung etwas links und rechts von x_0)	ein Extrempunkt, der auf der x-Achse liegt. Hier: ein Hochpunkt, da $f'(x_0) = 0$ maximal ist, denn links und rechts von x_0 fällt K_f, d.h. dort ist $f'(x) < 0$. Weiterer möglicher Fall: siehe unten!

Für Wendepunkte noch fehlende Fälle:

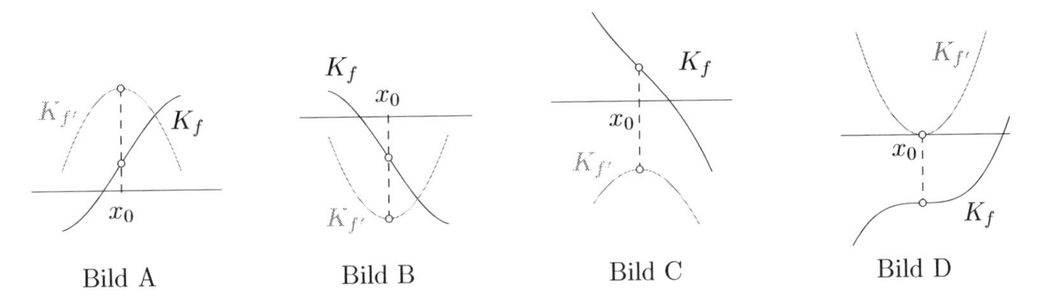

Unterscheide folgende Möglichkeiten für $f'(x_0)$:

> 0: Hier könnte auch $f'(x_0)$ maximal sein, d.h. bei x_0 liegt eine maximal positive Steigung vor. In diesem Fall ist $(x_0 \mid f'(x_0))$ ein Hochpunkt von $K_{f'}$ mit positiver y-Koordinate. (Bild A)

< 0: a) Es kann $f'(x_0)$ minimal – besser: am negativsten – sein, d.h. bei x_0 fällt das Schaubild K_f (lokal) am steilsten. In diesem Fall ist $(x_0 \mid f'(x_0))$ ein Tiefpunkt von $K_{f'}$ mit negativer y-Koordinate. (Bild B)
b) Es kann $f'(x_0)$ maximal – besser: am wenigstens negativ – sein, d.h. bei x_0 fällt das Schaubild K_f (lokal) am geringsten. In diesem Fall ist $(x_0 \mid f'(x_0))$ ein Hochpunkt von $K_{f'}$ mit negativer y-Koordinate. (Bild C)

$= 0$: also Sattelpunkt. Es fehlt noch der Fall, dass K_f in der Nähe von x_0 steigt; dann ist der Punkt $(x_0 \mid f'(x_0))$ ein Tiefpunkt von $K_{f'}$ auf der x-Achse, d.h. $K_{f'}$ berührt dort die x-Achse von oben. (Bild D)

L 3.3

a) K_f hat bei x_0 einen Tiefpunkt: Richtig.

b) Falsch, „in $P(x_0 \mid f(x_0))$“ sollte es heißen; siehe c).

c) K_f hat in $(x_0 \mid f(x_0))$ einen Tiefpunkt: Richtig.

d) $f(x)$ hat in $(x_0 \mid f(x_0))$ einen Tiefpunkt: Ungünstig, eine Funktion $f(x)$ besitzt keine Punkte; sie liefert y-Werte, wenn man x-Werte einsetzt. Punkte $(x_0 \mid f(x_0))$ (als geometrische Objekte betrachtet) hingegen liegen nur auf dem Schaubild K_f.

e) x_0 ist Tiefstelle von f: Richtig.

f) x_0 ist Tiefstelle von K_f: Richtig.

g) Wenn x_0 Wendestelle von K_f ist, so ist x_0 Extremstelle von $K_{f'}$: Richtig.

h) Wenn x_0 Wendestelle von f ist, so ist x_0 Extremstelle von f': Richtig.

i) Wenn $W(x_0 \mid f(x_0))$ Wendepunkt von K_f ist, so ist W Extrempunkt von $K_{f'}$: Sprachlich korrekt, aber inhaltlich falsch, da die y-Koordinate von W nicht mit der y-Koordinate des Extrempunkts E von $K_{f'}$ übereinzustimmen braucht; beide besitzen lediglich den gleichen x-Wert x_0. Siehe j).

j) Wenn $W(x_0 \mid f(x_0))$ Wendepunkt von f ist, so ist $E(x_0 \mid f'(x_0))$ Extrempunkt von f': Jetzt stimmt's inhaltlich, aber sprachlich sollte man nicht von Punkten auf f oder f' sprechen, sondern K_f und $K_{f'}$ verwenden; siehe d).

L 3.4 Extrem-, Wende- und Sattelpunkte (und ihre Entsprechungen auf $K_{f'}$!) in den Schaubildern selbst eintragen!

- $x = 1{,}5$ ist Tiefstelle von K_f, also besitzt $K_{f'}$ dort eine NSt. mit VZW von $-$ nach $+$.
- Analog (aber umgekehrt) für die Hochstelle von K_f bei $x = -1{,}5$.
- $x = 0$ ist Wendestelle von K_f mit negativster Steigung. Tangente einzeichnen und Steigung ablesen ergibt $f'(0) \approx -1{,}7$.
- Für genaueres Zeichnen sollte man noch die Tangentensteigungen $f'(1) \approx -1$ und $f'(2) \approx 1{,}2$ zeichnerisch bestimmen (und Symmetrie von K_f beachten, dann hat man automatisch auch $f'(-1)$ und $f'(-2)$).

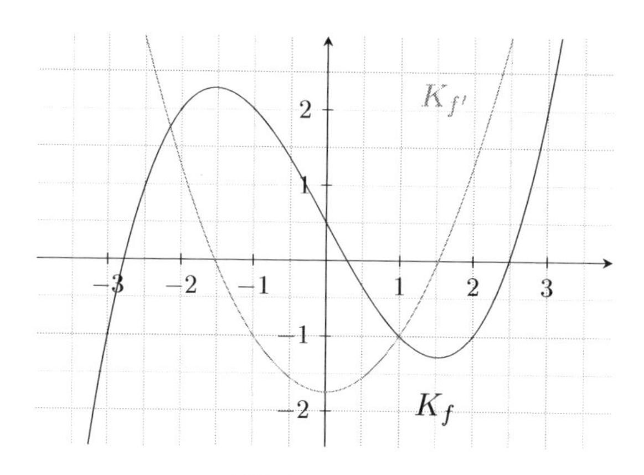

Abbildung L.20

- $x = -1$ ist Tiefstelle von K_f, also besitzt $K_{f'}$ dort eine NSt. mit VZW von $-$ nach $+$.
- $x = 1$ ist Sattelstelle K_f, also berührt $K_{f'}$ hier die x-Achse. Da $f'(1) = 0$ lokal der kleinste Wert von f' ist, liegt eine Tiefstelle von $K_{f'}$ vor.
- $x \approx -0{,}25$ ist Wendestelle von K_f mit lokal positivster Steigung $f'(-0{,}25) \approx 0{,}9$. Also hat $K_{f'}$ bei $(-0{,}25 \,|\, 0{,}9)$ einen HP.
- Zusammen mit $f'(2) \approx 2$ und $f'(-1{,}5) \approx -2{,}5$ kann man $K_{f'}$ nun zeichnen.

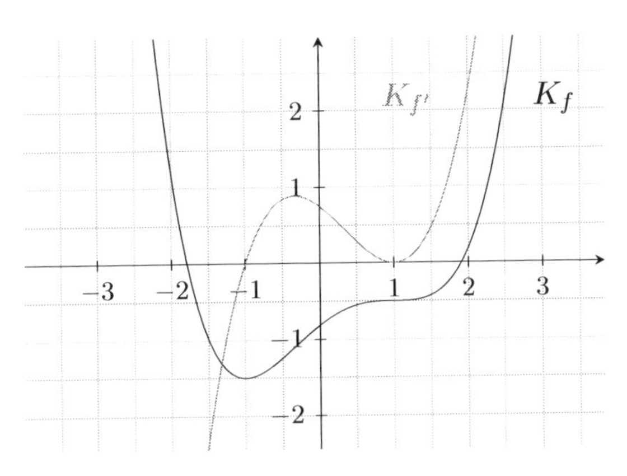

Abbildung L.21

- $x = 1$ ist Tiefstelle von K_f, also besitzt $K_{f'}$ dort eine NSt. mit VZW von $-$ nach $+$.
- Analog (aber umgekehrt) für die Hochstelle von K_f bei $x = -1$.
- $x \approx 0{,}4$ ist Wendestelle von K_f mit negativster Steigung $f'(0{,}5) \approx -1{,}2$. Also hat $K_{f'}$ bei $(0{,}4 \,|\, -1{,}2)$ einen TP.
- $(-2{,}5 \,|\, 0{,}5)$ ist ein (lokaler) HP von $K_{f'}$, da $x = -2{,}5$ Wendestelle von K_f mit lokal positivster Steigung $f'(-2{,}5) \approx 0{,}5$ ist.
- Zusammen mit $f'(0) \approx -1$ und $f'(1{,}5) > 3$ („f' haut schnell nach oben ab“) kann man $K_{f'}$ nun zeichnen.

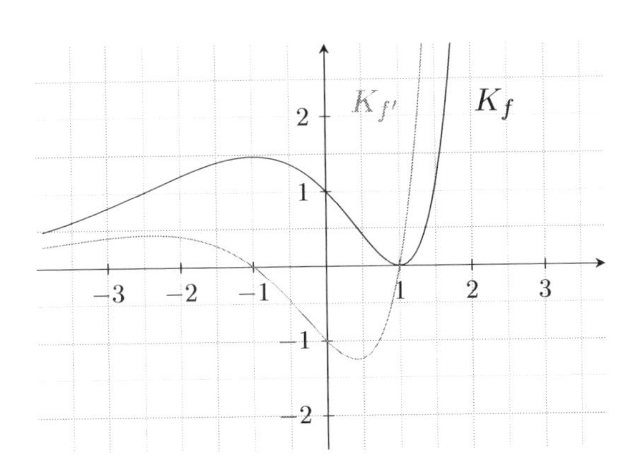

Abbildung L.22

- $x = \pi$ ist Tiefstelle von K_f, also besitzt $K_{f'}$ dort eine NSt. mit VZW von $-$ nach $+$.
- Analog (aber umgekehrt) für die Hochstellen von K_f bei $x = 0$ und $x = 2\pi$.
- $x = \frac{\pi}{2}$ ist Wendestelle von K_f mit negativster Steigung $f'(\frac{\pi}{2}) = -1$. Also hat $K_{f'}$ bei $(\,\frac{\pi}{2}\,|\,-1\,)$ einen TP.
- Analog ist $(\,\frac{3\pi}{2}\,|\,1\,)$ ein HP von $K_{f'}$.

Dies ist übrigens eine grafische Bestätigung der Ableitungsregel

$$\cos'(x) = -\sin(x).$$

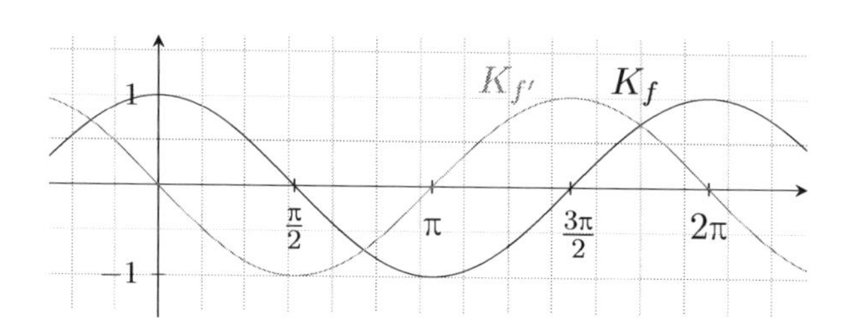

Abbildung L.23

L 3.5 Das gestrichelte Schaubild ist K_f und das durchgezogene ist $K_{f'}$.

Wäre es umgekehrt, so müsste das gestrichelte Schaubild bei $x \approx \pm 0{,}5$ Nullstellen mit VZW haben (was es nicht hat), weil das durchgezogene dort Extremstellen besitzt. Dasselbe Argument für die Stellen $x \approx \pm 1{,}5$.

Oder: Das gestrichelte Schaubild verläuft nie im Negativen. Wäre es also $K_{f'}$, so müsste K_f überall positive Steigung (oder Null) besitzen, was das durchgezogene Schaubild offenbar nicht tut; es fällt z.B. für $0{,}5 < x < 1{,}5$.

Oder: Wäre das gestrichelte Schaubild $K_{f'}$, so könnte man $f'(0) = 0$ ablesen, was offenbar nicht die Steigung des durchgezogenen Schaubilds bei $x = 0$ ist.

L 3.6

a) Richtig, denn $K_{f'}$ besitzt zwei Nullstellen mit VZW (bei $x = 1$ und 4).

b) Richtig, denn $K_{f'}$ berührt dort die x-Achse. Dies beinhaltet zweierlei:

(1) $f'(-2) = 0$, was waagerechte Tangente von K_f bei $x = -2$ bedeutet.

(2) $x = -2$ ist Extremstelle (hier: Tiefstelle) von $K_{f'}$. Somit hat K_f hier eine Wendestelle (da die Ableitung von f', also f'', dort eine Nullstelle mit VZW (hier von $-$ zu $+$) besitzt).

Insgesamt ist $x = -2$ also eine Wendestelle mit waagerechter Tangente, sprich eine Sattelstelle.

c) Falsch, da K_f (mindestens[2]) drei Wendepunkte besitzt, da an $K_{f'}$ drei Extrempunkte erkennbar sind.

[2] Wir sehen $K_{f'}$ ja nur auf einem begrenzten x-Ausschnitt.

d) Nicht entscheidbar, da nur aus Kenntnis von $K_{f'}$ nicht auf die Lage einzelner Funktionswerte von f geschlossen werden kann: Ist f eine Funktion mit Ableitung f', so besitzt jede Funktion f_c mit

$$f_c(x) = f(x) + c, \quad c \in \mathbb{R} \text{ eine beliebige Konstante,}$$

dieselbe Ableitung, denn

$$f_c'(x) = f'(x) + c' = f'(x) + 0 = f'(x).$$

Anders ausgedrückt: Das Schaubild von K_f kann um beliebiges c in y-Richtung verschoben werden, ohne dadurch den Verlauf von $K_{f'}$ zu verändern.

e) Falsch. Am Schaubild $K_{f'}$ liest man $f'(0) \approx 0{,}8$ ab. Da die erste Winkelhalbierende, $y = x$, die Steigung $m = 1$ besitzt, gilt $f'(0) < m$, d.h. K_f verläuft bei $x = 0$ nicht steiler als $y = x$.

f) Auf den ersten Blick scheint auch f) nicht entscheidbar zu sein; siehe d). Allerdings geht es hier um den Vergleich zweier Funktionswerte und dies ist hier möglich: Für $x \in (1\,;4)$ verläuft $K_{f'}$ unterhalb der x-Achse, d.h. auf diesem Intervall gilt $f'(x) < 0$. Somit besitzt K_f dort überall negative Tangentensteigung und muss deshalb fallen (siehe auch Kapitel zu Monotonie); folglich wird der Funktionswert $f(1)$ größer als der Funktionswert $f(4)$ sein – f) ist also richtig.

Zusatz: K_f besitzt

- eine Nullstelle bei $x = 0$ (laut Vorgabe $f(0) = 0$ in der Aufgabe),
- eine Hochstelle bei $x = 1$,
- eine Tiefstelle bei $x = 4$,
- Wendestellen bei $x = -2$, ca. $-0{,}2$, ca. $2{,}9$, wobei -2 eine Sattelstelle ist.

Die Funktionswerte $f'(x)$ von $K_{f'}$ geben Auskunft über die Steigung von K_f an der Stelle x. So muss z.B. die Steigung von K_f bei $x = 0$ knapp unter 1 liegen (Tangente zur Hilfe einzeichnen). Die Funktionswerte $f(x)$, also dass z.B. $f(4) \approx -4{,}1$ ist, sind jedoch ohne Integralrechnung nicht genau bestimmbar. Den qualitativen Verlauf von K_f kann man aber auch ohne dies korrekt zeichnen.

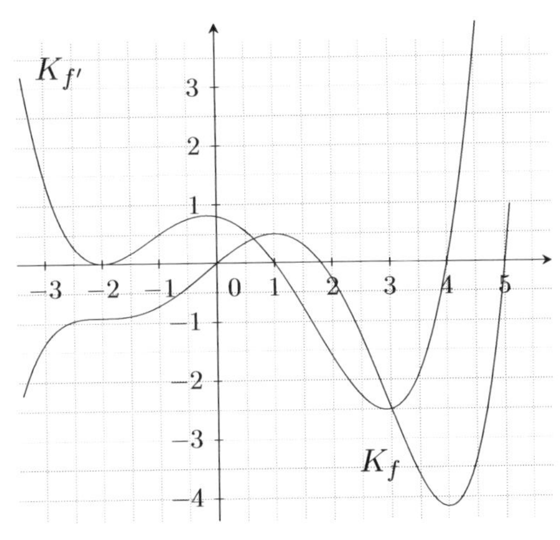

Abbildung L.24

Lösungen zu Kapitel 4

L 4.1 Wir wenden stets den Monotoniesatz an.

a) Es ist $f'(x) = -1 < 0$ für alle $x \in \mathbb{R}$, also ist f smf auf ganz $\mathbb{R}$. Klar, denn K_f ist eine Gerade mit negativer Steigung.

b) Es ist $f'(x) = 2x - 4$ und es folgt

$$f'(x) > 0 \quad \Longleftrightarrow \quad 2x - 4 > 0 \quad \Longleftrightarrow \quad x > \frac{4}{2} = 2,$$

und analog $f'(x) < 0$ für $x < 2$. Somit ist f auf $(-\infty; 2)$ smf und auf $(2; \infty)$ sms. Auch dies klar, wenn man sich das Schaubild vorstellt: K_f ist eine nach oben geöffnete Parabel mit Scheitelstelle $x = 2$ (da $f'(2) = 0$).

c) Wir müssen die Ungleichung

$$f'(x) = -3x^2 + 12x - 9 > 0$$

lösen. Dazu gehen wir vor wie in Beispiel 4.2: Wir lösen zunächst die Gleichung

$$-3x^2 + 12x - 9 = 0 \quad \overset{:(-3)}{\Longleftrightarrow} \quad x^2 - 4x + 3 = 0 \quad \Longleftrightarrow \quad x_1 = 1, \quad x_2 = 3$$

(Vieta oder MNF), und stellen uns das Schaubild $K_{f'}$ vor: Es ist eine nach unten geöffnete Parabel mit den Nullstellen 1 und 3.

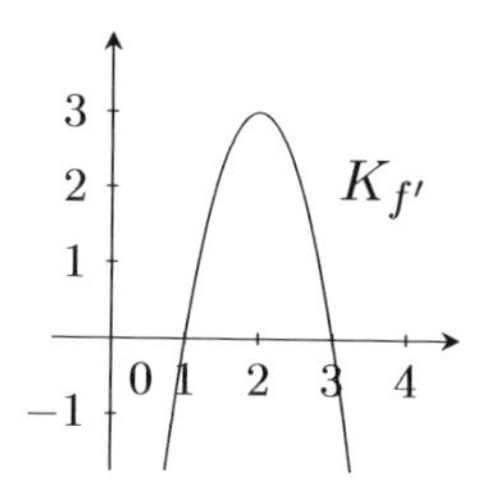

Abbildung L.25

Somit gilt

$$f'(x) > 0 \quad \text{auf } (1; 3), \text{ also ist } f \text{ dort sms,}$$

$$f'(x) < 0 \quad \text{auf } (-\infty; 1) \text{ oder } (3; \infty), \text{ also ist } f \text{ dort smf.}$$

d) Es geht um die Ungleichung

$$f'(x) = x^2 - x - 2 > 0,$$

die wir exakt wie in voriger Teilaufgabe lösen. Die zugehörige Gleichung $x^2 - x - 2 = 0$ besitzt nach Vieta die Lösungen $x_1 = -1$ und $x_2 = 2$. Da die Parabel $K_{f'}$ diesmal nach oben geöffnet ist, folgt (erstelle dir selbst eine Skizze falls nötig):

$$f'(x) > 0 \quad \text{auf } (-\infty; -1) \text{ oder } (2; \infty), \text{ also ist } f \text{ dort sms,}$$

$$f'(x) < 0 \quad \text{auf } (-1; 2), \text{ also ist } f \text{ dort smf.}$$

e) Diesmal haben wir es mit der Ungleichung

$$f'(x) = 1 + \cos(x) > 0$$

zu tun. Wir betrachten wieder zu zugehörige Gleichung

$$1 + \cos(x) = 0 \quad \Longleftrightarrow \quad \cos(x) = -1,$$

die, wenn man sich an den Einheitskreis erinnert, die unendliche Lösungsmenge

$$L = \{ \ldots\ -3\pi,\ -\pi,\ \pi,\ 3\pi,\ 5\pi,\ \ldots \}$$

besitzt. Für alle anderen x-Werte gilt $\cos(x) > -1$ (der Kosinus kann nicht negativer als -1 werden) bzw. $1 + \cos(x) > 0$, d.h. für $x \notin L$ haben wir

$$f'(x) = 1 + \cos(x) > 0.$$

Insgesamt gilt

$$f'(x) \geqslant 0 \quad \text{für alle } x \in \mathbb{R},$$

wobei die Nullstellen „vereinzelt" auftreten (immer im Abstand von 2π). Damit ist der Monotoniesatz für Polynome anwendbar (auch wenn f keine Polynomfunktion ist, erfüllt sie doch die Voraussetzung mit vereinzelten Nullstellen von f'), der besagt, dass

f auf ganz $\mathbb{R}$ sms ist.

f besitzt ein interessantes Schaubild – eine Sinuskurve, die sich um die erste Winkelhalbierende $y = x$ herumschlängelt, siehe Abbildung L.26. K_f ist tatsächlich sms auf $\mathbb{R}$ und besitzt unendlich viele Sattelpunkte, jeweils im Abstand von 2π.

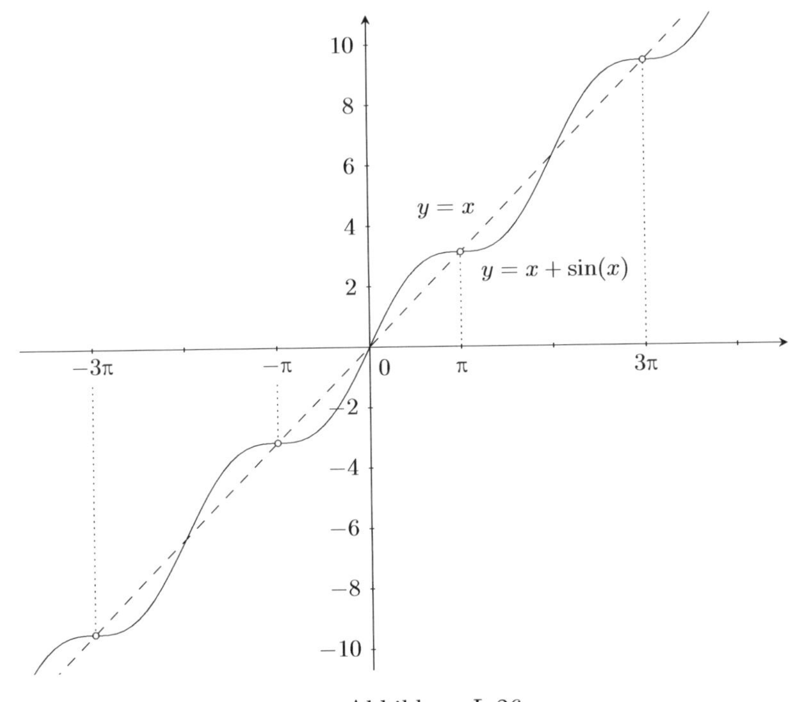

Abbildung L.26

L 4.2 Zunächst folgt aus dem Monotoniesatz, dass f sms auf I ist. Es gibt mehrere Möglichkeiten, das streng monotone Steigen von g zu begründen.

(1) Geometrisch: K_g entsteht aus K_f durch Verschieben um c in y-Richtung; dabei ändert sich am Monotonieverhalten natürlich nichts.

(2) Rechnerisch mit der Definition von Monotonie: Sind $x_1 < x_2$ Stellen in I, so gilt

$$f(x_1) < f(x_2),$$

da f sms ist. Addieren einer Konstante c (egal welchen Vorzeichens) erhält diese Ungleichung, d.h. es gilt auch

$$f(x_1) + c < f(x_2) + c.$$

Nach Definition von g steht hier aber nichts anderes als

$$g(x_1) < g(x_2),$$

sprich g ist ebenfalls sms.

(3) Mit Hilfe des Monotoniesatzes: Für die Ableitung von g gilt

$$g'(x) = \big(f(x) + c\big)' = f'(x) + 0 = f'(x) > 0 \quad \text{für alle } x \in I,$$

also ist g nach dem Monotoniesatz sms auf I.

L 4.3 Nachweis, dass $f(x) = x^3$ auf ganz $\mathbb{R}$ sms ist.

a) Ausmultiplizieren der rechten Seite ergibt

$$(u - v) \cdot (u^2 + \heartsuit + v^2) = u^3 + u\heartsuit + uv^2 - u^2v - v\heartsuit - v^3.$$

Damit sich dies zu $u^3 - v^3$ vereinfacht, muss gelten

$$u\heartsuit + uv^2 - u^2v - v\heartsuit = 0 \quad \iff \quad (u - v)\heartsuit = u^2v - uv^2 = (u - v) \cdot uv,$$

also muss man $\heartsuit = uv$ wählen. Somit gilt

$$u^3 - v^3 = (u - v) \cdot (u^2 + uv + v^2).$$

b) Fall (1): $u \geqslant 0$. Aufgrund von $u < v$ ist dann $v > 0$ und es folgt $uv \geqslant 0$. Da u^2 und v^2 nie negativ werden können, ergibt sich in diesem Fall

$$\underbrace{u^2}_{\geqslant 0} + \underbrace{uv}_{\geqslant 0} + \underbrace{v^2}_{>0} > 0.$$

Da laut Voraussetzung $u - v < 0$ ist (wegen $u < v$), folgt mit der Formel aus a)

$$u^3 - v^3 = \underbrace{(u - v)}_{<0} \cdot \underbrace{(u^2 + uv + v^2)}_{>0} < 0,$$

also ist $u^3 < v^3$, was nichts anderes als $f(u) < f(v)$ bedeutet.

Fall (2): $u < 0$ und $v \geqslant 0$. Hier ist $u^3 < 0$ (etwas Negatives hoch drei bleibt negativ) und $v^3 \geqslant 0$, also ist klar, dass hier $u^3 < v^3$ gilt.

Fall (3): $u < 0$ und $v < 0$. Was Negatives im Quadrat wird positiv, also ist $u^2 > 0$ und $v^2 > 0$. Negativ mal negativ ergibt positiv, also ist $uv > 0$ und wie in Fall (1) folgt

$$\underbrace{u^2}_{>0} + \underbrace{uv}_{>0} + \underbrace{v^2}_{>0} > 0$$

und daraus wieder

$$u^3 - v^3 = \underbrace{(u - v)}_{<0} \cdot \underbrace{(u^2 + uv + v^2)}_{>0} < 0.$$

Fall (3) alternativ: Aus $u < v < 0$ folgt $-u > -v > 0$, also sind wir in Fall (1), der hier $f(-u) > f(-v)$ besagt. Umformen ergibt

$$(-u)^3 > (-v)^3 \iff -u^3 > -v^3 \iff u^3 < v^3.$$

L 4.4 Wäre D_f ein Intervall, so würde der Monotoniesatz die strenge Monotonie von f liefern. Wählen wir aber $D_f = \mathbb{R}\setminus\{0\}$, so ist D_f kein zusammenhängendes Intervall mehr (sondern die Vereinigung der Intervalle $(-\infty\,;0)$ und $(0\,;\infty)$) und die Funktion

$$f(x) = \begin{cases} x + 1 & \text{für } x < 0 \\ x - 1 & \text{für } x > 0 \end{cases}$$

ist auf ganz D_f differenzierbar (die Problemstelle 0 gehört ja nicht zu D_f) und erfüllt

$$f'(x) = 1 > 0 \quad \text{für alle } x \in D_f.$$

Aber offensichtlich ist f nicht streng monton steigend auf D_f – siehe Abbildung L.27; z.B. ist

$$f(-0{,}5) = 0{,}5 > -0{,}5 = f(0{,}5), \quad \text{obwohl } -0{,}5 < 0{,}5.$$

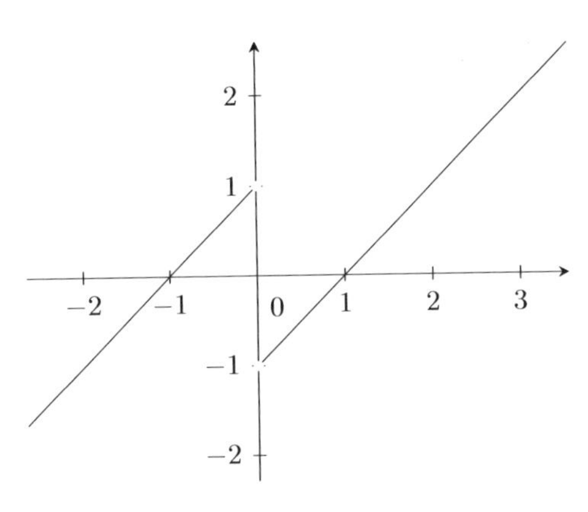

Abbildung L.27

Lösungen zu Kapitel 5

L 5.1 Untersuchung, ob A notwendig und/oder hinreichend für B ist.

a) Es gilt A $\Longrightarrow$ B (wir spielen hier nicht absichtlich den Klugscheißer und sagen Dinge wie: „außer die Straße ist überdacht“, oder „nur, wenn es auch tatsächlich über der Straße regnet und nicht anderswo“ ...), d.h. A ist hinreichend für B.
B $\Longrightarrow$ A hingegen gilt nicht, d.h. A ist nicht notwendig für B, denn die Straße kann auch aus anderen Gründen nass sein (Feuerhydrant kaputt, Bier-LKW umgekippt, Waldi musste dringend mal, etc.).

b) Zur Erinnerung: Eine Raute besitzt vier gleich lange Seiten. B $\Longrightarrow$ A stimmt (jedes Quadrat ist auch eine Raute), d.h. A ist notwendig für B. Offenbar ist aber nicht jede Raute ein Quadrat, d.h. A $\Longrightarrow$ B ist falsch, sprich A ist nicht hinreichend für B.

c) Nach dem Satz des Pythagoras gilt A $\Longrightarrow$ B; nach dem Kehrsatz des SdP (den man gesondert beweisen muss), stimmt auch B $\Longrightarrow$ A. Somit ist A notwendig *und* hinreichend für B; man sagt, A und B sind *äquivalent*.

d) A $\Longrightarrow$ B ist falsch, denn z.B. $n = 2$ ist zwar gerade, aber nicht durch 4 teilbar. Somit ist A nicht hinreichend für B. B $\Longrightarrow$ A hingegen stimmt: Eine Zahl der Form $4 \cdot k$ (mit $k \in \mathbb{Z}$) ist automatisch auch durch 2 teilbar, da $4 = 2 \cdot 2$ ist. A ist demnach notwendig für B.

e) A $\Longrightarrow$ B stimmt laut Monotoniesatz, d.h. A ist hinreichend für B. Das Beispiel $y = x^3$ zeigt, dass aus B nicht A folgt (nur $f'(x) \geqslant 0$), also ist A nicht notwendig für B.

L 5.2 Da D_f in allen Teilaufgaben keine Randpunkte besitzt, handelt es sich stets um innere Extremstellen (was nicht jedes Mal extra erwähnt wird) und auf Rand-Extremstellen muss nicht getestet werden.

a) Zweimal ableiten:

$$f'(x) = 2x - 2$$
$$f''(x) = 2.$$

Notwendige Bedingung für (innere) Extremstellen: $f'(x) = 0$, d.h.

$$2x - 2 = 0 \iff x = 1.$$

Somit ist $x = 1$ der einzige Extremstellenkandidat.

Hinreichende Bedingung für Extremstellen: $f''(x) \neq 0$.

$$f''(1) = 2 > 0 \Longrightarrow x = 1 \text{ ist Tiefstelle.}$$

(Klar, da K_f eine nach oben geöffnete Parabel ist.)
Das Minimum, also der y-Wert $f(1)$, beträgt $f(1) = 1^2 - 2 \cdot 2 = -1$. Somit ist $T\,(1\,|\,-1)$ der Tiefpunkt der Parabel K_f.

b) Zweimal ableiten:

$$f'(x) = x^2 + x - 2$$
$$f''(x) = 2x + 1.$$

Notwendige Bedingung für Extremstellen: $f'(x) = 0$, d.h.

$$x^2 + x - 2 = 0 \iff x_{1,2} = \frac{-1 \pm \sqrt{1^2 - 4 \cdot (-2)}}{2} = \frac{-1 \pm \sqrt{9}}{2} = \begin{cases} 1 \\ -2 \end{cases}$$

(schneller mit dem Satz von Vieta). Somit sind $x_1 = 1$ und $x_2 = -2$ die beiden Extremstellenkandidaten.

Hinreichende Bedingung für Extremstellen: $f''(x) \neq 0$.

$$f''(1) = 3 > 0 \implies x_1 = 1 \text{ ist Tiefstelle mit } f(1) = -\tfrac{1}{6},$$

$$f''(-2) = -3 < 0 \implies x_2 = -2 \text{ ist Hochstelle mit } f(-2) = \tfrac{13}{3}.$$

Extrempunkte von K_f: Ein Tiefpunkt $T\,(\,1\,|\,-\tfrac{1}{6}\,)$ und ein Hochpunkt $H\,(\,-2\,|\,\tfrac{13}{3}\,)$.

c) Zweimal ableiten:

$$f'(x) = -x^3 + 4x$$

$$f''(x) = -3x^2 + 4.$$

Notwendige Bedingung für Extremstellen: $f'(x) = 0$, d.h.

$$-x^3 + 4x = 0 \quad \iff \quad -x \cdot (x^2 - 4) \quad \overset{\text{NPS}}{\iff} \quad x = 0 \lor x^2 - 4 = 0,$$

also erhalten wir drei Extremstellenkandidaten $x_1 = 0$ und $x_{2,3} = \pm\sqrt{4} = \pm 2$.

Hinreichende Bedingung für Extremstellen: $f''(x) \neq 0$.

$$f''(0) = 4 > 0 \implies x_1 = 0 \text{ ist Tiefstelle mit } f(0) = 0.$$

$x_{2,3} = \pm 2$ kann man zusammen einsetzen, weil das $\pm$ durch das Quadrat wegfällt:

$$f''(\pm 2) = -3(\pm 2)^2 + 4 = -8 < 0 \implies x_{2,3} = \pm 2 \text{ sind Hochstellen mit } f(\pm 2) = 4.$$

Extrempunkte von K_f: Ein Tiefpunkt $T\,(\,0\,|\,0\,)$ und zwei Hochpunkte $H_{1,2}\,(\,\pm 2\,|\,4\,)$.

d) Zweimal ableiten:

$$f'(x) = x^4 - 5x^2 + 4$$

$$f''(x) = 4x^3 - 10x.$$

Notwendige Bedingung für Extremstellen: $f'(x) = 0$, d.h.

$$x^4 - 5x^2 + 4 = 0.$$

Dies ist eine biquadratische Gleichung, die durch die Substitution $x^2 = u$ übergeht in

$$u^2 - 5u + 4 = 0 \quad \iff \quad u_1 = 1,\, u_2 = 4 \quad \text{(Satz von Vieta oder MNF).}$$

Die Rücksubstitution $u = x^2$ führt auf $x^2 = 1$ oder $x^2 = 4$, also ergeben sich hier die vier Extremstellenkandidaten $x_{1,2} = \pm 1$ und $x_{3,4} = \pm 2$.

Hinreichende Bedingung für Extremstellen: $f''(x) \neq 0$.

$$f''(-1) = 6 > 0 \implies x_1 = -1 \text{ ist Tiefstelle mit } f(-1) = -\tfrac{38}{15}.$$

$$f''(1) = -6 < 0 \implies x_2 = 1 \text{ ist Hochstelle mit } f(1) = \tfrac{38}{15}.$$

Entsprechend erkennt man $x_3 = -2$ als Hoch- und $x_4 = 2$ als Tiefstelle.
Extrempunkte von K_f: Zwei Tiefpunkte $T_1\,(\,-1\,|\,-\tfrac{38}{15}\,)$ und $T_2\,(\,2\,|\,\tfrac{16}{15}\,)$ sowie zwei Hochpunkte $H_1\,(\,1\,|\,\tfrac{38}{15}\,)$ und $H_2\,(\,-2\,|\,-\tfrac{16}{15}\,)$.

Anmerkung: Hätte man von vornherein die Symmetrie von K_f zum Ursprung beachtet, hätte man sich hier viel Arbeit sparen können. (Warum?)

e) Zweimal ableiten:

$$f'(x) = -2x^5$$
$$f''(x) = -10x^4.$$

Notwendige Bedingung für Extremstellen: $f'(x) = 0$, d.h.

$$-2x^5 = 0 \iff x^5 = 0 \iff x = \sqrt[5]{0} = 0.$$

Somit ist $x = 0$ einziger Extremstellenkandidat.

Hinreichende Bedingung für Extremstellen: $f''(x) \neq 0$.

$$f''(0) = -10 \cdot 0^4 = 0; \quad \text{Pech gehabt!}$$

Daraus folgt n i c h t, dass $x = 0$ keine Extremstelle sein kann (wenn man sich das Schaubild K_f vorstellt, ist klar, dass $x = 0$ eine Hochstelle ist). Es m u s s der VZW von f' an der Stelle 0 untersucht werden. Das ist hier nicht schwer, denn da „negativ hoch 5 negativ bleibt", folgt

$$f'(x) = -2x^5 > 0 \quad \text{für alle } x < 0$$

und da „positiv hoch 5 positiv bleibt", gilt

$$f'(x) = -2x^5 < 0 \quad \text{für alle } x > 0.$$

Somit vollzieht f' bei $x = 0$ einen VZW von $+$ nach $-$, d.h. $x = 0$ ist eine Hochstelle. Alternativ mit Zahlen einsetzen: Es ist $f'(-1) = -2 \cdot (-1)^5 = -2 \cdot (-1) = 2 > 0$, also $f'(x) > 0$ für $x < 0$ und $f'(1) = -2 \cdot 1^5 = -2 < 0$, also $f'(x) < 0$ für $x > 0$.

Der einzige Extrempunkt von K_f ist der Hochpunkt $T\,(0\,|\,0)$.

f) Zweimal ableiten:

$$f'(x) = 2x^2 - 8x + 8$$
$$f''(x) = 4x - 8.$$

Notwendige Bedingung für Extremstellen: $f'(x) = 0$, d.h.

$$2x^2 - 8x + 8 = 0 \iff x^2 - 4x + 4 = 0 \iff (x-2)^2 = 0 \iff x = 2.$$

Somit ist $x = 2$ einziger Extremstellenkandidat.

Hinreichende Bedingung für Extremstellen: $f''(x) \neq 0$.

$$f''(2) = 4 \cdot 2 - 8 = 0; \quad \text{wieder Pech gehabt!}$$

Daraus folgt wie gesagt n i c h t, dass $x = 2$ keine Extremstelle sein kann. Es muss wieder der VZW von f' an der Stelle 2 untersucht werden. An der umgeformten Gestalt von f' erkennt man

$$f'(x) = 2 \cdot (x^2 - 4x + 4) = 2 \cdot (x-2)^2 > 0 \quad \text{für alle } x \neq 2.$$

Somit vollzieht f' keinen VZW bei $x = 2$, d.h. $x = 2$ ist keine Extremstelle (sondern eine Sattelstelle, siehe später). Damit besitzt K_f keine Extrempunkte.
Auf die Umformung mit dem Binom kommen natürlich die wenigstens von selbst; man kann den VZW hier auch wieder durch Einsetzen von Zahlen links und rechts der 2 prüfen: $f'(0) = 8 > 0$, also gilt $f'(x) > 0$ für alle $x < 2$; $f'(3) = 2 > 0$, also gilt auch $f'(x) > 0$ für alle $x > 2$, d.h. f' macht keinen VZW.

g) Beachte, dass hier der maximale Definitionsbereich nicht $\mathbb{R}$, sondern

$$D_f = \mathbb{R}\setminus\{0\} = (-\infty\,;0) \cup (0\,;\infty)$$

ist, weil man bei $\frac{2}{x}$ keine 0 einsetzen darf. Aber auch hier besitzt D_f keine Randstellen (diese gibt es nur bei abgeschlossenen Intervallen), sodass wir uns keine Sorgen über Rand-Extrema machen müssen.

Zweimal ableiten:

$$f'(x) = \frac{1}{2} - 2x^{-2} = \frac{1}{2} - \frac{2}{x^2}$$

$$f''(x) = 4x^{-3} = \frac{4}{x^3}\,.$$

Notwendige Bedingung für Extremstellen: $f'(x) = 0$, d.h.

$$\frac{1}{2} - \frac{2}{x^2} = 0 \quad \overset{\cdot 2x^2}{\iff} \quad x^2 - 4 = 0 \quad \iff \quad x = \pm 2.$$

Somit sind $x_{1,2} = \pm 2$ die beiden Extremstellenkandidaten.

Hinreichende Bedingung für Extremstellen: $f''(x) \neq 0$.

$$f''(2) = \frac{4}{2^3} = \frac{1}{2} > 0 \implies x_1 = 2 \text{ ist Tiefstelle mit } f(2) = 2.$$

$$f''(-2) = \frac{4}{(-2)^3} = -\frac{1}{2} < 0 \implies x_2 = -2 \text{ ist Hochstelle mit } f(-2) = -2.$$

K_f besitzt also einen Tiefpunkt $T\,(2\,|\,2)$ und einen Hochpunkt $H\,(-2\,|\,-2)$.

L 5.3 Zweimal ableiten von $f(x) = \sin(x)$:

$$f'(x) = \cos(x)$$

$$f''(x) = -\sin(x).$$

Notwendige Bedingung für innere Extremstellen: $f'(x) = 0$, d.h.

$$\cos(x) = 0 \quad (\text{auf } [\,0\,;2\pi\,]) \quad \iff \quad x_1 = \frac{\pi}{2}, \quad x_2 = \frac{3\pi}{2} \quad (\text{Einheitskreis!}).$$

Somit gibt es zwei innere (!) Extremstellenkandidaten auf $D_f = [\,0\,;2\pi\,]$.

Hinreichende Bedingung für innere Extremstellen: $f''(x) \neq 0$.

$$f''\!\left(\frac{\pi}{2}\right) = -\sin\!\left(\frac{\pi}{2}\right) = -1 < 0 \implies x_1 = \frac{\pi}{2} \text{ ist Hochstelle mit } f(x_1) = 1.$$

$$f''\!\left(\frac{3\pi}{2}\right) = -\sin\!\left(\frac{3\pi}{2}\right) = -(-1) = 1 > 0 \implies x_2 = \frac{3\pi}{2} \text{ ist Tiefstelle mit } f(x_2) = -1.$$

Somit besitzt die Sinuskurve auf $D_f = [\,0\,;2\pi\,]$ den Hochpunkt $H\,(\frac{\pi}{2}\,|\,1)$ und den Tiefpunkt $T\,(\frac{3\pi}{2}\,|\,-1)$, wie ein Blick auf die Sinuskurve in Abbildung L.28 sofort bestätigt.

Untersuchung auf Rand-Extrema nicht vergessen: $\sin(0) = 0$ ist der kleinste Wert in einer Umgebung ($\cap D_f$) von 0, also ist $T'\,(0\,|\,0)$ ein weiterer Tiefpunkt der eingeschränkten Sinuskurve. Entsprechend ist $H'\,(2\pi\,|\,0)$ ein weiterer Hochpunkt, da $\sin(2\pi) = 0$ der größte Wert in einer Umgebung ($\cap D_f$) von 2π ist, denn es ist $\sin(x) < 0$ für $x \in (\frac{3\pi}{2}\,;2\pi)$.

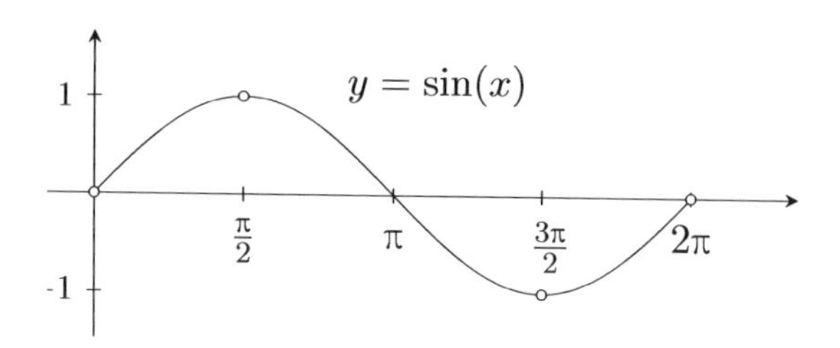

Abbildung L.28

L 5.4 Erstelle selbst Skizzen der Schaubilder, das hilft.

a) Es ist $f'(x) = 2 \neq 0$ für alle $x \in D_f = \mathbb{R}$, also gibt es keine inneren Extremstellen. Da $\mathbb{R}$ keine Randstellen besitzt, gibt es auch keine Randmaxima. Somit besitzt K_f überhaupt keine Extremstellen, was klar ist, denn K_f ist eine Gerade, die auf $\mathbb{R}$ weder einen größten noch einen kleinsten Wert annimmt.

b) Wie eben gibt es keine inneren Extrema. Diesmal sind aber die Randstellen 0 und 1 zu beachten. Es ist $f(0) = -2$ der kleinste Wert auf D_f, d.h. $x = 0$ ist eine Tiefstelle. Entsprechend ist $x = 1$ eine Hochstelle, da $f(1) = 0$ der größte Funktionswert ist, der auf D_f angenommen wird.

c) Beachte zunächst, dass die Ableitung $f'(x) = \frac{1}{2\sqrt{x}}$ nur auf $D_{f'} = (\,0\,;\infty\,)$ definiert ist, da $f'(0) = \frac{1}{2\sqrt{0}}$ nicht existiert. Offenbar gilt

$$f'(x) = \frac{1}{2\sqrt{x}} \neq 0 \quad \text{für alle } x \in D_{f'},$$

also gibt es keine inneren Extremstellen. Am linken Rand, also bei $x = 0$, nimmt f aber ein (globales) Minimum an, da $f(0) = \sqrt{0} = 0$ der kleinste Funktionswert auf D_f ist.

d) 0 ist eine Tiefstelle, da $|0| = 0$ der kleinste Funktionswert der Betragsfunktion ist. Man kann diese Tiefstelle allerdings nicht durch die Bedingung $f'(x) = 0$ auffinden, denn f ist in 0 nicht differenzierbar.
Extrema an solchen Knickstellen ohne Ableitung spielen für den Rest des Schuljahrs allerdings keine Rolle mehr.

L 5.5

a) Zweimal ableiten (für $x > 0$):

$$f'(x) = 1 - 4 \cdot \frac{1}{2\sqrt{x}} = 1 - \frac{2}{\sqrt{x}} = 1 - 2x^{-\frac{1}{2}}$$

$$f''(x) = -2 \cdot \Big(-\frac{1}{2}\Big)x^{-\frac{3}{2}} = x^{-\frac{3}{2}} = \frac{1}{\sqrt{x^3}}.$$

Notwendige Bedingung für innere Extremstellen: $f'(x) = 0$, d.h.

$$1 - \frac{2}{\sqrt{x}} = 0 \iff 1 = \frac{2}{\sqrt{x}} \iff \sqrt{x} = 2 \iff x = 4.$$

(Quadrieren im letzten Schritt ist hier sogar eine Äquivalenzumformung, da beide Seiten der Gleichung positiv sind.) Somit ist $x = 4$ innerer Extremstellenkandidat.

Hinreichende Bedingung für innere Extremstellen: $f''(x) \neq 0$.

$$f''(4) = \frac{1}{\sqrt{4^3}} = \frac{1}{\sqrt{64}} = \frac{1}{8} > 0 \implies x = 4 \text{ ist Tiefstelle mit } f(4) = -4.$$

Somit besitzt K_f den inneren Tiefpunkt $T\,(4\,|\,-4)$.

Untersuchung auf Rand-Extremum bei $x = 0$ nicht vergessen: Es ist $f(0) = 0$ und dies ist ein lokales Maximum. Beweis ohne Schaubild: Ausklammern von $\sqrt{x}$ liefert (beachte $x = \sqrt{x} \cdot \sqrt{x}$):

$$f(x) = x - 4\sqrt{x} = \sqrt{x} \cdot (\sqrt{x} - 4) < 0 \quad \text{für alle } 0 < x < 16,$$

da $\sqrt{x} > 0$ und $\sqrt{x} - 4 < 0$ für diese x-Werte gilt. Damit ist $H\,(0\,|\,0)$ ein lokaler Hochpunkt von K_f (aber kein globaler, da z.B. $f(25) = 25 - 4\sqrt{25} = 5 > f(0)$ ist). Schaubild: Siehe Abbildung L.29 (die leichte „Delle" von K_f auf Höhe von $y = -2$ ist ein Fehler des Zeichenprogramms).

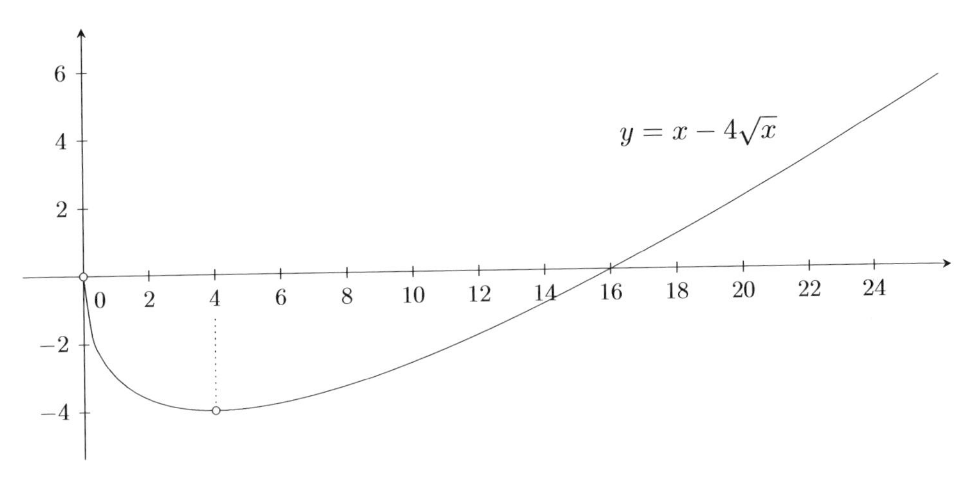

Abbildung L.29

b) Zweimal ableiten:

$$f'(x) = \frac{1}{2} + \sin(x)$$

$$f''(x) = \cos(x).$$

Notwendige Bedingung für innere Extremstellen: $f'(x) = 0$, d.h.

$$\frac{1}{2} + \sin(x) = 0 \quad \Longleftrightarrow \quad \sin(x) = -\frac{1}{2}.$$

Von letztem Jahr weißt du vielleicht noch, dass $\sin(\frac{\pi}{6}) = \frac{1}{2}$ ist und am Einheitskreis erkennt man, dass dann $\sin(-\frac{\pi}{6}) = -\frac{1}{2}$ ist. Alternativ liefert der TR (bei mode auf RAD stellen)

$$x_1 = \sin^{-1}(-0{,}5) = -\frac{\pi}{6}.$$

Aufgrund der Periodizität des Sinus erhalten die folgenden Extremstellenkandidaten:

$$x_{1,k} = -\frac{\pi}{6} + 2k\pi, \quad k \in \mathbb{Z}.$$

Erneut durch Symmetrie am Einheitskreis erkennt man $x_2 = \pi + \frac{\pi}{6} = \frac{7\pi}{6}$ als weitere Stelle mit $\sin(x_2) = -\frac{1}{2}$ und damit bekommen wir eine zweite Folge von Extremstellenkandidaten:

$$x_{2,k} = \frac{7\pi}{6} + 2k\pi, \quad k \in \mathbb{Z}.$$

Hinreichende Bedingung für innere Extremstellen: $f''(x) \neq 0$. Da die $x_{1,k}$ Punkte im vierten Quadranten des Einheitskreises repräsentieren, ist der Kosinus dort positiv, d.h.

$$f''(x_{1,k}) = \cos(x_{1,k}) > 0 \implies x_{1,k} \text{ sind Tiefstellen.}$$

Für die y-Werte gilt

$$y_{1,k} = \frac{x_{1,k}}{2} - \cos(x_{1,k}) = \frac{-\frac{\pi}{6} + 2k\pi}{2} - \cos\left(-\frac{\pi}{6} + 2k\pi\right) = -\frac{\pi}{12} + k\pi - \frac{\sqrt{3}}{2}.$$

Die $x_{2,k}$ repräsentieren Punkte im dritten Quadranten des Einheitskreises, wo der Kosinus negativ ist, d.h.

$$f''(x_{2,k}) = \cos(x_{2,k}) < 0 \implies x_{2,k} \text{ sind Hochstellen.}$$

Für die y-Werte gilt

$$y_{2,k} = \frac{x_{2,k}}{2} - \cos(x_{2,k}) = \frac{\frac{7\pi}{6} + 2k\pi}{2} - \cos\left(\frac{7\pi}{6} + 2k\pi\right) = \frac{7\pi}{12} + k\pi + \frac{\sqrt{3}}{2}.$$

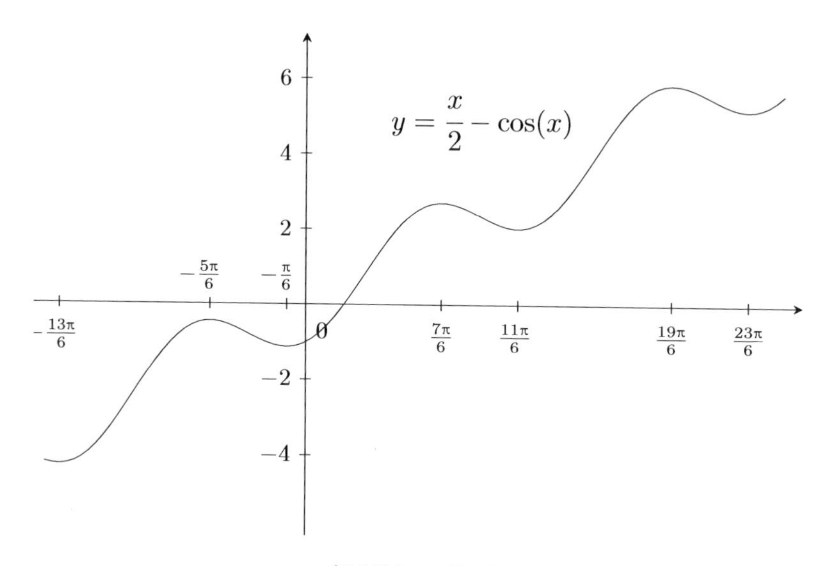

Abbildung L.30

L 5.6

a) Dreimal ableiten:

$$f'(x) = x^2 - 2x + 2$$
$$f''(x) = 2x - 2$$
$$f'''(x) = 2.$$

Notwendige Bedingung für Wendestellen: $f''(x) = 0$, d.h.

$$2x - 2 = 0 \iff x = 1.$$

Somit ist $x = 1$ der einzige Wendestellenkandidat.

Hinreichende Bedingung für Wendestellen: $f'''(x) \neq 0$.

$$f'''(1) = 2 \neq 0 \implies x = 1 \text{ ist Wendestelle.}$$

b) Dreimal ableiten:

$$f'(x) = \frac{1}{4}x^4 - 2x^2 + 42$$
$$f''(x) = x^3 - 4x$$
$$f'''(x) = 3x^2 - 4.$$

Notwendige Bedingung für Wendestellen: $f''(x) = 0$, d.h.

$$x^3 - 4x = 0 \iff x \cdot (x^2 - 4) = 0 \overset{\text{NPS}}{\iff} x = 0 \vee x^2 - 4 = 0.$$

Somit sind $x_1 = 0$ und $x_{2,3} = \pm 2$ die drei Wendestellenkandidaten.

Hinreichende Bedingung für Wendestellen: $f'''(x) \neq 0$.

$$f'''(0) = -4 \neq 0 \implies x_1 = 0 \text{ ist Wendestelle,}$$

$$f'''(\pm 2) = 3 \cdot (-2)^2 - 4 = 8 \neq 0 \implies x_{2,3} = \pm 2 \text{ sind Wendestellen.}$$

L 5.7 Schaut man sich die Sinuskurve an, dann ist anschaulich klar, dass die Stellen mit der größten bzw. kleinsten Steigung die Nullstellen, also die Schnittstellen der Sinuskurve mit der x-Achse sind.

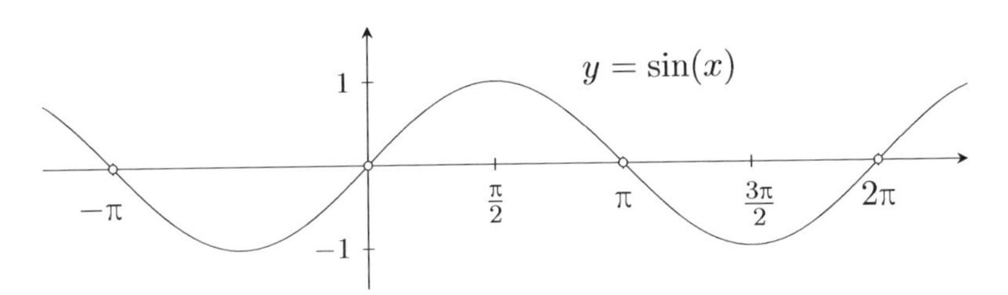

Abbildung L.31

Dies wollen wir nun rechnerisch bestätigen. Dreimal ableiten von $f(x) = \sin(x)$:

$$f'(x) = \cos(x)$$
$$f''(x) = -\sin(x)$$
$$f'''(x) = -\cos(x).$$

Notwendige Bedingung für Wendestellen: $f''(x) = 0$, d.h.

$$-\sin(x) = 0 \iff \sin(x) = 0 \iff x = k \cdot \pi \quad \text{mit } k \in \mathbb{Z} \text{ (Einheitskreis).}$$

Somit sind $x_k = k\pi$, $k \in \mathbb{Z}$, also die unendlich vielen Nullstellen der Sinusfunktion, die Wendestellenkandidaten.

Da der Kosinus an diesen Stellen ± 1 ist (je nachdem, ob k gerade oder ungerade ist), ist die hinreichende Bedingung für Wendestellen erfüllt: $f'''(x_k) \neq 0$. Die Wendepunkte der Sinuskurve sind also genau ihre Schnittpunkte mit der x-Achse: $W_k\,(\,k\pi\,|\,0\,)$, $k \in \mathbb{Z}$.

L 5.8 Dreimal ableiten:

$$f'(x) = \frac{1}{16}x^3 - \frac{3}{8}x^2$$

$$f''(x) = \frac{3}{16}x^2 - \frac{3}{4}x$$

$$f'''(x) = \frac{3}{8}x - \frac{3}{4}.$$

Notwendige Bedingung für Wendestellen: $f''(x) = 0$, d.h.

$$\frac{3}{16}x^2 - \frac{3}{4}x = 0 \iff \frac{3}{16}x \cdot (x-4) = 0 \overset{\text{NPS}}{\iff} x = 0 \vee x = 4.$$

Somit sind $x_1 = 0$ und $x_2 = 4$ die beiden Wendestellenkandidaten. Da in der Aufgabe die Existenz zweier Wendepunkte vorausgesetzt wird, kann man hier auf die hinreichende Bedingung verzichten. Die beiden Wendepunkte sind $W_1(0|0)$ (sogar ein Sattelpunkt, da $f'(0) = 0$) und $W_2(4|-4)$.
Gesucht ist der Flächeninhalt des Dreiecks W_1W_2N. Die Wendetangente in $W_1(0|0)$ ist einfach die x-Achse, da $f'(0) = 0$ ist. Die Gleichung der Wendetangente in W_2 bestimmen wir mit Hilfe der allgemeinen Tangentengleichung:

$$t(x) = f'(4) \cdot (x-4) + f(4) = -2 \cdot (x-4) - 4 = -2x + 4.$$

Ihre Nullstelle N liegt bei $x = 2$ (da $t(x) = 0$ auf $x = 2$ führt).

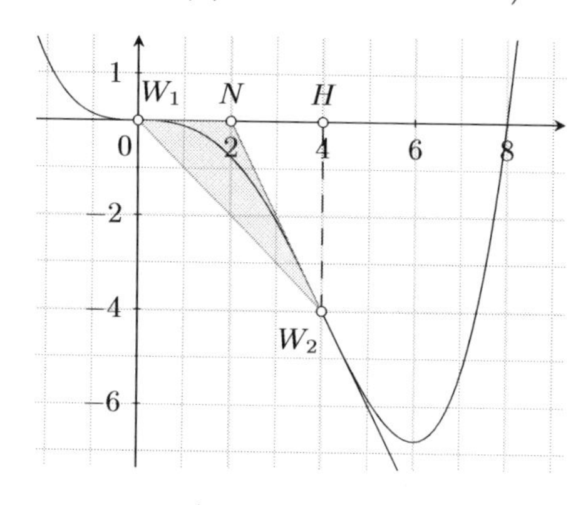

Abbildung L.32

Wählen wir W_1N als Grundseite des Dreiecks W_1W_2N, so beträgt ihre Länge $|W_1N| = 2$. Die zugehörige Höhe ist

$$h = |HW_2| = 4$$

und für den Flächeninhalt folgt

$$A = \frac{1}{2}gh = \frac{1}{2} \cdot 2 \cdot 4 = 4 \text{ (FE)}.$$

L 5.9 Für das Krümmungsverhalten muss die Ungleichung $f''(x) > 0$ gelöst werden.

a) Zweimal ableiten:

$$f'(x) = x - 5, \qquad f''(x) = 1.$$

Offenbar gilt $f''(x) > 0$ für alle $x \in \mathbb{R}$, d.h. K_f ist auf ganz $\mathbb{R}$ linksgekrümmt. Das ist klar, da K_f eine nach oben geöffnete Parabel ist (Skizze selber).

b) Zweimal ableiten:

$$f'(x) = 3x^2 - 6x + 1, \qquad f''(x) = 6x - 6.$$

Es folgt

$$f''(x) > 0 \iff 6x - 6 > 0 \iff x > 1.$$

Entsprechend gilt $f''(x) < 0$ für $x < 1$. Somit ist K_f linksgekrümmt auf $(1; \infty)$ und rechtsgekrümmt auf $(-\infty; 1)$, wie ein Blick auf Abbildung L.33 bestätigt.

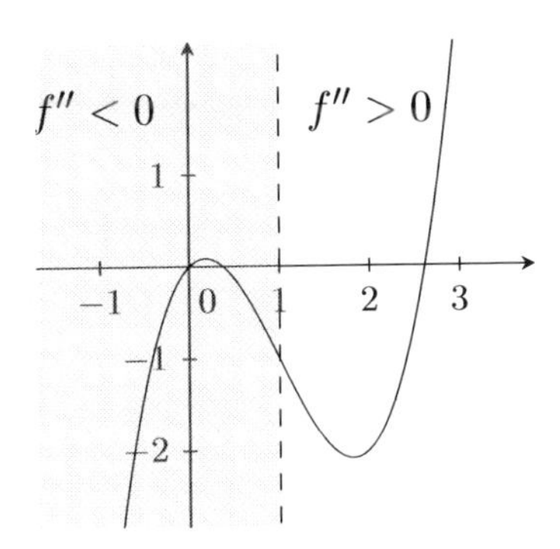

Abbildung L.33

c) Zweimal ableiten:

$$f'(x) = 4x^3 - 3x^2 + 2x, \qquad f''(x) = 12x^2 - 6x + 2.$$

Es folgt

$$f''(x) > 0 \iff 12x^2 - 6x + 2 > 0 \iff 6x^2 - 3x + 1 > 0.$$

Wir lösen die zugehörige quadratische Gleichung. Diese besitzt aufgrund von

$$x_{1,2} = \frac{3 \pm \sqrt{9 - 24}}{12} = \frac{3 \pm \sqrt{-15}}{12} \quad ↯$$

keine reellen Lösungen, d.h. $f''(x)$ wird nie 0. Da $f''(0) = 2 > 0$ ist (und Polynome „keine Sprünge machen"), gilt $f''(x) > 0$ auf ganz $\mathbb{R}$, d.h. K_f ist auf ganz $\mathbb{R}$ eine Linkskurve; siehe Abbildung L.34.

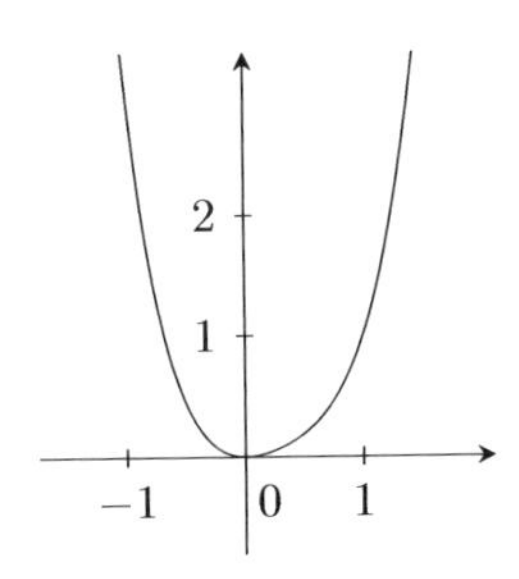

Abbildung L.34

Lösungen zu Kapitel 6

L 6.1 Um die Nullstellen zu finden, muss die Gleichung $f(x) = 0$ gelöst werden.

a) Addieren von $\frac{3}{10}$ und multiplizieren mit $(\frac{2}{5})^{-1} = \frac{5}{2}$ liefert

$$f(x) = \frac{2}{5}x - \frac{3}{10} = 0 \iff \frac{2}{5}x = \frac{3}{10} \iff x = \frac{5}{2} \cdot \frac{3}{10} = \frac{3}{4}.$$

b) Wir präsentieren 4 Lösungswege; (1) und (4) sind am ehesten zu empfehlen.

(1) Ausklammern von x ergibt

$$x^2 - 2x = x \cdot (x - 2) = 0$$

und nach dem Nullproduktsatz (NPS) muss dann

$$x = 0 \quad \text{oder} \quad x - 2 = 0$$

gelten, sodass die Nullstellen $x_1 = 0$ und $x_2 = 2$ lauten.

(2) Addiert man erst $2x$, kommt man auf $x^2 = 2x$, und wenn man nun durch x teilt, darf man den Fall $x = 0$ nicht übersehen (denn durch Null darf man nicht teilen!). Für $x \neq 0$ führt Teilen durch x auf $\frac{x^2}{x} = \frac{2x}{x}$, d.h. $x = 2$. Den Fall $x = 0$ muss man gesondert betrachten: Es ist $0^2 = 2 \cdot 0$, also ist auch 0 eine Lösung, sodass man wieder die Nullstellen $x_1 = 0$ und $x_2 = 2$ erhält. Die Gefahr bei dieser Vorgehensweise ist eben, dass man $x = 0$ übersieht und so eine Nullstelle zu wenig erhält.

(3) Als dritte Möglichkeit kann man natürlich auch die gute alte Mitternachtsformel auf $x^2 - 2x + 0 = 0$ anwenden (beachte, dass $4 \cdot 1 \cdot 0 = 0$ ist und nicht 4; ein beliebter Fehler):

$$x_{1,2} = \frac{-(-2) \pm \sqrt{(-2)^2 - 4 \cdot 1 \cdot 0}}{2} = \frac{2 \pm \sqrt{4}}{2} = \begin{cases} 2 \\ 0. \end{cases}$$

(4) Mit dem Satz von Vieta: $x_1 + x_2 = -(-2) = 2$ und $x_1 \cdot x_2 = 0$ liefert sofort $x_1 = 0$ und $x_2 = 2$.

c) Erkennt man das zweite Binom, sieht man sofort, dass

$$x^2 - 4x + 4 = (x - 2)^2 = 0$$

nur für $x = 2$ erfüllt ist. Somit ist $x = 2$ eine doppelte Nullstelle.

d) Beidseitiges Teilen von $f(x) = 0$ durch 3 liefert zunächst

$$x^2 + x - 6 = \frac{0}{3} = 0.$$

Da nun eine 1 vor dem x^2 steht, können wir den Satz von Vieta anwenden: Laut diesem sind x_1 und x_2 Lösungen der Gleichung $x^2 + bx + c = 0$, wenn sie

$$x_1 + x_2 = -b = -1 \quad \text{und} \quad x_1 \cdot x_2 = c = -6$$

erfüllen. Nach kurzem Überlegen kommt man auf $x_1 = 2$ und $x_2 = -3$. Die Mitternachtsformel bestätigt dies:

$$x_{1,2} = \frac{-1 \pm \sqrt{1^2 - 4 \cdot 1 \cdot (-6)}}{2} = \frac{-1 \pm \sqrt{25}}{2} = \begin{cases} 2 \\ -3. \end{cases}$$

e) Um $f(x) = x^2 - 2x + \frac{3}{4} = 0$ mit Vieta zu lösen, suchen wir Zahlen x_1, x_2 mit

$$x_1 + x_2 = -(-2) = 2 \quad \text{und} \quad x_1 \cdot x_2 = \tfrac{3}{4},$$

also $x_1 = \frac{3}{2}$ und $x_2 = \frac{1}{2}$. Die Mitternachtsformel bestätigt dies wieder:

$$x_{1,2} = \frac{-(-2) \pm \sqrt{(-2)^2 - 4 \cdot 1 \cdot \frac{3}{4}}}{2} = \frac{2 \pm \sqrt{1}}{2} = \begin{cases} \frac{3}{2} \\ \frac{1}{2}. \end{cases}$$

f) Ausklammern von x ergibt

$$x(x^2 - 6x + 8) = 0,$$

was laut NPS auf $x = 0$ oder $x^2 - 6x + 8 = 0$ führt. Somit sind die Nullstellen $x_1 = 0$, $x_2 = 2$ und $x_3 = 4$ ($x_{2,3}$ über Vieta oder Mitternachtsformel).

g) Hier muss $x^2 = u$ substituiert werden, da man dann aufgrund von $x^4 = (x^2)^2 = u^2$ die quadratische Gleichung

$$u^2 - 6u + 8 = 0$$

für u erhält, deren Lösungen $u_1 = 2$ und $u_2 = 4$ sind. Rücksubstitution $u = x^2$ und Wurzelziehen führt auf $x_{1,2} = \pm\sqrt{2}$ und $x_{3,4} = \pm\sqrt{4} = \pm 2$.

h) Ausklammern von x^2 liefert

$$x^2(x^4 - 2x^2 - 8) = 0,$$

also $x^2 = 0$ oder $x^4 - 2x^2 - 8 = 0$ nach dem NPS. Die erste (doppelte) Nullstelle ist somit $x_1 = 0$, die zweite Gleichung geht nach Substitution $x^2 = u$ über in

$$u^2 - 2u - 8 = 0$$

mit den Lösungen $u_1 = 4$ und $u_2 = -2$ (Vieta). Rücksubstitution $u = x^2$ und Wurzelziehen liefert $x_{2,3} = \pm\sqrt{4} = \pm 2$, während $x^2 = -2 < 0$ auf keine weiteren (reellen) Nullstellen führt.

i) Die Gleichung $x^2 + 1 = 0$ bzw. $x^2 = -1$ besitzt keine reellen Lösungen, da $x^2 < 0$ in $\mathbb{R}$ nicht möglich ist (bzw. „$\sqrt{-1}$" in $\mathbb{R}$ nicht existiert). Kenner der komplexen Zahlen werden verstehen, warum dies Aufgabe „i" ist :).

L 6.2 Polynomdividieren bis der Arzt kommt. (Nochmals der Hinweis: Hier sind die Minusklammern alle aufgelöst, was ich dir beim Aufschreiben nicht empfehlen würde.)

a)
$$\begin{array}{l} (\;\; x^2 - 2x + 1) : (x - 1) = x - 1 \\ \underline{-x^2 \;\; + x} \\ \qquad\quad -x + 1 \\ \qquad\quad \underline{\;\;\; x - 1} \\ \qquad\qquad\quad 0 \end{array}$$

Wer das Binom erkennt, kann sich die Polynomdivision natürlich auch sparen, denn

$$\frac{x^2 - 2x + 1}{x - 1} = \frac{(x-1)^2}{x - 1} = x - 1 \quad :).$$

b)

$$\begin{array}{l}
\big(\;x^3 - 37x^2 + x - 37\big) : (x - 37) = x^2 + 1 \\
\underline{-x^3 + 37x^2} \\
\qquad\qquad x - 37 \\
\qquad\qquad \underline{-x + 37} \\
\qquad\qquad\qquad 0
\end{array}$$

c)

$$\begin{array}{l}
\big(\;3x^3 - 6x^2 - 5x + 10\big) : (3x^2 - 5) = x - 2 \\
\underline{-3x^3 \qquad + 5x} \\
\qquad -6x^2 \qquad + 10 \\
\qquad \underline{6x^2 \qquad - 10} \\
\qquad\qquad\qquad 0
\end{array}$$

d)

$$\begin{array}{l}
\big(\;x^3 + 5x^2 + x - 11\big) : (x^2 + x - 3) = x + 4 + \dfrac{1}{x^2 + x - 3} \\
\underline{-x^3 - x^2 + 3x} \\
\qquad 4x^2 + 4x - 11 \\
\qquad \underline{-4x^2 - 4x + 12} \\
\qquad\qquad\qquad 1
\end{array}$$

e)

$$\begin{array}{l}
\big(\;x^3 \qquad + 6x + 8\big) : (x^2 - x + 8) = x + 1 + \dfrac{-x}{x^2 - x + 8} \\
\underline{-x^3 + x^2 - 8x} \\
\qquad x^2 - 2x + 8 \\
\qquad \underline{-x^2 + x - 8} \\
\qquad\qquad -x
\end{array}$$

f) Ganz viele Lücken für $0x^4$, $0x^3$ etc. lassen.

$$\begin{array}{l}
\big(\;x^5 \qquad\qquad\qquad\qquad - 1\big) : (x - 1) = x^4 + x^3 + x^2 + x + 1 \\
\underline{-x^5 + x^4} \\
\qquad x^4 \\
\qquad \underline{-x^4 + x^3} \\
\qquad\qquad x^3 \\
\qquad\qquad \underline{-x^3 + x^2} \\
\qquad\qquad\qquad x^2 \\
\qquad\qquad\qquad \underline{-x^2 + x} \\
\qquad\qquad\qquad\qquad x - 1 \\
\qquad\qquad\qquad\qquad \underline{-x + 1} \\
\qquad\qquad\qquad\qquad\qquad 0
\end{array}$$

L 6.3

a) Erraten von $x_1 = 1$: $f(1) = 1 - 1 - 4 + 4 = 0$ ✓. Polynomdivision durch $(x - 1)$:

$$\begin{array}{l}
\big(\;x^3 - x^2 - 4x + 4\big) : (x - 1) = x^2 - 4. \\
\underline{-x^3 + x^2} \\
\qquad\quad -4x + 4 \\
\qquad\quad \underline{4x - 4} \\
\qquad\qquad\quad 0
\end{array}$$

Die verbleibende Gleichung $x^2 - 4 = 0$ besitzt die Lösungen $x_{2,3} = \pm 2$, also liegen die Nullstellen von f bei -2, 1 und 2.

b) Wieder klappt es mit $x_1 = 1$ (selber ausprobieren). Polynomdivision durch $(x-1)$:

$$
\begin{array}{l}
\big(\quad x^4 - 2x^3 + 2x^2 - 2x + 1\big) : \big(x-1\big) = x^3 - x^2 + x - 1. \\
\underline{-x^4 \ + x^3} \\
\qquad -x^3 + 2x^2 \\
\qquad \underline{\ \ x^3 \ - x^2} \\
\qquad\qquad x^2 - 2x \\
\qquad\qquad \underline{-x^2 \ + x} \\
\qquad\qquad\qquad -x + 1 \\
\qquad\qquad\qquad \underline{\ \ \ x - 1} \\
\qquad\qquad\qquad\qquad 0
\end{array}
$$

Die verbleibende Gleichung dritten Grades,

$$x^3 - x^2 + x - 1 = 0,$$

muss man auf dieselbe Art lösen. Auch hier ist $x_2 = 1$ eine Lösung (laaangweilig!) und erneute Polynomdivision durch $(x-1)$ ergibt

$$
\begin{array}{l}
\big(\quad x^3 - x^2 + x - 1\big) : \big(x-1\big) = x^2 + 1. \\
\underline{-x^3 + x^2} \\
\qquad\qquad x - 1 \\
\qquad\qquad \underline{-x + 1} \\
\qquad\qquad\qquad 0
\end{array}
$$

Die auf Grad 2 heruntergekochte Restgleichung,

$$x^2 + 1 = 0,$$

besitzt keine Lösungen in $\mathbb{R}$, da $x^2 = -1$ dort nicht erfüllbar ist. Somit ist 1 die einzige Nullstelle von f, dafür aber eine doppelte. Was dies bedeutet, werden wir später sehen.

c) Die einzig möglichen ganzzahligen Nullstellen von f sind ± 1 oder ± 7, da die Primzahl $a_0 = 7$ nur durch diese vier teilbar ist. Die positiven Möglichkeiten 1 und 7 scheiden aus, da offensichtlich $f(x) > 0$ für $x > 0$ gilt (lauter positive Summanden). Auch $f(-1)$ ist nicht 0, sodass $x_1 = -7$ unsere letzte ganzzahlige Hoffnung bleibt. Und tatsächlich:

$$f(-7) = (-7)^3 + 8 \cdot 49 - 56 + 7 = -7 \cdot 49 + 8 \cdot 49 - 49 = 49 - 49 = 0,$$

d.h. Polynomdivision mit $(x - (-7)) = (x + 7)$ wird uns weiterführen.

$$
\begin{array}{l}
\big(\quad x^3 + 8x^2 + 8x + 7\big) : \big(x+7\big) = x^2 + x + 1. \\
\underline{-x^3 - 7x^2} \\
\qquad\quad x^2 + 8x \\
\qquad \underline{-x^2 - 7x} \\
\qquad\qquad\quad x + 7 \\
\qquad\qquad \underline{-x - 7} \\
\qquad\qquad\qquad 0
\end{array}
$$

Die verbleibende quadratische Gleichung,

$$x^2 + x + 1 = 0,$$

besitzt aufgrund der negativen Diskriminante ($1^2 - 4 \cdot 1 \cdot 1 = -3 < 0$) keine reellen Lösungen, sodass $x_1 = 7$ die einzige Nullstelle von f ist.

d) Zunächst wird x ausgeklammert:

$$x^4 - 6x^3 + 11x^2 - 6x = x \cdot (x^3 - 6x^2 + 11x - 6) = 0,$$

was laut NPS auf $x_1 = 0$ oder $x^3 - 6x^2 + 11x - 6 = 0$ führt. Bei der zweiten Gleichung errät man $x_2 = 1$ als Lösung und Polynomdivison liefert

$$\begin{array}{l}
\big(\quad x^3 - 6x^2 + 11x - 6\big) : \big(x - 1\big) = x^2 - 5x + 6. \\
\underline{-x^3 \ + x^2} \\
\qquad - 5x^2 + 11x \\
\qquad \underline{\ \ 5x^2 \ - 5x} \\
\qquad\qquad\quad 6x - 6 \\
\qquad\qquad \underline{- 6x + 6} \\
\qquad\qquad\qquad 0
\end{array}$$

Die verbleibende quadratische Gleichung,

$$x^2 - 5x + 6 = 0,$$

besitzt laut Vieta die Lösungen $x_3 = 2$ und $x_4 = 3$, also hat man die vier Nullstellen 0, 1, 2 und 3 für f gefunden; mehr kann es aufgrund von $\mathrm{Grad}(f) = 4$ auch gar nicht geben.

L 6.4

a) Durch Ausmultiplizieren entsteht eine „Teleskopsumme", die durch Wegstreichen auf ihren ersten und letzten Summanden zusammenschrumpft:

$$\begin{aligned}
&(x - b) \cdot (x^{n-1} + x^{n-2}b + x^{n-3}b^2 + \ldots + xb^{n-2} + b^{n-1}) \\
&= (x^n + x^{n-1}b + x^{n-2}b^2 + \ldots + x^2b^{n-2} + xb^{n-1} \\
&\qquad - x^{n-1}b - x^{n-2}b^2 - \ldots - x^2b^{n-2} - xb^{n-1} - b^n \\
&= x^n - b^n.
\end{aligned}$$

Wem das zu viele Buchstaben sind, der überzeuge sich konkret für $n = 4$ von der Gültigkeit von

$$(x - b) \cdot (x^3 + x^2b + xb^2 + b^3) = x^4 - b^4.$$

b) Für $f(x) - f(b)$ folgt mit der Formel aus a)

$$\begin{aligned}
f(x) - f(b) = &\quad a_nx^n + a_{n-1}x^{n-1} + \ldots + a_1x + a_0 \\
&- (a_nb^n + a_{n-1}b^{n-1} + \ldots + a_1b + a_0) \\
= &\ a_n(x^n - b^n) + a_{n-1}(x^{n-1} - b^{n-1}) + \ldots + a_1(x - b) + a_0 - a_0 \\
\overset{\text{a)}}{=} &\ a_n(x - b) \cdot (x^{n-1} + \ldots + b^{n-1}) \\
&+ a_{n-1}(x - b) \cdot (x^{n-2} + \ldots + b^{n-2}) + \ldots + a_1(x - b)
\end{aligned}$$

Jeder Summand dieses Monstrums enthält den Faktor $(x - b)$ und nach Ausklammern von selbigem bleibt

$$f(x) - f(b) = (x - b) \cdot g(x) \qquad (\star)$$

stehen, wobei g das Polynom mit

$$g(x) = a_n x^{n-1} + \ldots + a_n b^{n-1} + a_{n-1} x^{n-2} + \ldots + a_{n-1} b^{n-2} + \ldots + a_1$$

ist. Das könnte man jetzt noch nach Potenzen sortieren, aber die Mühe lohnt sich nicht, denn man erkennt bereits so, dass g den Grad $n-1$ besitzt, und nur das ist wichtig.

c) Gilt nun $f(b) = 0$, so geht $(\star)$ über in

$$f(x) = (x - b) \cdot g(x),$$

also genau die vom Reduktionssatz behauptete Faktorisierung von f.

L 6.5

a) f ist ein gerades Polynom, also ist K_f symmetrisch zur y-Achse. Sicherheitshalber doch einmal noch der vollständige Nachweis:

$$f(-x) = (-x)^4 - 2(-x)^2 + 4 = x^4 - 2x^2 + 4 = f(x),$$

und da dies für alle $x \in D_f = \mathbb{R}$ gilt, ist K_f in der Tat symmetrisch zur y-Achse.

b) Diesmal ist f ein gemischtes Polynom, d.h. weder gerade noch ungerade, also gilt weder $f(-x) = f(x)$ noch $f(-x) = -f(x)$ für alle $x \in D_f = \mathbb{R}$ (finde e i n Gegenbeispiel). Somit weist K_f keine einfache Symmetrie (zum Koordinatensystem) auf. Ob eine andere Achsen- oder Punktsymmetrie vorliegt, kann so nicht entschieden werden. (Plottet man das Schaubild, erkennt man, dass keine Symmetrie vorliegt.)

c) f ist ein ungerades Polynom, also ist K_f punktsymmetrisch zum Ursprung.

d) Die brachiale Lösung wäre, komplett auszumultiplizieren. Eleganter: Beim Ausmultiplizieren treffen stets gerade auf ungerade Hochzahlen, und da gerade + ungerade stets ungerade ergibt, ist f ein ungerades Polynom, weshalb K_f punktsymmetrisch zum Ursprung ist.
Oder: f ist das Produkt

$$f(x) = g(x) \cdot h(x)$$

aus dem geraden Polynom $g(x) = x^6 + 17x^4 - 2$ und dem ungeraden Polynom $h(x) = x^3 - x$, also gilt

$$f(-x) = g(-x) \cdot h(-x) = g(x) \cdot \big(-h(x)\big) = -g(x) \cdot h(x) = -f(x)$$

für alle $x \in D_f = \mathbb{R}$, sprich f ist ungerade.

L 6.6

a) Für alle $x \in D_f = \mathbb{R}$ (Nenner kann nie Null werden, da stets $x^2 + 1 > 0$) gilt

$$f(-x) = \frac{(-x)^3}{(-x)^2 + 1} = \frac{-x^3}{x^2 + 1} = -\frac{x^3}{x^2 + 1} = -f(x),$$

d.h. K_f ist punktsymmetrisch zum Ursprung. (Dies gilt immer, wenn f von der Form ungerades durch gerades Polynom oder umgekehrt ist.)

b) Für alle $x \in D_f = \mathbb{R}\setminus\{0\}$ gilt

$$f(-x) = \frac{(-x)^3 + (-x)}{(-x)^3} = \frac{-x^3 - x}{-x^3} = \frac{-(x^3 + x)}{-x^3} = \frac{x^3 + x}{x^3} = f(x),$$

weshalb K_f symmetrisch zur y-Achse verläuft. (Dies gilt immer, wenn f von der Form ungerades durch ungerades Polynom oder gerades durch gerades Polynom ist.)

L 6.7 Ist GFS-Thema (Schülerreferat), deshalb gibts keine Lösung.

L 6.8 Ebenso. Außerdem macht doch eh niemand die ☠-Aufgaben; seufz ...

L 6.9

a) Ausklammern der höchsten x-Potenz (für $x \neq 0$) zeigt

$$f(x) = x^4 + 2x^2 + 7x = x^4\Bigg(1 + \underbrace{\frac{2}{x^2}}_{\to 0} + \underbrace{\frac{7}{x^3}}_{\to 0}\Bigg) \to x^4 \qquad \text{für } |x| \to \infty,$$

also verhält K_f sich global wie $y = x^4$, d.h. K_f haut nach $+\infty$ ab für $|x| \to \infty$:

$$\lim_{|x|\to\infty} f(x) = \lim_{|x|\to\infty} x^4 = +\infty$$

b) Ausklammern der höchsten x-Potenz (für $x \neq 0$) zeigt

$$f(x) = -2x^3 + x - 5 = x^3\Bigg(-2 + \underbrace{\frac{1}{x^2}}_{\to 0} - \underbrace{\frac{5}{x^3}}_{\to 0}\Bigg) \to x^3 \cdot (-2) = -2x^3 \qquad \text{für } |x| \to \infty,$$

also gilt (Achtung: $y = -2x^3$ ist an der x-Achse gespiegelt im Vergleich zu $y = x^3$)

$$\lim_{x\to\infty} f(x) = \lim_{x\to\infty} -2x^3 = -\infty \qquad \text{und} \qquad \lim_{x\to-\infty} f(x) = \lim_{x\to-\infty} -2x^3 = +\infty.$$

c) Für große $|x|$ verhält $f(x)$ sich wie $-\frac{1}{2}x^4$, also gilt (Achtung: $y = -\frac{1}{2}x^4$ ist an der x-Achse gespiegelt im Vergleich zu $y = x^4$)

$$\lim_{|x|\to\infty} f(x) = \lim_{|x|\to\infty} -\frac{1}{2}x^4 = -\infty.$$

d) Durch Ausmultiplizieren erhält man $-x^7$ als höchste x-Potenz (niedere Potenzen spielen keine Rolle), also gilt

$$\lim_{x\to\infty} f(x) = \lim_{x\to\infty} -x^7 = -\infty \qquad \text{und} \qquad \lim_{x\to-\infty} f(x) = \lim_{x\to-\infty} -x^7 = +\infty.$$

L 6.10 Es sei $f(x) = ax^3 + bx^2 + cx + d$ ein Polynom dritten Grades mit $a > 0$. Dann bestimmt ax^3 den Globalverlauf, d.h. es gilt

$$\lim_{x\to\infty} f(x) = \lim_{x\to\infty} ax^3 = +\infty \qquad \text{und} \qquad \lim_{x\to-\infty} f(x) = \lim_{x\to-\infty} ax^3 = -\infty.$$

Somit kommt K_f links aus dem negativ Unendlichen (unterhalb der x-Achse) und verlässt uns nach rechts in Richtung positiv Unendlich (oberhalb der x-Achse). Da f stetig ist, also K_f „keine Sprünge macht", muss es irgendwo zwischendrin die x-Achse schneiden. Analog für $a < 0$ und den Fall einer höheren ungeraden Potenz.

L 6.11 a) Kurvendiskussion von $f(x) = x^3 - 3x$ auf $D_f = \mathbb{R}$.

(1) *Symmetrie:* f ist ungerade, also weist K_f eine Punktsymmetrie zum Ursprung auf. Ausführlich: Für alle $x \in \mathbb{R}$ gilt

$$f(-x) = (-x)^3 - 3 \cdot (-x) = -x^3 + 3x = -(x^3 - 3x) = -f(x).$$

(2) *SPe mit den Koordinatenachsen:* y-Achsenabschnitt $Y\,(0\,|\,0)$. (Weitere) Nullstellen:

$$f(x) = 0 \iff x\cdot(x^2-3) = 0 \overset{\text{(NPS)}}{\iff} x = 0 \vee x^2 - 3 = 0,$$

also sind die Nullstellen $N_1\,(0\,|\,0) = Y$ und $N_{2,3}\,(\pm\sqrt{3}\,|\,0)$.

(3) *Globalverlauf:* Kurz: Für große $|x|$ verhält $f(x)$ sich wie x^3, sprich

$$\lim_{x\to\infty} f(x) = \lim_{x\to\infty} x^3 = +\infty \quad \text{und} \quad \lim_{x\to-\infty} f(x) = \lim_{x\to-\infty} x^3 = -\infty.$$

(4) *Ableitungen:*

$$f'(x) = 3x^2 - 3, \qquad f''(x) = 6x, \qquad f'''(x) = 6.$$

(5) *Punkte mit waagerechter Tangente:* Nullstellen der ersten Ableitung:

$$f'(x) = 0 \iff 3x^2 - 3 = 0 \iff x^2 = 1 \iff x = \pm 1.$$

Somit sind $x_1 = -1$ und $x_2 = 1$ die beiden Extremstellenkandidaten.
Hinreichende Bedingung für Extremstellen:

$$f''(-1) = -6 < 0 \implies x_1 = -1 \text{ ist Hochstelle mit } f(-1) = 2.$$

Somit besitzt K_f einen Hochpunkt bei $H\,(-1\,|\,2)$. Aus Symmetriegründen folgt ohne weitere Rechnung, dass $T\,(1\,|\,-2)$ ein Tiefpunkt von K_f ist.

(6) *Wendepunkte:* Notwendige Bedingung für Wendestellen:

$$f''(x) = 0 \iff 6x = 0 \iff x = 0.$$

Hinreichende Bedingung für Wendestellen:

$$f'''(0) = 6 \neq 0 \implies x_3 = 0 \text{ ist Wendestelle mit } f(0) = 0.$$

Somit ist $W\,(0\,|\,0)$ der einzige Wendepunkt von K_f.

(7) *Schaubild:* Bei der Wertetabelle ebenfalls Symmetrie ausnutzen.

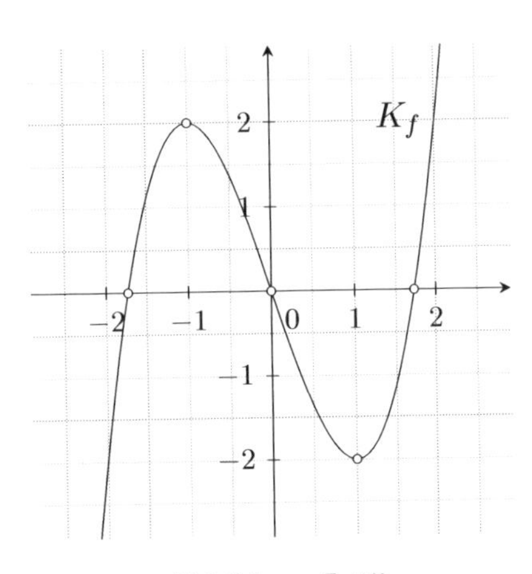

Abbildung L.35

b) Kurvendiskussion von $f(x) = x^4 - 2x^2 + 1$ auf $D_f = \mathbb{R}$.

(1) *Symmetrie:* f ist gerade, also weist K_f eine Achsensymmetrie zur y-Achse auf.

(2) *Schnittpunkte mit den Koordinatenachsen:* y-Achsenabschnitt $Y\,(0\,|\,1)$. Nullstellen:

$$f(x) = 0 \iff x^4 - 2x^2 + 1 = 0 \overset{\text{(Binom)}}{\iff} (x^2-1)^2 = 0 \iff x = \pm 1.$$

(Wer das Binom nicht erkennt, muss $x^2 = u$ substituieren und die entstehende quadratische Gleichung lösen.) Die Nullstellen sind $N_1\,(-1\,|\,0)$ und $N_2\,(1\,|\,0)$.

(3) *Globalverlauf:* Kurz: Für große $|x|$ verhält $f(x)$ sich wie x^4, d.h.

$$\lim_{|x|\to\infty} f(x) = \lim_{|x|\to\infty} x^4 = +\infty.$$

(4) *Ableitungen:*

$$f'(x) = 4x^3 - 4x = 4x\cdot(x^2-1)$$
$$f''(x) = 12x^2 - 4$$
$$f'''(x) = 24x.$$

(5) *Punkte mit waagerechter Tangente:* Nullstellen der ersten Ableitung:

$$f'(x) = 0 \iff 4x\cdot(x^2-1) = 0 \overset{\text{(NPS)}}{\iff} 4x = 0 \vee x^2 - 1 = 0.$$

Somit sind $x_1 = 0$ und $x_{2,3} = \pm 1$ die drei Extremstellenkandidaten.
Hinreichende Bedingung für Extremstellen:

$$f''(0) = -4 < 0 \implies x_1 = 0 \text{ ist Hochstelle mit } f(0) = 1.$$

$$f''(\pm 1) = 8 > 0 \implies x_{2,3} = \pm 1 \text{ sind Tiefstellen mit } f(\pm 1) = 0.$$

Somit besitzt K_f einen Hochpunkt bei $H\,(0\,|\,1)$ und die Tiefpunkte $T_{1,2}\,(\pm 1\,|\,0)$. (Auch wenn man nur $f''(1)$ prüft, folgt der zweite Tiefpunkt aus Symmetriegründen.)

(6) *Wendepunkte:* Notwendige Bedingung für Wendestellen:

$$f''(x) = 0 \iff 12x^2 - 4 = 0 \iff x_{4,5} = \pm\frac{1}{\sqrt{3}} = \pm\frac{\sqrt{3}}{3}.$$

Hinreichende Bedingung für Wendestellen:

$$f'''(x_{4,5}) = \pm 24\cdot\tfrac{\sqrt{3}}{3} \neq 0 \implies x_{4,5} \text{ sind Wendestellen mit } f(x_{4,5}) = \tfrac{4}{9}.$$

Somit besitzt K_f die Wendepunkte $W_{1,2}\,(\pm\frac{\sqrt{3}}{3}\,|\,\frac{4}{9})$.

(7) *Schaubild:* Siehe Abbildung L.36; bei der Wertetabelle ebenfalls Symmetrie ausnutzen.

c) Kurvendiskussion von $f(x) = \dfrac{1}{8}x^5 + \dfrac{3}{8}x^4 - \dfrac{1}{2}x^3 - 2x^2 + 2$ auf $D_f = \mathbb{R}$.

(1) *Symmetrie:* f ist weder gerade noch ungerade, also weist K_f keine einfache Symmetrie (zum Koordinatensystem) auf.

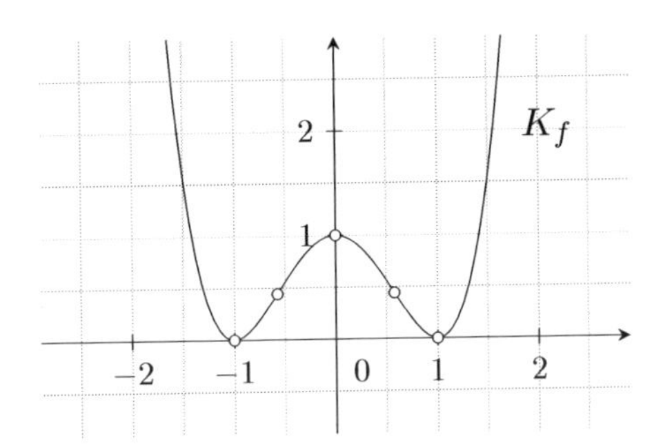

Abbildung L.36

(2) *Schnittpunkte mit den Koordinatenachsen:* y-Achsenabschnitt $Y\,(0\,|\,2)$. Nullstellen: Erstmal Brüche beseitigen durch Multiplikation mit 8:

$$f(x) = \frac{1}{8}x^5 + \frac{3}{8}x^4 - \frac{1}{2}x^3 - 2x^2 + 2 = 0 \quad \Longleftrightarrow \quad x^5 + 3x^4 - 4x^3 - 16x^2 + 16 = 0.$$

Bei einer Gleichung fünften Grades bleibt einem nichts anderes übrig, als mehrfach Nullstellen zu erraten. Mit $x_1 = 1$ und $x_2 = 2$ hat man Glück und anstatt zweifacher Polynomdivision teilt man direkt durch $(x-1)\cdot(x-2) = x^2 - 3x + 2$:

$$\begin{array}{l}
\big(\;x^5 + 3x^4 - 4x^3 - 16x^2 \qquad\quad + 16\big) : \big(x^2 - 3x + 2\big) = x^3 + 6x^2 + 12x + 8. \\
\underline{-\,x^5 + 3x^4 - 2x^3} \\
\qquad\quad 6x^4 - 6x^3 - 16x^2 \\
\qquad \underline{-\,6x^4 + 18x^3 - 12x^2} \\
\qquad\qquad\quad 12x^3 - 28x^2 \\
\qquad\qquad \underline{-\,12x^3 + 36x^2 - 24x} \\
\qquad\qquad\qquad\qquad 8x^2 - 24x + 16 \\
\qquad\qquad\qquad\quad \underline{-\,8x^2 + 24x - 16} \\
\qquad\qquad\qquad\qquad\qquad\qquad 0
\end{array}$$

Wer das Binom dritter Ordnung erkennt, spart sich bei der verbleibenden Gleichung viel Arbeit:

$$x^3 + 6x^2 + 12x + 8 = x^3 + 3\cdot 2\cdot x^2 + 3\cdot 2^2\cdot x + 2^3 = (x+2)^3 = 0 \quad \Longleftrightarrow \quad x = -2.$$

Ansonsten muss man $x_3 = -2$ als Nullstelle erraten und erneut Polynomdivision ausführen. Die Nullstellen sind $N_1\,(1\,|\,0)$, $N_1\,(2\,|\,0)$ und $N_3\,(-2\,|\,0)$ (dreifache Nullstelle).

(3) *Globalverlauf:* Kurz: Für große $|x|$ verhält $f(x)$ sich wie $\frac{1}{8}x^5$, d.h.

$$\lim_{x\to\infty} f(x) = +\infty \qquad \text{und} \qquad \lim_{x\to-\infty} f(x) = -\infty.$$

(4) *Ableitungen:*

$$f'(x) = \frac{5}{8}x^4 + \frac{3}{2}x^3 - \frac{3}{2}x^2 - 4x$$

$$f''(x) = \frac{5}{2}x^3 + \frac{9}{2}x^2 - 3x - 4$$

$$f'''(x) = \frac{15}{2}x^2 + 9x - 3.$$

(5) *Punkte mit waagerechter Tangente:* Nullstellen der ersten Ableitung:

$$f'(x) = \frac{1}{8}\,x \cdot \big(5x^3 + 12x^2 - 12x - 32\big) = 0 \overset{\text{(NPS)}}{\iff} x_4 = 0 \;\vee\; (\ldots) = 0.$$

Für die Klammer errät man $x_5 = -2$ als Lösung und erhält mittels Polynomdivision

$$(5x^3 + 12x^2 - 12x - 32) : (x + 2) = 5x^2 + 2x - 16.$$

MNF liefert $x_6 = 1{,}6$ und $x_7 = -2 = x_5$, d.h. wir haben drei Extremstellenkandidaten: -2, 0 und $1{,}6$. Hinreichende Bedingung für Extremstellen:

$$f''(0) = -4 < 0 \implies x_4 = 0 \text{ ist Hochstelle mit } f(0) = 2,$$

$$f''(1{,}6) = 12{,}96 > 0 \implies x_6 = 1{,}6 \text{ ist Tiefstelle mit } f(1{,}6) \approx -1{,}4,$$

$$f''(-2) = 0 \quad \text{Pech gehabt.}$$

Da aber $f'''(-2) = 63 \neq 0$ ist, ist -2 Wendestelle (sogar Sattelstelle, da ja $f'(-2) = 0$) und kann somit keine Extremstelle sein (siehe Argument von Beispiel 6.12). Dies hätte man auch gleich daran erkennen können, dass -2 eine dreifache Nullstelle ist (siehe 6.8). K_f besitzt einen Hochpunkt bei $H\,(\,0\,|\,2\,)$ und einen Tiefpunkt bei ca. $T\,(\,1{,}6\,|\,-1{,}4\,)$.

(6) *Wendepunkte:* Notwendige Bedingung für Wendestellen:

$$f''(x) = \frac{1}{2}\,(5x^3 + 9x^2 - 6x - 8) = 0 \iff 5x^3 + 9x^2 - 6x - 8 = 0.$$

Die Lösung $x_8 = -2 = x_7$, die eine Sattelstelle darstellt, kennen wir bereits von oben. Eine letzte (ich schwör) Polynomdivision:

$$(5x^3 + 9x^2 - 6x - 8) : (x + 2) = 5x^2 - x - 4.$$

MNF: $x_9 = 1$ und $x_{10} = -0{,}8$. Hinreichende Bedingung für Wendestellen:

$$f'''(1) = 13{,}5 \neq 0 \implies x_9 = 1 \text{ ist Wendestelle mit } f(1) = 0,$$

$$f'''(-0{,}8) = -5{,}4 \neq 0 \implies x_{10} = -0{,}8 \text{ ist Wendestelle mit } f(-0{,}8) \approx 1{,}1.$$

K_f besitzt die Wendepunkte $S\,(\,-2\,|\,0\,)$, $W_1\,(\,1\,|\,0\,)$ und $W_2\,(\,-0{,}8\,|\,1{,}1\,)$ (gerundet).

(7) *Schaubild:* Siehe Abbildung L.37.

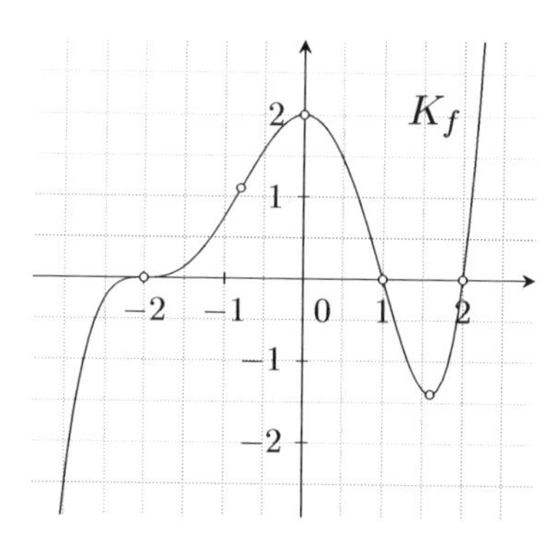

Abbildung L.37

L **6.12** Siehe Abbildung L.38. Ob das Schaubild zwischen den Nullstellen ober- oder unterhalb der x-Achse verläuft, kannst du durch Einsetzen geeigneter Zahlen überprüfen.

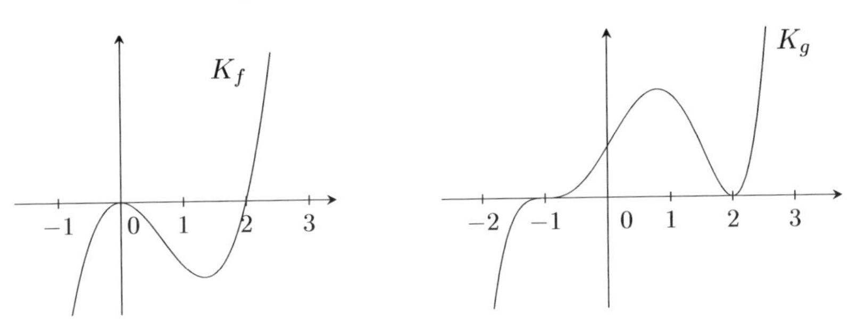

Abbildung L.38

L **6.13** K_f: Doppelte (oder vierfache...) Nullstellen bei -1 und 2, also ist

$$f(x) = (x+1)^2 \cdot (x-2)^2$$

eine mögliche Funktionsgleichung. Da K_f nie im Negativen verläuft ist in f auch kein Vorfaktor mit Minuszeichen notwendig.

K_g: Einfache Nullstelle bei -2, doppelte Nullstelle bei 0 und dreifache Nullstelle bei 3, also versuchen wirs mit

$$\widetilde{g}(x) = (x+2) \cdot (x-0)^2 \cdot (x-3)^3 = x^2 \cdot (x+2) \cdot (x-3)^3.$$

Vorzeichentest: Es ist

$$\widetilde{g}(1) = 1^2 \cdot (1+2) \cdot (1-3)^3 = 3 \cdot (-8) = -24 < 0,$$

was laut Schaubild nicht stimmt, also müssen wir noch ein Minus davorsetzen:

$$g(x) = -x^2 \cdot (x+2) \cdot (x-3)^3.$$

Da kubische Parabeln GFS-Thema (Schüler-Referat) ist, gibt es für die Aufgaben 6.14 bis 6.17 nur knappe Lösungshinweise.

L **6.14**

a) Dass die Gleichung $f''(x) = 0$ immer genau eine Lösung besitzt, ist leicht nachgerechnet.

b) Zunächst musst du die Koordinaten des Wendepunkts bestimmen und dann die Bedingung aus Aufgabe 6.8 c) nachprüfen, was ein bisschen Durchhaltevermögen erfordert. **Achtung:** Die dortigen Parameter a, b umbenennen, damit keine Verwechslung mit den Koeffizienten a und b von f geschieht.

L 6.15

a) $f'(x) = 0$ ist eine quadratische Gleichung, die laut MNF keine, eine oder zwei verschiedene Lösungen besitzen kann. Interessant ist hier also die Frage, warum der Fall „genau eine Lösung“ nicht zu einem Extremwert gehören kann. Tipp: Diskriminante anschauen und Aufgabe 6.14 verwenden. Oder geometrisch mit Hilfe von $K_{f'}$ argumentieren. (Anschauliche Begründung anhand von K_f: Wie folgt aus 6.14 b), dass genau ein Extrempunkt nicht möglich ist?)
Bonuspunkt, wenn du rechnerisch zeigen kannst, dass im Falle von zwei Lösungen eine hinreichende Bedingung für Extremstellen erfüllt ist.

b) Die Fälle aus a) für $a = 1$ betrachten.

L 6.16 Wichtig ist, dass du den Zusammenhang zwischen dem Verlauf von $K_{f_i'}$ (insbesondere Anzahl der Nullstellen) und K_{f_i} verstehst und in Worten beschreibst.

L 6.17 Tipps: Aufgabe 6.10 und Satz auf Seite 80. Ist auch der Fall „genau zwei Nullstellen“ möglich?

Lösungen zu Kapitel 7

L 7.1 Wir wenden stets die lineare Approximation

$$f(x_0 + h) \approx f(x_0) + f'(x_0) \cdot h$$

für geeignete Werte von h an.

a) Für $f(x) = x^2$ mit $x_0 = 4$ und $h = 0{,}01$ ist

$$4{,}01^2 = f(4{,}01) = f(4 + 0{,}01) = f(x_0 + h).$$

Die lineare Approximation lautet in dieser Situation

$$(x_0 + h)^2 \approx x_0^2 + f'(x_0) \cdot h = x_0^2 + 2x_0 \cdot h,$$

also gilt

$$4{,}01^2 \approx 4^2 + 2 \cdot 4 \cdot 0{,}01 = 16{,}08.$$

Der exakte Wert ist

$$4{,}01^2 = 16{,}0801,$$

d.h. die prozentuale Abweichung unserer Näherung ist lächerlich klein:

$$\frac{16{,}0801 - 16{,}08}{16{,}0801} \approx 0{,}0006\,\%.$$

Alternativ:

$$\frac{16{,}08}{16{,}0801} \approx 99{,}9994\,\%,$$

also ist die Näherung nur um 0,0006 % zu klein.

b) Für $f(x) = x^3$ mit $x_0 = 2$ und $h = 0{,}025$ ist

$$2{,}025^3 = f(2{,}025) = f(x_0 + h).$$

Die lineare Approximation lautet in dieser Situation

$$(x_0 + h)^3 \approx x_0^3 + f'(x_0) \cdot h = x_0^3 + 3x_0^2 \cdot h,$$

also gilt

$$2{,}025^3 \approx 2^3 + 3 \cdot 2^2 \cdot 0{,}025 = 8{,}3.$$

Der exakte Wert ist

$$2{,}025^3 = 8{,}30376\ldots$$

Prozentuale Abweichung:

$$\frac{8{,}3}{8{,}30376\ldots} \approx 99{,}95\,\%,$$

also ist die Näherung um 0,05 % zu klein.

c) Für $f(x) = \sqrt{x}$ mit $x_0 = 9$ und $h = -0{,}01$ ist

$$\sqrt{8{,}99} = f(8{,}99) = f(x_0 + h).$$

Die lineare Approximation lautet in dieser Situation

$$\sqrt{x_0 + h} \approx \sqrt{x_0} + f'(x_0) \cdot h = \sqrt{x_0} + \frac{1}{2\sqrt{x_0}} \cdot h,$$

also gilt

$$\sqrt{8{,}99} \approx \sqrt{9} + \frac{1}{2\sqrt{9}} \cdot (-0{,}01) = 2{,}998\overline{3}.$$

Der exakte Wert ist

$$\sqrt{8{,}99} = 2{,}99833287\ldots$$

Prozentuale Abweichung:

$$\frac{2{,}998\overline{3}}{2{,}99833287\ldots} \approx 100{,}00002\,\%,$$

also ist die Näherung um lachhafte 0,00002 % zu groß.

d) Für $f(x) = \frac{1}{x}$ mit $x_0 = 1$ und $h = -0{,}02$ ist

$$\frac{1}{0{,}98} = f(0{,}98) = f(x_0 + h).$$

Die lineare Approximation lautet in dieser Situation

$$\frac{1}{x_0 + h} \approx \frac{1}{x_0} + f'(x_0) \cdot h = \frac{1}{x_0} - \frac{1}{x_0^2} \cdot h,$$

also gilt

$$\frac{1}{0{,}98} \approx \frac{1}{1} - \frac{1}{1^2} \cdot (-0{,}02) = 1{,}02.$$

Der exakte Wert ist

$$\frac{1}{0{,}98} = 1{,}0204081\ldots$$

Prozentuale Abweichung:

$$\frac{1{,}02}{1{,}0204081\ldots} = 99{,}96\,\%,$$

also ist die Näherung um 0,04 % zu klein.

L 7.2

a) Die Ableitung von s ergibt die Momentangeschwindigkeit

$$v(t) = s'(t) = 8t.$$

Nach zwei Sekunden beträgt sie also

$$v(2) = 16 \left(\tfrac{\mathrm{m}}{\mathrm{s}}\right).$$

Bedeutung des Zahlenwerts: In einer kleinen Zeitspanne Δt, z.B. 0,1 (s) nach $t = 2$ (s), legt der Sportwagen eine Strecke von ungefähr

$$\Delta s \approx v(2) \cdot \Delta t = 1{,}6 \text{ (m)}$$

zurück. (Exakt: $\Delta s = s(2{,}1) - s(2) = 1{,}64$ (m).)

b) Am Ende des Anfahrvorgangs, also für $t = 4$ (s) ist

$$v(4) = 32 \left(\tfrac{\mathrm{m}}{\mathrm{s}}\right) = 115{,}2 \left(\tfrac{\mathrm{km}}{\mathrm{h}}\right).$$

c) Die Beschleunigung ist die zweite Ableitung des Orts nach der Zeit:

$$a(t) = s''(t) = v'(t) = 8 \left(\tfrac{\mathrm{m}}{\mathrm{s}^2}\right).$$

Da $a(t) =$ konstant ist, liegt eine gleichmäßig beschleunigte Bewegung vor.

L 7.3

a) Die Geschwindigkeit des Balls im höchsten Punkt ist Null, denn im Fall $v > 0$ würde er ja noch weiter steigen:

$$v(t) = s'(t) = 15 - 10t \stackrel{!}{=} 0 \iff t = 1{,}5 \text{ (s)}.$$

Die Steigzeit beträgt somit $t_{\mathrm{s}} = 1{,}5$ (s). Für die Steighöhe H des Balls folgt

$$H = s(1{,}5) = 15 \cdot 1{,}5 - 5 \cdot 1{,}5^2 = 11{,}25 \text{ (m)}$$

b) Flugdauer T:

$$s(T) = 15T - 5T^2 = 0 \iff 5T^2 = 15T \stackrel{T>0}{\iff} T = 3 \text{ (s)}.$$

Beachte $T = 2 \cdot t_{\mathrm{s}}$.

c) Für die Momentangeschwindigkeit nach der Flugdauer T gilt

$$v(T) = 15 - 10 \cdot 3 = -15 \left(\tfrac{\mathrm{m}}{\mathrm{s}}\right).$$

Diese ist betrügsmäßig gleich groß wie die Abschussgeschwindigkeit $v_0 = v(0) = 15 \left(\tfrac{\mathrm{m}}{\mathrm{s}}\right)$, aber negativ, da der Ball jetzt ja nach unten fliegt. Dass $|v(T)| = v_0$ ist, überrascht nicht, wenn man den Energieerhaltungssatz verstanden hat.

d) Die Beschleunigung ist die zweite Ableitung des Orts nach der Zeit:

$$a(t) = s''(t) = v'(t) = -10 \left(\tfrac{\mathrm{m}}{\mathrm{s}^2}\right).$$

Dies ist nichts anderes als die negative Erdbeschleunigung; eine Tatsache, die man versteht, wenn man das newtonsche Grundgesetz und Bremsbewegungen kennt.

L 7.4

a) $N'(t_0)$: Momentane Änderungsrate des Bakterienbestands zur Zeit t_0.
$N'(3) = 20\,000\ \frac{\text{Bakterien}}{\text{h}}$ besagt zunächst, dass $N(t)$ zum Zeitpunkt $t = 3$ h gerade wächst, da $N'(3) > 0$ ist. Interpretation des Zahlenwerts über lineare Approximation: Für genügend kleines Δt ist die Näherung

$$\Delta N \approx N'(3) \cdot \Delta t$$

für den Zuwachs des Bakterienbestands nach $t = 3$ h gut brauchbar. Für z.B. $\Delta t = 1$ min besagt die Näherung, dass innerhalb der nächsten Minute

$$\Delta N \approx N'(3) \cdot \Delta t = 20\,000\ \frac{\text{Bakterien}}{\text{h}} \cdot \frac{1}{60}\ \text{h} \approx 333 \text{ Bakterien}$$

hinzukommen werden.

b) $N'(t_0)$: Momentane Abnahmerate des XY-Bestands zur Zeit t_0 (da radioaktive Kerne zerfallen, wird hier stets eine Abnahme des Bestands und kein Zuwachs vorliegen).
$N'(10) = -3 \cdot 10^8\ \frac{\text{Kerne}}{\text{s}}$ besagt zunächst, dass $N(t)$ zum Zeitpunkt $t = 10$ s abnimmt, da $N'(10) < 0$ ist. Interpretation des Zahlenwerts über lineare Approximation: Für z.B. $\Delta t = 1$ ms wird innerhalb der nächsten Milli-Sekunde nach $t = 10$ s

$$\Delta N \approx N'(10) \cdot \Delta t = -3 \cdot 10^8\ \frac{\text{Kerne}}{\text{s}} \cdot 10^{-3}\ \text{s} = -3 \cdot 10^5 \text{ Kerne}$$

gelten, d.h. es zerfallen ca. 300 000 XY-Kerne.

c) $G'(t_0)$: Momentane Zunahmerate des Gewinns. $G'(2) = 12\ \frac{\text{Mrd Taler}}{\text{Jahr}}$ besagt zunächst, dass $G(t)$ zum Zeitpunkt $t = 2$ Jahre zunimmt, da $G'(2) > 0$ ist. Interpretation des Zahlenwerts über lineare Approximation: Für z.B. $\Delta t = 1$ Woche wird innerhalb der nächsten Woche nach $t = 2$ Jahren

$$\Delta G \approx G'(2) \cdot \Delta t = 12\ \frac{\text{Mrd Taler}}{\text{Jahr}} \cdot \frac{1}{52}\ \text{Jahr} \approx 0{,}231 \text{ Mrd Taler}$$

gelten, d.h. der Gewinn der Duck GmbH & Co. KG steigt in dieser Woche um ca. 231 Millionen Taler.

d) $V'(t_0)$: Momentane Abnahmerate der Wassermenge im Becken. $V'(1) = -10\ \frac{\text{m}^3}{\text{h}}$ besagt, dass $V(t)$ zum Zeitpunkt $t = 1$ h abnimmt, da $V'(1) < 0$ ist. Interpretation des Zahlenwerts über lineare Approximation: Für z.B. $\Delta t = 5$ min wird innerhalb der nächsten fünf Minuten nach $t = 1$ h

$$\Delta V \approx V'(1) \cdot \Delta t = -10\ \frac{\text{m}^3}{\text{h}} \cdot \frac{5}{60}\ \text{h} \approx -0{,}833\ \text{m}^3$$

gelten, d.h. aus dem Becken werden in diesem Δt ca. 833 Liter Wasser entfernt.

L 7.5

a) Abbildung L.39 zeigt das Schaubild K_V.

b) 13 Uhr bedeutet $t = 7$ (h) und dort ist

$$V(7) = -7^3 + 20 \cdot 7^2 = 637 \text{ (l)}.$$

Der Baum hat bis 13 Uhr also ca. 640 Liter Sauerstoff produziert.

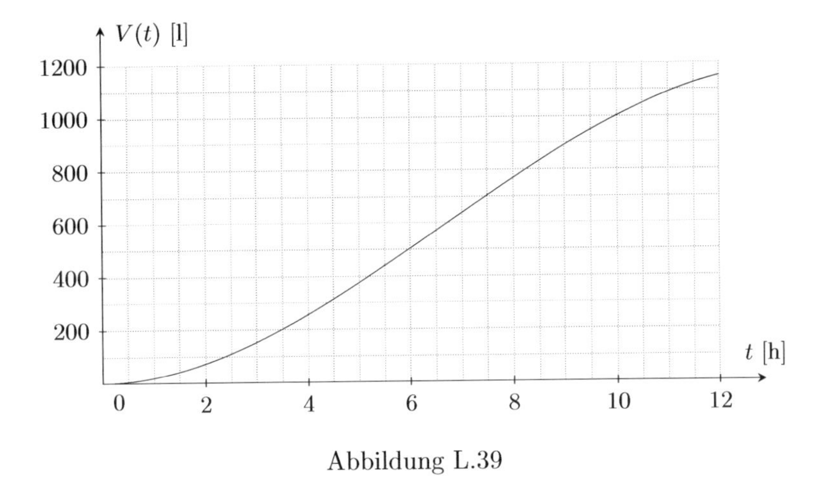

Abbildung L.39

c) Die durchschnittliche Sauerstoffabgaberate des Baumes auf $[\,7\,;11\,]$ beträgt

$$\frac{\Delta V}{\Delta t} = \frac{V(11) - V(7)}{11 - 7} = \frac{1089 - 637}{4} = 113\,\left(\tfrac{\mathrm{l}}{\mathrm{h}}\right).$$

d) Die Ableitung von V ist

$$V'(t) = -3t^2 + 40t.$$

Somit beträgt die momentane Sauerstoffabgaberate zur Zeit $t = 9$ (15 Uhr)

$$V'(9) = -3 \cdot 9^2 + 40 \cdot 9 = 117\,\left(\tfrac{\mathrm{l}}{\mathrm{h}}\right).$$

Mittels linearer Approximation folgt für die ungefähre O_2-Produktion zwischen 15 Uhr und 15.05 Uhr, also für $\Delta t = 5$ min:

$$\Delta V \approx V'(9) \cdot \Delta t = 117\,\left(\tfrac{\mathrm{l}}{\mathrm{h}}\right) \cdot \frac{5}{60}\,(\mathrm{h}) = 9{,}75\,(\mathrm{l}).$$

Tatsächlicher Wert: 15.05 Uhr bedeutet $t = 9 + \frac{5}{60} = 9\frac{1}{12}$, also gilt

$$\Delta V = V(9\tfrac{1}{12}) - V(9) \approx 9{,}70\,(\mathrm{l}).$$

Es ist $\frac{9{,}75}{9{,}70} \approx 100{,}5\,\%$, d.h. die Näherung ist nur um $0{,}5\,\%$ zu groß.
Beim Vergleich von $V'(9)$ mit dem Durchschnittswert aus c) fällt auf, dass sie fast gleich sind. Beim Anblick von Abbildung L.39 überrascht dies nicht, da K_V auf dem Intervall $I = [\,7\,;11\,]$ „ziemlich linear" verläuft (wobei ab $t = 10$ die Rechtskrümmung deutlich(er) wird) und sich damit die Tangentensteigung $V'(9)$ und die Sekantensteigung auf I kaum unterscheiden (zeichne Tangente und Sekante in die Abbildung mit ein).

e) Hier ist gefragt, wann $V'(t)$ sein Maximum erreicht, also wo die Wendestelle von V liegt. Notwendige Bedingung:

$$V''(t) = -6t + 40 \stackrel{!}{=} 0 \quad \Longleftrightarrow \quad t = \frac{40}{6} = \frac{20}{3} = 6\,\frac{2}{3}\,(\mathrm{h}).$$

Hinreichende Bedingung für Wendestelle:

$$V'''(t) = -6 \neq 0 \quad \checkmark.$$

Somit produziert der Baum 6 h 40 min nach Messbeginn, also um 12.40 Uhr, am meisten Sauerstoff. (Warum war das biologisch gesehen zwischen 12 und 13 Uhr wohl zu erwarten?)

Lösungen zu Kapitel 8

L 8.1 Es gilt $x + y = 10$ für zwei Zahlen $x, y \in \mathbb{R}$.

a) Die Zielfunktion, die maximiert werden soll, ist das Produkt

$$p = x \cdot y.$$

Die zweite Variable y wird mit Hilfe der Nebenbedingung $x + y = 10$ eliminiert: $y = 10 - x$ in p eingesetzt ergibt

$$p(x) = x \cdot (10 - x) = 10x - x^2, \quad D_p = \mathbb{R}.$$

Notwendige Bedingung für ein Maximum:

$$p'(x) = 10 - 2x \stackrel{!}{=} 0 \quad \Longleftrightarrow \quad x = 5.$$

Hinreichende Bedingung für ein Maximum:

$$p''(5) = -2 < 0 \quad \checkmark.$$

Somit wird das Produkt für $x = y = 5$ am größten, und zwar 25. (Randwerte sind keine zu beachten.)

b) Diesmal ist die Zielfunktion die Summe der Quadrate:

$$s = x^2 + y^2.$$

Wie oben: y durch $y = 10 - x$ rauswerfen ergibt

$$s(x) = x^2 + (10 - x)^2 = x^2 + 100 - 20x + x^2 = 2x^2 - 20x + 100, \quad D_s = \mathbb{R}.$$

Notwendige Bedingung für ein Minimum:

$$s'(x) = 4x - 20 \stackrel{!}{=} 0 \quad \Longleftrightarrow \quad x = 5.$$

Hinreichende Bedingung für ein Minimum:

$$s''(5) = 4 > 0 \quad \checkmark.$$

Die Summe der Quadrate wird also für $x = y = 5$ minimal; das Minimum beträgt $25 + 25 = 50$. (Randwerte sind keine zu beachten.)

L 8.2 Die Zielfunktion ist der Flächeninhalt des Dreiecks OPQ:

$$A = \frac{1}{2} \cdot g \cdot h = \frac{1}{2} \cdot |OP| \cdot |PQ|.$$

Besitzt P die Koordinaten $(x\,|\,0)$ mit $x \in [0; 4]$, dann ist die y-Koordinate des Punktes Q genau $f(x)$, denn Q liegt ja auf dem Schaubild K_f. Dies ist bereits die benötigte Nebenbedingung. Die Zielfunktion geht damit über in

$$A(x) = \frac{1}{2} \cdot x \cdot f(x) = \frac{1}{2} \cdot x \cdot \left(-\frac{1}{8}x^2 + 2\right) = -\frac{1}{16}x^3 + x, \quad D_A = [0; 4].$$

Notwendige Bedingung für ein Maximum:

$$A'(x) = -\frac{3}{16}x^2 + 1 \stackrel{!}{=} 0 \quad \Longleftrightarrow \quad \frac{3}{16}x^2 = 1 \quad \Longleftrightarrow \quad x_{1,2} = \pm\sqrt{\frac{16}{3}} = \pm\frac{4}{\sqrt{3}}.$$

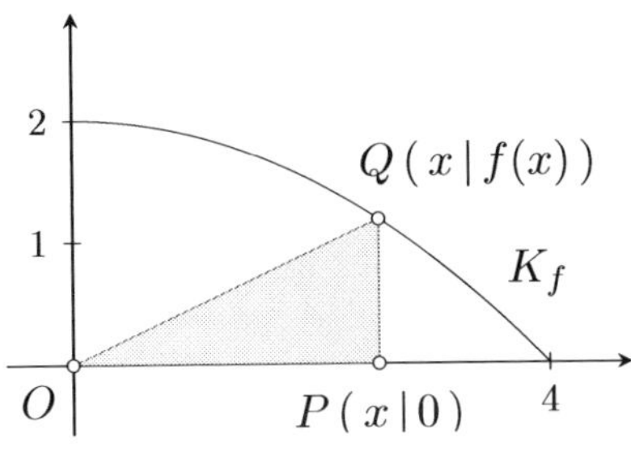

Abbildung L.40

Die Lösung $x_2 < 0$ entfällt aufgrund von $x \in [\,0\,;4\,]$. Da $x_1 > 0$ gilt, ist die hinreichende Bedingung für ein Maximum erfüllt:

$$A''(x_1) = -\frac{3}{8}\,x_1 < 0 \quad \checkmark.$$

Besitzt der Punkt P also die x-Koordinate $\frac{4}{\sqrt{3}} \approx 2{,}31$, dann wird der Flächeninhalt des Dreiecks OPQ maximal und beträgt

$$\begin{aligned} A_{\max} = A\left(\frac{4}{\sqrt{3}}\right) &= -\frac{1}{16}\left(\frac{4}{\sqrt{3}}\right)^3 + \frac{4}{\sqrt{3}} = -\frac{1}{16}\left(\frac{4}{\sqrt{3}}\right)^2 \cdot \frac{4}{\sqrt{3}} + \frac{4}{\sqrt{3}} \\ &= -\frac{1}{16}\cdot\frac{16}{3}\cdot\frac{4}{\sqrt{3}} + \frac{4}{\sqrt{3}} = -\frac{4}{3\sqrt{3}} + \frac{12}{3\sqrt{3}} = \frac{8}{3\sqrt{3}} \approx 1{,}54. \end{aligned}$$

L 8.3 Wir wählen ein der Symmetrie des Dreiecks angepasstes Koordinatensystem; siehe Abbildung L.41. Für die Höhe h des Dreiecks (über der Basis) gilt laut Pythagoras:

$$h = \sqrt{50^2 - 30^2} = 40 \text{ (cm)}.$$

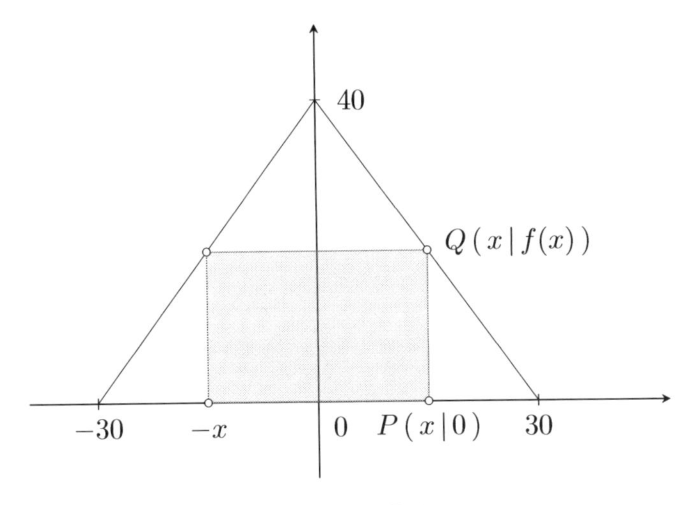

Abbildung L.41

Damit lautet die Gleichung der Strecke, die den rechten Schenkel beschreibt

$$f\colon [\,0\,;30\,] \to [\,0\,;40\,], \quad f(x) = \frac{\Delta y}{\Delta x}\,x + c = -\frac{4}{3}\,x + 40.$$

Die Höhe des auszusägenden Rechtecks in Abbildung L.41 beträgt somit

$$|PQ| = f(x) = -\frac{4}{3}\,x + 40$$

und für den zu maximierenden Flächeninhalt (Zielfunktion) folgt

$$A(x) = 2x \cdot f(x) = -\frac{8}{3}\,x^2 + 80x, \quad D_A = (\,0\,;30\,).$$

(Als Definitionsbereich wählen wir gleich das offene Intervall, da A an den Randwerten $x = 0$ und 30 eh Null ist.)
Notwendige Bedingung für ein Maximum:

$$A'(x) = -\frac{16}{3}\,x + 80 \stackrel{!}{=} 0 \quad \Longleftrightarrow \quad x = \frac{3}{16} \cdot 80 = 15\ (\mathrm{cm})\,.$$

Hinreichende Bedingung für ein Maximum:

$$A''(x) = -\frac{16}{3} < 0 \quad \checkmark.$$

(Da K_A eine umgedrehte Parabel mit den Nullstellen $x_1 = 0$ und $x_2 = 30$ ist, hätte man auch sofort sehen können, dass A sein Maximum bei $x = \frac{30+0}{2} = 15$ annimmt.)
Das „Maximalbrett" besitzt somit die Maße 30 cm × 20 cm ($f(15) = 20$) und der maximale Flächeninhalt beträgt

$$A_{\max} = A(15) = 600\ (\mathrm{cm}^2).$$

(Dies ist exakt der halbe Flächeninhalt des Dreiecks.)

L 8.4 Möglichst wenig Materialverbrauch bedeutet möglichst kleine Oberfläche der zylinderförmigen Dose (wenn wir davon ausgehen, dass das Blech eine konstante Dicke besitzt). Die Zielfunktion ist somit der Oberflächeninhalt eines Zylinders:

$$O = 2\pi r^2 + 2\pi r h,$$

wobei r der Radius des Zylinders und h seine Höhe ist. Als Nebenbedingung verwenden wir, dass das Volumen V der Dose fest vorgegeben ist. Es gilt

$$V = \pi r^2 h,$$

was wir nach h auflösen (und nicht nach r, da wir uns sonst eine böse Wurzel einfangen),

$$h = \frac{V}{\pi r^2}\,,$$

und in O einsetzen:

$$O(r) = 2\pi r^2 + 2\pi r \cdot \frac{V}{\pi r^2} = 2\pi r^2 + \frac{2V}{r}, \quad r > 0.$$

Notwendige Bedingung für ein Minimum:

$$O'(r) = 4\pi r - \frac{2V}{r^2} \stackrel{!}{=} 0 \quad \Longleftrightarrow \quad 4\pi r = \frac{2V}{r^2} \quad \Longleftrightarrow \quad r^3 = \frac{2V}{4\pi} \quad \Longleftrightarrow \quad r = \sqrt[3]{\frac{V}{2\pi}}\,.$$

Hinreichende Bedingung für ein Minimum:

$$O''(r) = 4\pi + \frac{4V}{r^3} = 4\pi + \frac{4V}{\frac{V}{2\pi}} = 12\pi > 0 \quad \checkmark.$$

Für $r = \sqrt[3]{\frac{V}{2\pi}}$ und

$$h = \frac{V}{\pi r^2} = \frac{V}{\pi \sqrt[3]{\frac{V}{2\pi}}^{2}} = \ldots = \sqrt[3]{\frac{4V}{\pi}}$$

wird die Oberfläche der Dose minimal. Ist zwar nicht gefragt, aber wenn wir schon dabei sind: Die minimale Oberfläche beträgt

$$O_{\min} = O\left(\sqrt[3]{\frac{V}{2\pi}}\right) = \ldots = 3\sqrt[3]{2\pi V^2}\,.$$

Herausforderung: Führe die beiden ... selbst aus.
Für $V = 0{,}33\,\mathrm{l} = 330\,\mathrm{cm}^3$ ergibt sich

$$r = \sqrt[3]{\frac{330}{2\pi}}\ \mathrm{cm} \approx 3{,}7\ \mathrm{cm}$$

und

$$h = \sqrt[3]{\frac{4 \cdot 330}{\pi}}\ \mathrm{cm} \approx 7{,}5\ \mathrm{cm}$$

Die bekannten Getränkedosen haben einen Durchmesser von 67 mm, was einem Radius von 3,35 cm entspricht (etwas kleiner als der Radius unserer Minimaldose), und eine Höhe von 115 mm. Diese weicht von unseren 75 mm stark ab – zum einen, weil die Dosen unten gewölbt sind[3], zum anderen weil Materialminimierung nicht das einzige Kriterium bei der Herstellung zu sein scheint.

L 8.5 Zunächst müssen wir verstehen, warum der Halbkreis vom Radius R in Abbildung L.42 das Schaubild der Funktion

$$f\colon [-R\,;R] \to \mathbb{R}, \quad f(x) = \sqrt{R^2 - x^2}$$

ist.

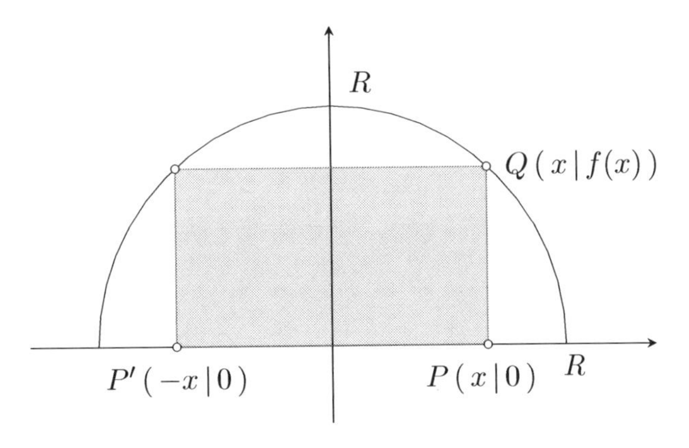

Abbildung L.42

[3] bei Druckerhöhung der Flüssigkeit kann der Boden sich nach außen wölben und durch diese Volumenvergrößerung sinkt der Innendruck, was die Dose vor dem Platzen schützt.

Dies folgt mit Hilfe des Satzes des Pythagoras, denn ein Punkt $Q\,(\,x\,|\,y\,)$ auf dem Kreis erfüllt

$$x^2 + y^2 = R^2 \quad \Longleftrightarrow \quad y = \pm\sqrt{R^2 - x^2},$$

wobei das $+$ den oberen Halbkreis und das $-$ den Halbkreis unter der x-Achse beschreibt. Mit der in Abbildung L.42 eingeführten Variablen $x > 0$ gilt für den Flächeninhalt des dem Halbkreis einbeschriebenen Rechtecks

$$A(x) = 2x \cdot f(x) = 2x \cdot \sqrt{R^2 - x^2}, \quad D_A = (\,0\,;R\,).$$

Da wir diese Funktion (noch) nicht ableiten können, wenden wir den Trick an, dass sich die Extremalstellen von $A(x)$ und $A^2(x)$ an derselben Stelle befinden (da die Quadratfunktion auf $\mathbb{R}^+$ streng monoton steigend ist). Statt A suchen wir also die Maximalstelle(n) der Hilfsfunktion q mit

$$q(x) = A^2(x) = 4x^2 \cdot (R^2 - x^2) = -4x^4 + 4R^2x^2, \quad D_q = (\,0\,;R\,).$$

Notwendige Bedingung für ein Maximum:

$$q'(x) = -16x^3 + 8R^2x \stackrel{!}{=} 0 \quad \Longleftrightarrow \quad 8x(-2x^2 + R^2) = 0 \quad \Longleftrightarrow \quad x = 0 \vee -2x^2 + R^2 = 0.$$

Es ist $x_1 = 0 \notin D_q$ (bzw. für $x = 0$ entartet das Rechteck zu einem Strich) und auch bei der zweiten Gleichung interessiert uns nur die positive Lösung

$$x = \sqrt{\frac{R^2}{2}} = \frac{R}{\sqrt{2}}.$$

Hinreichende Bedingung für ein Maximum:

$$q''(x) = -48x^2 + 8R^2 = -48 \cdot \frac{R^2}{2} + 8R^2 = -16R^2 < 0 \quad \checkmark.$$

Das Rechteck mit Breite

$$b = 2x = 2 \cdot \frac{R}{\sqrt{2}} = \sqrt{2}\,R$$

und Höhe

$$h = f(x) = \sqrt{R^2 - x^2} = \sqrt{R^2 - \frac{R^2}{2}} = \sqrt{\frac{R^2}{2}} = \frac{R}{\sqrt{2}}$$

besitzt somit den größten Flächeninhalt unter allen Rechtecken, die man aus einem Halbkreis vom Radius R aussägen kann. Die maximale Fläche besitzt einen Inhalt von

$$A_{\max} = b \cdot h = 2 \cdot \frac{R}{\sqrt{2}} \cdot \frac{R}{\sqrt{2}} = R^2.$$

L 8.6 Die Zielfunktion ist das Kegelvolumen

$$V = \frac{\pi}{3} r^2 h.$$

Um etwas bequemer arbeiten zu können, führen wir die Hilfsvariable x ein, welche die Länge der Strecke MQ beschreibt[4]. Da $|MS| = R$ ist, gilt dann $h = x + R$ und es folgt

$$V = \frac{\pi}{3} r^2(x + R), \quad x \in (\,0\,;R\,).$$

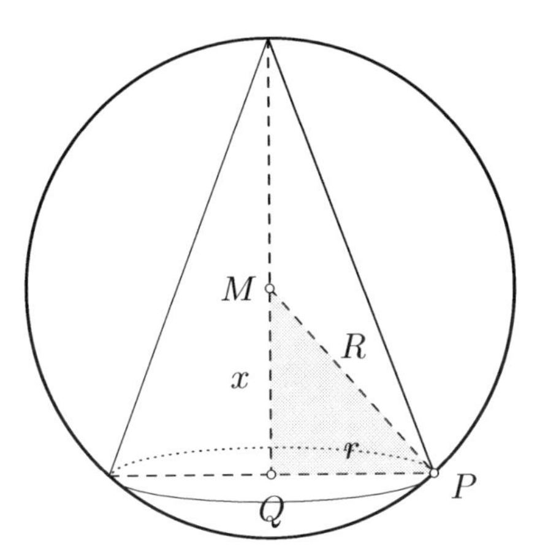

Abbildung L.43

Nebenbedingung: Im rechtwinkligen Dreieck MQP gilt laut Pythagoras

$$r^2 + x^2 = R^2 \iff r^2 = R^2 - x^2.$$

Dies[5] eingesetzt in V liefert $V = V(x)$ als Funktion von x:

$$V(x) = \frac{\pi}{3}(R^2 - x^2)(x + R) = \frac{\pi}{3}(-x^3 - Rx^2 + R^2x + R^3), \quad D_V = (0; R).$$

Notwendige Bedingung für ein Maximum:

$$V'(x) = \frac{\pi}{3}(-3x^2 - 2Rx + R^2) \stackrel{!}{=} 0 \iff -3x^2 - 2Rx + R^2 = 0.$$

Diese quadratische Gleichung besitzt die Lösungen

$$x_{1,2} = \frac{2R \pm \sqrt{4R^2 - 4 \cdot (-3) \cdot R^2}}{-6} = \frac{2R \pm \sqrt{16R^2}}{-6} = \frac{2R \pm 4R}{-6} = \begin{cases} -R \notin D_V \\ \frac{R}{3}. \end{cases}$$

Hinreichende Bedingung für ein Maximum:

$$V''\left(\frac{R}{3}\right) = \frac{\pi}{3}\left(-6 \cdot \frac{R}{3} - 2R\right) = -\frac{4\pi}{3}R < 0 \quad \checkmark.$$

Somit besitzt der Kegel maximalen Volumens eine Höhe von

$$h = x + R = \frac{4}{3}R$$

und ein Radiusquadrat von

$$r^2 = R^2 - x^2 = R^2 - \left(\frac{R}{3}\right)^2 = \frac{8}{9}R^2.$$

[4] $x < 0$ wäre dabei so zu verstehen, dass Q oberhalb von M liegt, aber es ist klar, dass so das Kegelvolumen nicht maximal werden kann. (Spiegelt man Q an M, so erhält man einen Kegel mit gleichem Radius r, aber größerer Höhe.)

[5] Man könnte auch das x rauswerfen, um $V = V(r)$ zu erhalten, aber das ist aufgrund von $x = \sqrt{R^2 - r^2}$ unklug.

Für sein Volumen folgt

$$V_{\max} = \frac{\pi}{3} r^2 h = \frac{\pi}{3} \cdot \frac{8}{9} R^2 \cdot \frac{4}{3} R = \frac{8}{27} \cdot \frac{4\pi}{3} R^3 = \frac{8}{27} V_{\text{Kugel}}.$$

Gefragt war der prozentuale Anteil des weggefrästen Holzes: Da

$$\frac{V_{\max}}{V_{\text{Kugel}}} = \frac{8}{27} \approx 30\,\%$$

gilt, entstehen ca. 70 % Abfall.

L 8.7 Der Flächeninhalt der Rechtecke beträgt

$$A(x) = (4 - x) \cdot f(x), \quad D_A = [\,0\,;4\,).$$

Der Randwert $x = 4$ kann entfallen, da dort das Rechteck zu einem Strich wird. Für $x = 0$ hingegen ergibt sich ein „echtes“ Rechteck, weshalb $0 \in D_A$ ist. Umformen von A:

$$A(x) = (4 - x) \cdot \left(\frac{1}{5} x^2 + 1\right) = -\frac{1}{5} x^3 + \frac{4}{5} x^2 - x + 4.$$

Notwendige Bedingung für ein (inneres!) Maximum:

$$A'(x) = -\frac{3}{5} x^2 + \frac{8}{5} x - 1 \stackrel{!}{=} 0 \quad \stackrel{\cdot(-5)}{\Longleftrightarrow} \quad 3x^2 - 8x + 5 = 0.$$

Die MNF liefert als Lösungen dieser quadratischen Gleichung

$$x_1 = 1, \quad x_2 = \frac{5}{3}.$$

Hinreichende Bedingung für ein Maximum: Die zweite Ableitung

$$A''(x) = -\frac{6}{5} x + \frac{8}{5}$$

erfüllt $A''(1) = \frac{2}{5} > 0$ und $A''(\frac{5}{3}) = -\frac{2}{5} < 0$. Somit ist x_2 eine Maximalstelle mit Maximum

$$A(x_2) \approx 3{,}63.$$

Achtung: Da der Definitionsbereich von A einen Randwert bei $x = 0$ besitzt, dürfen wir nicht vergessen, diesen zu untersuchen. Und Potzblitz, es gilt doch tatsächlich

$$A(0) = 4 > 3{,}63.$$

Somit wird das globale Maximum von A auf $[\,0\,;4\,)$ nicht bei $x_2 = \frac{5}{3}$, sondern bei $x = 0$ angenommen. Das Rechteck mit Breite 4 und Höhe 1 ist daher das gesuchte Maximalrechteck und es gilt $A_{\max} = 4$.
Schaut man sich das Schaubild von A in Abbildung L.44 an, wird klar, was passiert: Das innere Maximum bei $x_2 = \frac{5}{3}$ ist nur ein lokales, aber kein globales Maximum. Das Randmaximum $A(0) = 4$ haben wir durch $A'(x) = 0$ nicht finden können, weil hier eben $A'(0) \neq 0$ gilt – es ist nur durch die Einschränkung des Definitionsbereichs zu einem globalen Maximum auf $[\,0\,;4\,)$ geworden.

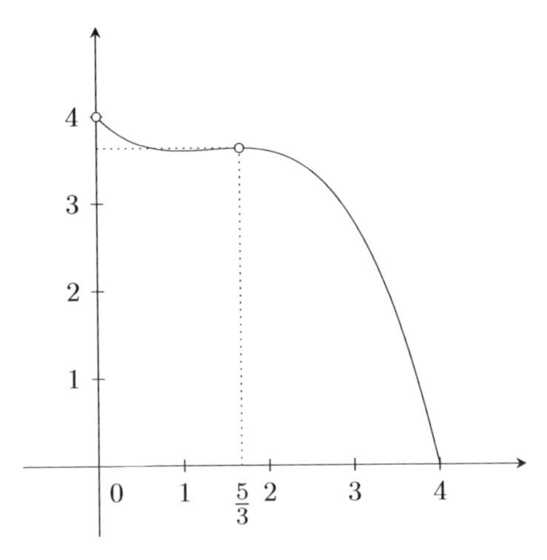

Abbildung L.44

L 8.8 Die Punkte P und Q besitzen die Koordinaten $P\,(\,x\,|\,f(x)\,)$ und $Q\,(\,x\,|\,g(x)\,)$ und der Flächeninhalt des Dreiecks PQR beträgt

$$\begin{aligned} A(x) &= \frac{1}{2}\cdot|RP|\cdot|PQ| = \frac{1}{2}\cdot x\cdot\big(g(x)-f(x)\big)\\ &= \frac{1}{2}\,x\cdot\left(-\frac{1}{2}\,x+6-\frac{1}{3}\,x^2\right) = -\frac{1}{6}\,x^3-\frac{1}{4}\,x^2+3x,\quad D_A=[\,0\,;3\,]. \end{aligned}$$

Notwendige Bedingung für ein (inneres) Maximum:

$$A'(x) = -\frac{1}{2}\,x^2-\frac{1}{2}\,x+3\overset{!}{=}0 \quad\overset{\cdot(-2)}{\Longleftrightarrow}\quad x^2+x-6=0.$$

Die Lösungen dieser quadratischen Gleichung sind nach Vieta

$$x_1=-3\notin D_A,\quad x_2=2.$$

Hinreichende Bedingung für ein Maximum:

$$A''(x_2) = -x_2-\frac{1}{2} = -\frac{5}{2} < 0 \quad\checkmark.$$

Somit ergibt der Punkt $P\,(\,2\,|\,\frac{4}{3}\,)$ das Dreieck mit dem (lokal!) größten Flächeninhalt und zwar

$$A_{\max} = A(2) = \frac{11}{3} \approx 3{,}7.$$

Randwerte nicht vergessen: $A(0)=0$ und $A(3)=\frac{9}{4}<\frac{11}{3}$. Damit ist $A_{\max}$ tatsächlich das globale Maximum auf $[\,0\,;3\,]$.

L 8.9

a) Sei $P_x\,(\,x\,|\,\frac{1}{2}x\,)$ ein beliebiger Punkt auf der Geraden K_f. Laut Pythagoras gilt für den Abstand von Q zu P_x

$$\begin{aligned} |QP_x| &= \sqrt{(x_{P_x}-x_Q)^2+(y_{P_x}-y_Q)^2} = \sqrt{(x-3)^2+\left(\tfrac{1}{2}\,x-(-1)\right)^2}\\ &= \sqrt{x^2-6x+9+\tfrac{1}{4}\,x^2+x+1} = \sqrt{\tfrac{5}{4}\,x^2-5x+10} =: d(x). \end{aligned}$$

Anstatt das Minimum von d zu suchen, benutzen wir, dass der Radikand r dieselbe Minimalstelle wie d besitzt. Es ist

$$r(x) = d(x)^2 = \frac{5}{4}x^2 - 5x + 10.$$

Notwendige Bedingung für ein Minimum:

$$r'(x) = \frac{5}{2}x - 5 \stackrel{!}{=} 0 \quad \Longleftrightarrow \quad x = 5 \cdot \frac{2}{5} = 2.$$

Hinreichende Bedingung für ein Minimum:

$$r''(2) = \frac{5}{2} > 0 \quad \checkmark.$$

Somit ist $P^*\,(\,2\,|\,1\,)$ der Punkt auf der Geraden, der den kleinsten Abstand zu Q besitzt; dieser beträgt

$$|QP^*| = d(2) = \sqrt{5},$$

also beträgt der Abstand von Q zur Geraden K_f

$$d(Q, K_f) = |QP^*| = \sqrt{5}.$$

Es ist instruktiv, diese Aufgabe sowohl zeichnerisch als auch rechnerisch mit Hilfe der Normalen an K_f, die durch Q verläuft, zu lösen. Aber darauf hab ich jetzt keine Lust mehr, also selber machen.

b) Sei $P_x\,(\,x\,|\,\sqrt{x}\,)$ ein beliebiger Punkt auf dem Wurzelschaubild K_f. Laut Pythagoras gilt für den Abstand von Q zu P_x

$$\begin{aligned}|QP_x| &= \sqrt{(x_{P_x} - x_Q)^2 + (y_{P_x} - y_Q)^2} = \sqrt{(x - 2{,}5)^2 + (\sqrt{x} - 0)^2} \\ &= \sqrt{x^2 - 5x + 6{,}25 + x} = \sqrt{x^2 - 4x + 6{,}25} =: d(x).\end{aligned}$$

Wieder genügt es, nur die Minimalstelle des Radikanden r zu bestimmen,

$$r(x) = d(x)^2 = x^2 - 4x + 6{,}25.$$

Notwendige Bedingung für ein Minimum:

$$r'(x) = 2x - 4 \stackrel{!}{=} 0 \quad \Longleftrightarrow \quad x = 2.$$

Hinreichende Bedingung für ein Minimum:

$$r''(2) = 2 > 0 \quad \checkmark.$$

Somit ist $P^*\,(\,2\,|\,\sqrt{2}\,)$ der Punkt auf K_f, der den kleinsten Abstand zu Q besitzt; dieser beträgt

$$|QP^*| = d(2) = \sqrt{2{,}25} = 1{,}5,$$

also beträgt der Abstand von Q zum Wurzelschaubild K_f

$$d(Q, K_f) = |QP^*| = 1{,}5.$$

Auch hier ermutige ich dich, diese Aufgabe mit Hilfe einer Normalen zu lösen.

Lösungen zu Kapitel 9

L 9.1

a) Zur Skizze: K_k ist eine nach oben geöffnete Normalparabel, welche die y-Achse an der Stelle k schneidet. Selber zeichnen.
$P(2\,|\,2) \in K_k$: Punktprobe $f_k(2) = 2$ führt auf $2^2 + k = 2$, also $k = 2 - 4 = -2$.

b) Schnittpunkt von K_0 mit K_1: $f_0(x) = f_1(x)$ bedeutet $x^2 = x^2 + 1$, also $0 = 1$ ↯. Somit besitzen K_0 und K_1 keine gemeinsamen Punkte, d.h. es gibt erst recht keine Punkte, die allen Scharkurven K_k gemein wären.

L 9.2

a) Skizze der Geradenschar: Alle Geraden verlaufen durch $S(2\,|\,1)$ und es kommen alle beliebigen Steigungen $m_t \in \mathbb{R}$ vor: $m_t = t - 1$ ist der Vorfaktor von x, und wenn t ganz $\mathbb{R}$ durchläuft, dann auch m_t.

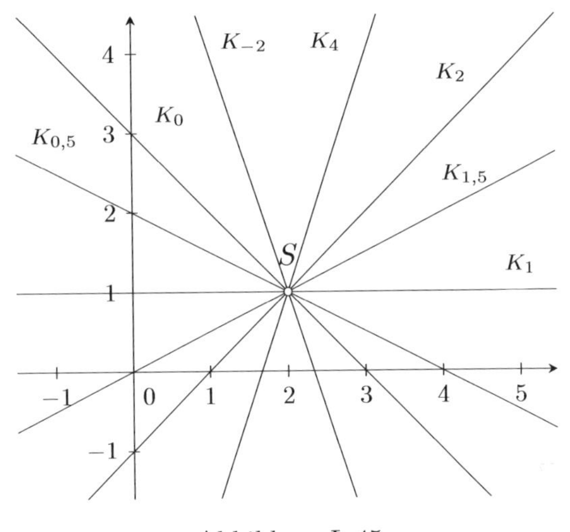

Abbildung L.45

Gemeinsame Punkte: Schnitt von K_0 mit K_1 durch Lösen von $g_0(x) = g_1(x)$.

$$-x + 3 = 0 \cdot x + 3 - 2 = 1 \quad \Longleftrightarrow \quad x = 2,$$

d.h. K_0 und K_1 schneiden sich in $S(2\,|\,1)$ (da $g_0(2) = 1$). Punktprobe für alle K_t: Gilt $g_t(2) = 1$ unabhängig von t?

$$g_t(2) = (t - 1) \cdot 2 + 3 - 2t = 2t - 2 + 3 - 2t = 1 \quad \checkmark$$

Somit gilt $S \in K_t$ für alle $t \in \mathbb{R}$, d.h. S ist gemeinsamer Punkt der Schar. Er ist auch der einzige gemeinsame Scharpunkt, da bereits K_0 und K_1 sich in nur einem Punkt schneiden (klar, da sie nichtparallele Geraden sind).

b) Für welches t gilt $P(2\,|\,2) \in K_t$, d.h. $g_t(2) = 2$? Laut a) ist

$$g_t(2) = 1 \neq 2 \quad \text{für alle } t \in \mathbb{R}.$$

Somit verläuft keine Schargerade durch P.
Geometrische Erklärung: Da stets $S(2\,|\,1) \in K_t$ gilt, müsste K_t parallel zur y-Achse verlaufen, um auch P zu treffen. Damit wäre die Steigung von K_t aber unendlich, was

nicht sein kann, da die Steigung $m_t = t - 1$ stets endlich ist: Auch wenn m_t beliebig groß werden kann für $t \to \infty$, verläuft die zugehörige Gerade doch nie ganz parallel zur y-Achse.

L 9.3 Ableitungen: $f_t'(x) = 2tx - 4t, \quad f_t''(x) = 2t.$

Notwendige Bedingung für EP: $f_t'(x) = 0$, d.h.

$$2tx - 4t = 0 \quad \Longleftrightarrow \quad x = \frac{4t}{2t} = 2 \quad \text{(Teilen durch } t \text{ erlaubt, da } t \neq 0\text{)}.$$

Hinreichende Bedingung für EP: $f_t''(x) = 2t > 0$ für beliebiges x, da $t > 0$ laut Aufgabenstellung. Somit handelt es sich bei $x = 2$ um eine Tiefstelle. Zugehörige y-Koordinate:

$$f_t(2) = t \cdot 2^2 - 4t \cdot 2 + 4t + 1 = 4t - 8t + 4t + 1 = 1.$$

Somit ist $S\,(2\,|\,1)$ Tiefpunkt einer jeden Scharkurve K_t, und da seine Koordinaten nicht von t abhängen, ist er gleichzeitig auch ein gemeinsamer Scharpunkt.

L 9.4

a) Gleichsetzen von $f_1(x)$ mit $f_2(x)$:

$$x^2 - 2x - 2 = 2x^2 - 4x - 5 \quad \Longleftrightarrow \quad x^2 - 2x - 3 = 0 \quad \overset{\text{(Vieta)}}{\Longleftrightarrow} \quad x_1 = -1,\ x_2 = 3.$$

Einsetzen von x_1 und x_2 in $f_a(x)$ für beliebiges $a \neq 0$:

$$f_a(-1) = a(-1)^2 + 2a + 1 - 3a = 1 \quad \text{unabhängig von } a,$$

$$f_a(3) = a \cdot 3^2 - 2a \cdot 3 + 1 - 3a = 1 \quad \text{unabhängig von } a.$$

Damit sind $S_1\,(-1\,|\,1)$ und $S_2\,(3\,|\,1)$ die beiden gemeinsamen Scharpunkte.

b) Wir setzen $g_0(x)$ mit $g_1(x)$ gleich:

$$-\frac{5}{4}x - \frac{2}{4} = -\frac{8}{2}x + \frac{10}{2} \quad \Longleftrightarrow \quad \frac{11}{4}x = \frac{11}{2} \quad \Longleftrightarrow \quad x = 2.$$

Einsetzen von $x = 2$ in $g_t(x)$ für beliebiges $t \neq 2$:

$$g_t(2) = -\frac{5+3t}{4-2t} \cdot 2 - \frac{2-12t}{4-2t} = \frac{-(10+6t)-(2-12t)}{4-2t} = \frac{-12+6t}{4-2t}.$$

Dieses Ergebnis scheint von t abzuhängen, aber wenn man genauer hinschaut, sieht man, dass man im Zähler noch eine -3 ausklammern kann:

$$g_t(2) = \frac{-12+6t}{4-2t} = \frac{-3(4-2t)}{4-2t} = -3.$$

Somit ist $S\,(2\,|\,-3)$ (einziger) gemeinsamer Scharpunkt.

L 9.5 Ableitungen: $f_k'(x) = -4kx + 4, \quad f_k''(x) = -4k.$

Notwendige Bedingung für EP: $f_k'(x) = 0$, d.h.

$$-4kx + 4 = 0 \quad \Longleftrightarrow \quad x = \frac{4}{4k} = \frac{1}{k} \quad \text{(Teilen durch } k \text{ erlaubt, da } k \neq 0\text{)}.$$

Hinreichende Bedingung für EP: $f_k''(\frac{1}{k}) = -4k \neq 0$, da $k \neq 0$. Somit ist $E_k\,(\frac{1}{k}\,|\,y_k)$ ein Extrempunkt von K_k mit der y-Koordinate

$$y_k = f_k\left(\frac{1}{k}\right) = -2k\left(\frac{1}{k}\right)^2 + 4 \cdot \frac{1}{k} = -\frac{2}{k} + \frac{4}{k} = \frac{-2+4}{k} = \frac{2}{k}.$$

Allerdings hängt das Vorzeichen von $f_k''(\frac{1}{k})$ und damit die Art des Extremums hier von k ab.

(1) $k > 0$: $\quad f_k''(x) = -4k < 0$, d.h. $H_k\left(\frac{1}{k} \mid \frac{2}{k}\right)$ ist ein Hochpunkt;

(2) $k < 0$: $\quad f_k''(x) = -4k > 0$, d.h. $T_k\left(\frac{1}{k} \mid \frac{2}{k}\right)$ ist ein Tiefpunkt.

Dieses Ergebnis ist auch ohne Rechnung klar: Der Vorfaktor $-2k$ vor dem x^2, wird für $k > 0$ negativ, d.h. die zugehörige Parabel ist nach unten geöffnet, weshalb der Scheitel in diesem Fall ein Hochpunkt ist. Für $k < 0$ genau umgekehrt.
Zur Ortskurve: Die Parameterdarstellung der Extrempunkte E_k der Schar lautet

$$E_k: \begin{cases} x(k) = \frac{1}{k} \\ y(k) = \frac{2}{k} \end{cases} \qquad k \in \mathbb{R}\setminus\{0\}.$$

(Laut Aufgabe ist nicht die Ortskurve der Hoch- oder Tiefpunkte gefragt, sondern die Ortskurve der Extrempunkte, weshalb wir H_k und T_k in einen Topf werfen und nur noch E_k schreiben.)
Eliminieren des Parameters k: Aus $x = \frac{1}{k}$ folgt $k = \frac{1}{x}$ und eingesetzt in $y(k)$ ergibt sich

$$y(x) = \frac{2}{\frac{1}{x}} = 2 \cdot \frac{x}{1} = 2x.$$

Die Ortskurve aller Extrempunkte ist also eine Ursprungsgerade mit Steigung 2, wie man auch schön in folgender Abbildung erkennt (gestrichelt: $k < 0$).

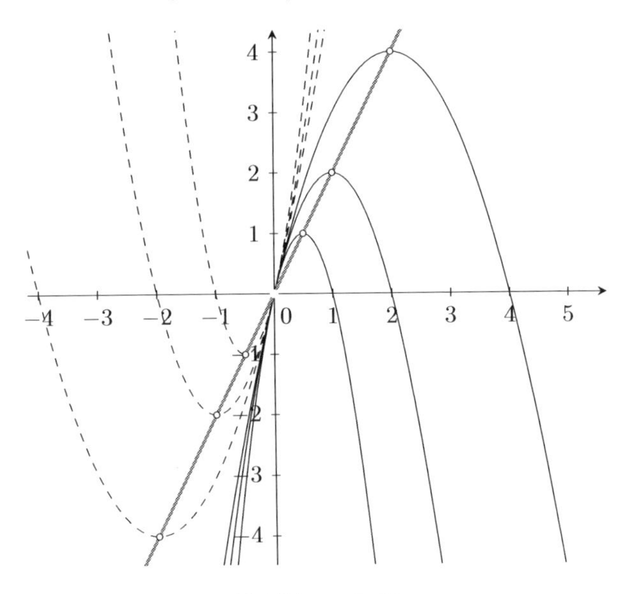

Abbildung L.46

Aber Achtung: Der Ursprung fehlt dabei. Es ist nämlich $x = \frac{1}{k}$ mit $k \in \mathbb{R}\setminus\{0\}$, also durchläuft x auch nur alle reellen Zahlen *ohne* die 0, denn $\frac{1}{k}$ wird niemals 0 (erreicht aber alle anderen Zahlen). Somit lautet die komplette Angabe der Ortskurvengleichung

$$y(x) = 2x; \quad x \in \mathbb{R}\setminus\{0\}.$$

L 9.6
Ableitungen: $\quad g_t'(x) = x^3 - 2t^2x, \quad g_t''(x) = 3x^2 - 2t^2.$

Notwendige Bedingung für EP: $g_t'(x) = 0$, d.h.

$$x^3 - 2t^2x = x(x^2 - 2t^2) = 0 \quad \overset{\text{NPS}}{\Longleftrightarrow} \quad x_1 = 0 \vee x^2 - 2t^2 = 0.$$

Die Lösungen der zweiten Gleichung sind $x_{2,3} = \pm\sqrt{2t^2} = \pm\sqrt{2}\,t$ (beachte $|t| = t$, da $t > 0$).
Hinreichende Bedingung für EP: $g_t''(0) = -2t^2 < 0$, d.h. $x_1 = 0$ ist Hochstelle.

$$g_t''(x_{2,3}) = 3\cdot(\pm\sqrt{2}\,t)^2 - 2t^2 = 3\cdot 2t^2 - 2t^2 = 4t^2 > 0,$$

d.h. bei x_2 und x_3 handelt es sich um Tiefstellen mit zugehörigen y-Werten

$$g_t(x_{2,3}) = \frac{(\pm\sqrt{2}\,t)^4}{4} - t^2\cdot(\pm\sqrt{2}\,t)^2 = \frac{4t^4}{4} - 2t^4 = -t^4.$$

Parameterdarstellung der Tiefpunkte T_t der Schar:

$$T_t\colon \begin{cases} x(t) = \pm\sqrt{2}\,t \\ y(t) = -t^4 \end{cases} \qquad t > 0.$$

(Wem das $\pm$ nicht geheuer ist, der schreibe beide Tiefpunkte getrennt auf: $T_{1,t}(\sqrt{2}\,t \mid -t^4)$ und $T_{2,t}(-\sqrt{2}\,t \mid -t^4)$.)
Die x-Gleichung nach t auflösen, $t = \pm\frac{x}{\sqrt{2}}$, und in $y(t)$ einsetzen:

$$y(x) = -\left(\pm\frac{x}{\sqrt{2}}\right)^4 = -\frac{x^4}{4}\,.$$

Definitionsbereich der Ortskurve: $x = \sqrt{2}\,t$ nimmt für $t > 0$ alle positiven reellen Werte an, $x = -\sqrt{2}\,t$ für $t > 0$ alle negativen, also durchläuft $x = \pm\sqrt{2}\,t$ für $t > 0$ alle reellen Zahlen, außer der Null. Somit lautet die komplette Ortskurvengleichung der Tiefpunkte

$$y(x) = -\frac{x^4}{4}; \quad x \in \mathbb{R}\setminus\{0\}.$$

Lässt man $t \in \mathbb{R}$ zu anstelle von $t > 0$, so ändert sich rein gar nichts, weil das Vorzeichen von t aufgrund des t^2 in der Funktionsgleichung $g_t(x)$ keine Rolle spielt.

Käpsele-Zusatz: Wir bestimmen zunächst alle Schnittpunkte einer Scharkurve K_t mit der Ortskurve C, indem wir $g_t(x) = y(x)$ lösen:

$$\frac{x^4}{4} - t^2x^2 = -\frac{x^4}{4} \iff \frac{x^4}{2} = t^2x^2 \iff x^2 = 2t^2 \iff x = \pm\sqrt{2}\,t.$$

(Beachte: Die vorletzte Umformung ist nur deshalb eine Äquivalenz, weil $x_0 = 0$ nicht im Definitionsbereich von C liegt und damit als Lösung ausscheidet. Somit ist Teilen durch x hier eine Äquivalenzumformung.)
Dieses Ergebnis $x = \pm\sqrt{2}\,t$ besagt, dass K_t und C sich *nur* in den Tiefpunkten von K_t schneiden (dass sie sich dort schneiden, ist klar nach Definition der Ortskurve, aber es hätte ja auch noch weitere Schnittpunkte geben können). Somit besitzt K_t in den Schnittpunkten mit C die Steigung 0, und bei senkrechtem Schnitt müsste die Tangente der Ortskurve dort also parallel zur y-Achse verlaufen (d.h. Steigung ∞ besitzen), was bei einer Parabel 4. Ordnung nicht möglich ist. Folglich gibt es keine Scharkurve K_t, welche C senkrecht schneidet.

L 9.7 Die Gleichung der Hüllkurve der Schar lautet

$$h(x) = x^2,$$

d.h. die Kurve, die den weißen Bereich begrenzt, ist die Normalparabel.
Als Tipp, wie man darauf kommt: Betrachte $f_t(x)$ für ein beliebiges, aber *festes* x und lasse t variieren. Wie verhält sich $f_t(x)$, wenn t immer größer wird?

L 9.8 Damit K_k in $P\,(\,x_0 \,|\, f_k(x_0)\,)$ eine waagerechte Tangente besitzt, muss die Steigung in P Null sein, d.h. $f_k'(x_0) = 0$ gelten. Wir müssen also schauen, für welche Parameterwerte $k \in \mathbb{R}\backslash\{0\}$ die Gleichung $f_k'(x) = 0$ Lösungen besitzt:

$$f_k'(x) = 3kx^2 + 2kx - 1 = 0. \quad (\star)$$

Dies ist eine quadratische Gleichung (da $k \neq 0$) und die Mitternachtsformel liefert als mögliche Lösungen

$$x_{1,2} = \frac{-2k \pm \sqrt{4k^2 + 12k}}{6k} = \frac{-2k \pm 2\sqrt{k^2 + 3k}}{6k} = \frac{-k \pm \sqrt{k^2 + 3k}}{3k}.$$

(Im zweiten Schritt wurde $4k^2 + 12k = 4 \cdot (k^2 + 3k)$ geschrieben und dann die 4 aus der Wurzel rausgezogen.) Die Diskriminante, also der Term unter der Wurzel, ist

$$D_k = k^2 + 3k = k \cdot (k + 3).$$

Damit die quadratische Gleichung $(\star)$ Lösungen besitzt, muss $D_k \geqslant 0$ gelten. Nun ist aber das Produkt $k \cdot (k + 3)$ genau dann $\geqslant 0$, wenn entweder beide Faktoren $\geqslant 0$ sind, oder beide Faktoren $\leqslant 0$ sind (da „Minus mal Minus gleich Plus"), also für

$$k \geqslant 0 \quad \text{und} \quad k + 3 \geqslant 0 \qquad \text{oder} \qquad k \leqslant 0 \quad \text{und} \quad k + 3 \leqslant 0.$$

Umgeformt:

$$k \geqslant 0 \quad \text{und} \quad k \geqslant -3 \qquad \text{oder} \qquad k \leqslant 0 \quad \text{und} \quad k \leqslant -3.$$

Die erste Bedingung, dass $k \geqslant 0$ und gleichzeitig $k \geqslant -3$ sein soll, ist für alle k mit $k \geqslant 0$ erfüllt, während die zweite Bedingung für alle k mit $k \leqslant -3$ erfüllt ist. Da $k = 0$ laut Aufgabe ausgeschlossen ist, erhalten wir als Ergebnis

$$k > 0 \qquad \text{oder} \qquad k \leqslant -3.$$

Für all diese Paramterwerte besitzt die Schaubilder K_k Punkte mit waagerechter Tangente (für $k = -3$ nur einen, da hier $D_k = 0$ ist, ansonsten gibt es zwei solche Punkte).

Hier noch eine Alternativ-Lösung, weil man das Lösen von Ungleichungen inzwischen ja nicht mehr konsequent beigebracht bekommt.
Fassen wir $D_k = k^2 + 3k$ als Funktion von k auf, so ist das Schaubild eine nach oben geöffnete Parabel mit den Nullstellen $k_1 = -3$ und $k_2 = 0$, wie ein Blick auf die Faktorisierung $k \cdot (k+3)$ zeigt (NPS!). Zwischen den Nullstellen verläuft die Parabel unterhalb der x-Achse (in diesem Fall: k-Achse), links bzw. rechts der Nullstellen oberhalb; wenn du das nicht verstehst, mal dir eine nach oben geöffnete Parabel mit den Nullstellen -3 und 0 auf. Siehst du's jetzt? Somit gelangen wir etwas schneller zum selben Ergebnis, nämlich dass für $k \leqslant -3$ oder $k \geqslant 0$ die Diskriminante $D_k \geqslant 0$ wird. Wie oben entfällt wieder $k = 0$ laut Aufgabenstellung.

L 9.9 a) Kurvendiskussion:

(1) *Symmetrie*: Jedes Schaubild K_t ist symmetrisch zur y-Achse, da $f_t(x)$ nur gerade Hochzahlen enthält. Ausführliche Begründung: Für jedes $x \in \mathbb{R}$ (und jedes $t > 0$) gilt

$$f_t(-x) = -\frac{(-x)^4}{2t} + (-x)^2 + \frac{3t}{2} = -\frac{x^4}{2t} + x^2 + \frac{3t}{2} = f_t(x).$$

(2) *Achsen-SP*: K_t schneidet die y-Achse bei $Y_t\,(0\,|\,\frac{3t}{2})$, da $f_t(0) = \frac{3t}{2}$ ist. (Aufgrund der Symmetrie zur y-Achse muss Y_t automatisch auch ein Extrempunkt von K_t sein; siehe unten.)
Um die Schnittpunkte mit der x-Achse zu finden, setzen wir $f_t(x) = 0$ und multiplizieren mit $2t$, um die Brüche zu beseitigen:

$$-\frac{x^4}{2t} + x^2 + \frac{3t}{2} = 0 \quad \Longleftrightarrow \quad -x^4 + 2tx^2 + 3t^2 = 0.$$

Dies ist eine biquadratische Gleichung, bei der wir $x^2 = u$ substituieren:

$$-u^2 + 2tu + 3t^2 = 0 \Longrightarrow u_{1,2} = \frac{-2t \pm \sqrt{4t^2 + 12t^2}}{-2} = \frac{-2t \pm 4t}{-2} = \begin{cases} -t \\ 3t. \end{cases}$$

Rücksubstitution: $x^2 = u_1 = -t < 0$ besitzt keine Lösung, während $x^2 = u_2 = 3t$ auf $x_{1,2} = \pm\sqrt{3t}$ führt. Somit sind die Schnittpunkte mit der x-Achse $N_{1,2}\,(\pm\sqrt{3t}\,|\,0)$.

(3) *Globalverlauf*: Durch Ausklammern der höchsten x-Potenz ergibt sich

$$f_t(x) = -\frac{x^4}{2t} + x^2 + \frac{3t}{2} = x^4\left(-\frac{1}{2t} + \frac{1}{x^2} + \frac{3t}{2x^4}\right).$$

Für $|x| \to \infty$ strebt der Klammerausdruck gegen $-\frac{1}{2t}$, weshalb K_t für betragsmäßig große x-Werte dasselbe Verhalten wie das Schaubild von $-\frac{1}{2t}\,x^4$ zeigt. Letzteres ist eine Parabel 4. Ordnung, die aufgrund von $-\frac{1}{2t} < 0$ (beachte $t > 0$ laut Aufgabenstellung!) nach unten geöffnet ist. Somit gilt

$$\lim_{|x|\to\infty} f_t(x) = -\infty,$$

d.h. K_t stürzt sowohl für $x \to \infty$ als auch für $x \to -\infty$ nach $-\infty$ ab. (Muss aufgrund seiner Symmetrie zur y-Achse natürlich auf beiden x-Seiten gleich sein.)

(4) *Ableitungen*: $\quad f_t'(x) = -\frac{2}{t}\,x^3 + 2x, \qquad f_t''(x) = -\frac{6}{t}\,x^2 + 2, \qquad f_t'''(x) = -\frac{12}{t}\,x\,.$

(5) *Punkte mit waagerechter Tangente*: $f_t'(x) = 0$ führt nach Ausklammern von $2x$ auf

$$2x \cdot \left(-\frac{x^2}{t} + 1\right) = 0 \quad \overset{\text{NPS}}{\Longleftrightarrow} \quad x_3 = 0 \;\vee\; -\frac{x^2}{t} + 1 = 0.$$

Lösen der zweiten Gleichung:

$$\frac{x^2}{t} = 1 \Longrightarrow x^2 = t \Longrightarrow x_{4,5} = \pm\sqrt{t}.$$

Überprüfen der hinreichenden Bedingung für Extrempunkte:

$$f_t''(x_3) = f_t''(0) = 2 > 0 \Longrightarrow \text{TP} \quad T_t\,\left(0\,\middle|\,\tfrac{3t}{2}\right).$$

$$f_t''(x_{4,5}) = -\frac{6}{t}\cdot\sqrt{t}^{\,2} + 2 = -\frac{6}{t}\cdot t + 2 = -4 < 0 \Longrightarrow \text{HP} \quad H_t\,\left(\pm\sqrt{t}\,\middle|\,2t\right).$$

(Nebenrechnung zur y-Koordinate von H_t:

$$f_t(\sqrt{t}) = -\frac{\sqrt{t}^{\,4}}{2t} + \sqrt{t}^{\,2} + \frac{3t}{2} = -\frac{t^2}{2t} + t + \frac{3t}{2} = \frac{4t}{2} = 2t.)$$

Somit besitzt K_t einen Tiefpunkt auf der y-Achse und zwei Hochpunkte $H_{t,1}\,(-\sqrt{t}\,|\,2t)$ und $H_{t,2}\,\left(\sqrt{t}\,|\,2t\right)$ (dass diese symmetrisch zur y-Achse liegen, folgt bereits aus (1)).

(6) *Wendepunkte*: Die notwendige Bedingung $f_t''(x) = 0$ ist erfüllt für $-\frac{6}{t}\,x^2 + 2 = 0$, d.h. für $x^2 = 2 \cdot \frac{t}{6} = \frac{t}{3}$ bzw. $x_{6,7} = \pm\sqrt{\frac{t}{3}}$. Die hinreichende Bedingung für WP ist erfüllt, da $f_t'''(\pm\sqrt{t/3}) = \mp\frac{12}{t} \cdot \sqrt{t/3} \neq 0$ gilt. Somit sind $x_{6,7}$ die beiden Wendestellen von K_t mit zugehörigem y-Wert (aufgrund der Achsensymmetrie von K_t genügt es, nur x_6 einzusetzen)

$$f_t\left(\sqrt{\tfrac{t}{3}}\right) = -\frac{\frac{t^2}{9}}{2t} + \frac{t}{3} + \frac{3t}{2} = -\frac{t}{18} + \frac{t}{3} + \frac{3t}{2} = \frac{16}{9}\,t\,.$$

Die Wendepunkte von K_t liegen also bei $W_t\,(\,\pm\sqrt{t/3}\,|\,\frac{16}{9}\,t\,)$.

(7) *Schaubild(er)*: Dünn schwarz siehst du die Scharkurven K_t für $t \in \{\,\frac{1}{2}, 1, \frac{3}{2}\,\}$.

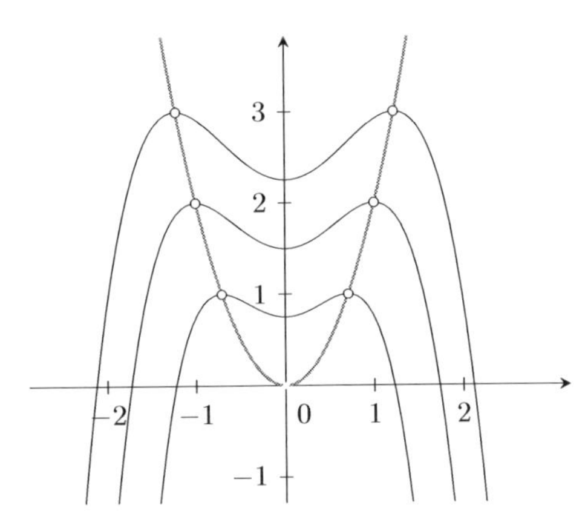

Abbildung L.47

b) $P\,(\,1\,|\,2\,) \in K_t$ bedeutet $f_t(1) = 2$, also

$$-\frac{1^4}{2t} + 1^2 + \frac{3t}{2} = 2 \quad\Longleftrightarrow\quad -\frac{1}{2t} - 1 + \frac{3t}{2} = 0,$$

was nach Multiplikation mit t $(\neq 0)$ übergeht in

$$\frac{3}{2}\,t^2 - t - \frac{1}{2} = 0 \quad\Longleftrightarrow\quad t_{1,2} = \frac{1 \pm \sqrt{1 - 4 \cdot \frac{3}{2} \cdot (-\frac{1}{2})}}{2 \cdot \frac{3}{2}} = \frac{1 \pm \sqrt{4}}{3} = \begin{cases} 1 \\ -\frac{1}{3}. \end{cases}$$

Die zweite Lösung entfällt, da $t > 0$ vorausgesetzt ist, d.h. K_1 ist die einzige Scharkurve, auf der P liegt.

c) Wir untersuchen zunächst K_1 und K_2 auf gemeinsame Punkte: $f_1(x) = f_2(x)$ bedeutet

$$-\frac{x^4}{2} + x^2 + \frac{3}{2} = -\frac{x^4}{4} + x^2 + 3,$$

was nach kurzer Umformung auf

$$x^4 = -6$$

führt. Diese Gleichung besitzt keine Lösung, da in $\mathbb{R}$ stets $x^4 \geqslant 0$ gilt. Somit besitzen K_1 und K_2 keine gemeinsamen Punkte, also gibt es erst recht keine Punkte, die allen Scharkurven gemein wären.

d) Zur Ortskurve der Hochpunkte aller K_t. Die Parameterdarstellung lautet

$$H_t\colon \begin{cases} x(t) = \pm\sqrt{t} \\ y(t) = 2t \end{cases} \qquad t > 0.$$

(Auf das $\pm$ könnten wir auch verzichten: Da die zwei Hochpunkte $H_{t,\,1/2}$ eines jeden K_t symmetrisch zur y-Achse liegen, wird auch die Ortskurve symmetrisch zur y-Achse verlaufen, weshalb es genügen würde, nur deren rechten Ast zu bestimmen.)
Die erste Gleichung wird nach t aufgelöst:

$$\sqrt{t} = \pm x \quad \Longleftrightarrow \quad t = (\pm x)^2 = x^2,$$

und in die zweite eingesetzt: $y(x) = 2x^2$.
Definitionsbereich: Da $x = \pm\sqrt{t}$ mit $t > 0$ gilt, durchläuft x alle reellen Zahlen außer der Null. Die vollständige Angabe der Gleichung der Ortskurve aller Hochpunkte lautet also

$$y(x) = 2x^2; \quad x \in \mathbb{R}\setminus\{0\}.$$

Bei der Ortskurve (fett grau) in der Abbildung L.47 wurde deshalb der Ursprung ausgespart.

e) Für $t < 0$ ändert sich eine ganze Menge. Die neuen Kurven nennen wir C_t.

(2)′ Bei der Nullstellenberechnung läuft bis zur Rücksubstitution alles gleich. Aber diesmal besitzt $x^2 = u_1 = -t > 0$ Lösungen, nämlich $\pm\sqrt{-t}$ (beachte: $-t > 0$, da $t < 0$ ist), während $x^2 = u_2 = 3t < 0$ keine Lösungen hat. Somit sind die neuen Schnittpunkte mit der x-Achse $N_{1,2}\,(\pm\sqrt{-t}\,|\,0\,)$.

(3)′ Die Näherungskurve der C_t, die durch $-\frac{1}{2t}\,x^4$ beschrieben wird, ist nun eine nach *oben* geöffnete Parabel 4. Ordnung, da für $t < 0$ jetzt $-\frac{1}{2t} > 0$ ist. Somit gilt

$$\lim_{|x|\to\infty} f_t(x) = +\infty.$$

(5)′ Weiterhin ist $T_t\,\left(0\,\middle|\,\frac{3t}{2}\right) = Y_t$ Tiefpunkt von C_t. Für $t < 0$ ist allerdings $\sqrt{t}$ nicht definiert, weshalb C_t keine Hochpunkte mehr besitzt.

(6)′ Da $\sqrt{\frac{t}{3}}$ für $t < 0$ nicht definiert ist, besitzt C_t keine Wendepunkte.

(7)′ Die Schaubilder C_t, in Abbildung L.48 für $t \in \{\,-\frac{3}{2},\,-1,\,-\frac{1}{2}\,\}$ dargestellt, sind gänzlich unspannende Parabeln 4. Ordnung.

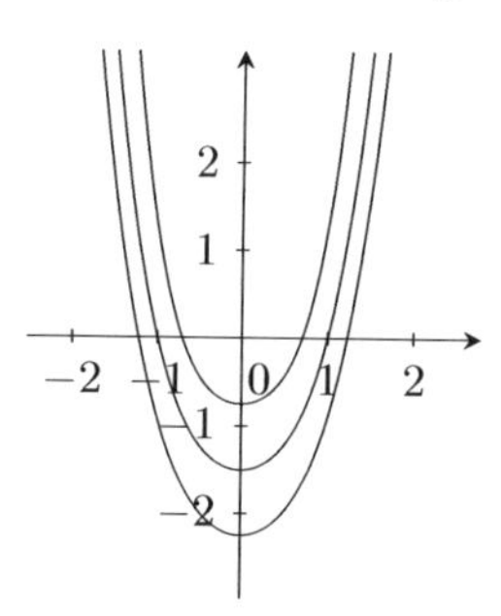

Abbildung L.48

Lösungen zu den Übungen im Anhang

L **A.1** Simples Einsetzen und Ausrechnen ergibt:

$$g(0) = 0^3 - 3 \cdot 0^2 + 3 \cdot 0 + 1 = 1 = f(0),$$

$$g(1) = 1^3 - 3 \cdot 1^2 + 3 \cdot 1 + 1 = 2 = f(1),$$

$$g(2) = 2^3 - 3 \cdot 2^2 + 3 \cdot 2 + 1 = 3 = f(2).$$

L **A.2**

a) $f(2) = 2 \cdot 2^2 - 3 \cdot 2 + 1 = 2 \cdot 4 - 6 + 1 = 3$

b) $f(-1) = 2 \cdot (-1)^2 - 3 \cdot (-1) + 1 = 2 + 3 + 1 = 6$

c) $f(\heartsuit) = 2\heartsuit^2 - 3\heartsuit + 1$

d) $f(-x) = 2 \cdot (-x)^2 - 3 \cdot (-x) + 1 = 2x^2 + 3x + 1$

e) Diese Art von Rechnung brauchen wir ständig beim Differenzenquotienten.

$$\begin{aligned} f(1+h) - f(1) &= 2 \cdot (1+h)^2 - 3 \cdot (1+h) + 1 - (2 \cdot 1^2 - 3 \cdot 1 + 1) \quad | \text{ 1. Binom} \\ &= 2 \cdot (1 + 2h + h^2) - 3 - 3h + 1 - 0 \\ &= 2 + 4h + 2h^2 - 3 - 3h + 1 \\ &= 2 - 3 + 1 + 4h - 3h + 2h^2 \\ &= h + 2h^2 \end{aligned}$$

L **A.3**

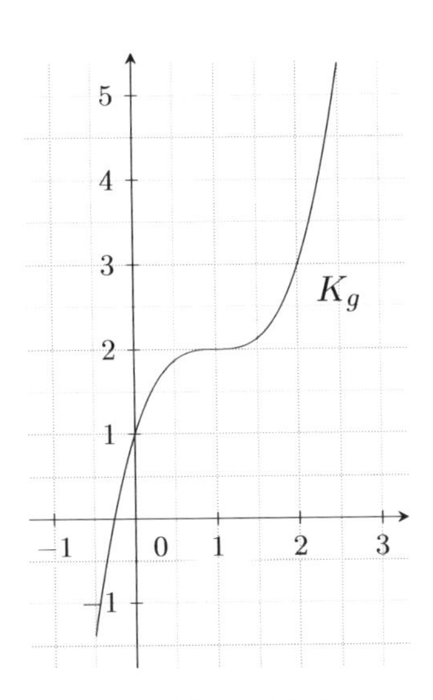

Abbildung LA.1

L **A.4** Bestimmen der maximalen Definitionsbereiche der folgenden Funktionen. (Wir schreiben nur D_f anstelle von $D_{f,\,\max}$.)

a) Es sind alle x erlaubt, bei denen der Nenner nicht Null wird, also ist $D_a = \mathbb{R}\setminus\{2\}$.

b) Auch hier darf der Nenner nicht Null werden, d.h. wir schließen die x aus mit

$$x^2 - 4 = 0 \iff x^2 = 4 \iff |x| = 2.$$

Somit ist $D_b = \mathbb{R}\setminus\{\pm 2\}$.

c) Da für alle $x \in \mathbb{R}$ stets $x^2 + 1 \geqslant 1 > 0$ gilt, ist hier $D_c = \mathbb{R}$.

d) Da der Radikand nicht negativ werden darf, muss gelten

$$x - 4 \geqslant 0 \iff x \geqslant 4.$$

Somit gilt $D_d = \{\, x \in \mathbb{R} \mid x \geqslant 4 \,\} = [\,4\,;\infty\,)$.

L **A.5** Steigungsdreieck von K_g: 4 nach rechts, 3 nach unten. Oder: $g(4) = -1$.

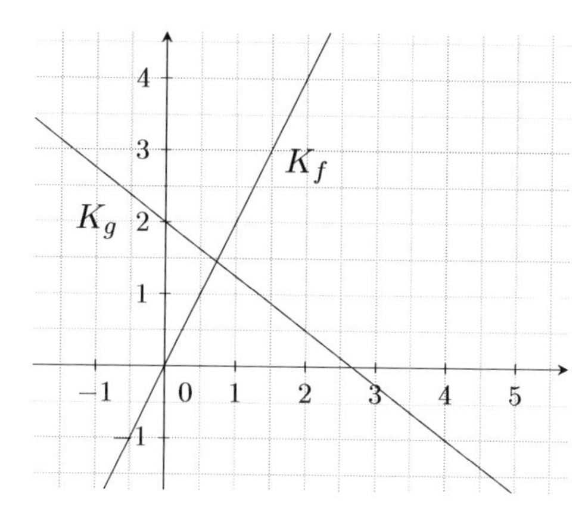

Abbildung LA.2

L **A.6** Bestimmen der Gleichung der Geraden K_f, die durch $P\,(-2\,|\,-4\,)$ und $Q\,(\,1\,|\,2\,)$ verläuft. Ihre Steigung beträgt

$$m = \frac{\Delta y}{\Delta x} = \frac{y_Q - y_P}{x_Q - x_P} = \frac{2-(-4)}{1-(-2)} = \frac{6}{3} = 2.$$

Den y-Achsenabschnitt c kannn man nicht direkt erkennen; wir wissen bisher nur, dass

$$f(x) = 2x + c$$

ist. Um c zu bestimmen, führen wir eine Punktprobe durch: Q liegt auf der Geraden K_f, d.h.

$$Q\,(\,1\,|\,2\,) \in K_f \iff f(1) = 2 \iff 2 \cdot 1 + c = 2 \iff c = 0.$$

Damit ist die lineare Funktion f, die zu K_f gehört, gegeben durch

$$f\colon \mathbb{R} \to \mathbb{R}, \quad f(x) = 2x,$$

und bei K_f handelt es sich um eine Ursprungsgerade.
(Zur Kontrolle kann man noch die Punktprobe mit $P\,(\,-2\,|\,-4\,)$ durchführen:

$$f(-2) = 2 \cdot (-2) = -4 \quad \checkmark.)$$

L A.7 Der Scheitel von K_f liegt bei $S(2\,|\,1)$. Getroffen werden alle y-Werte mit $y \leqslant 1$, also ist der Wertebereich

$$W_f = \{\, y \in \mathbb{R} \mid y \leqslant 1 \,\} = (\,-\infty\,;1\,].$$

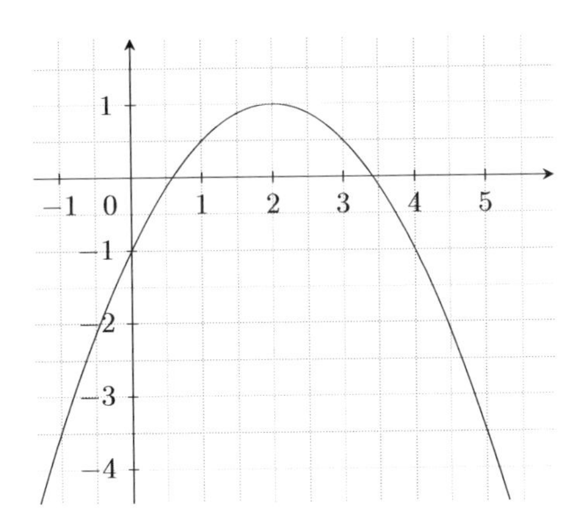

Abbildung LA.3

L A.8 K_f entsteht durch Verschieben der Normalparabel K_q um 1 nach oben (positive y-Richtung); K_g durch Verschieben von K_q um 2 nach unten (negative y-Richtung).

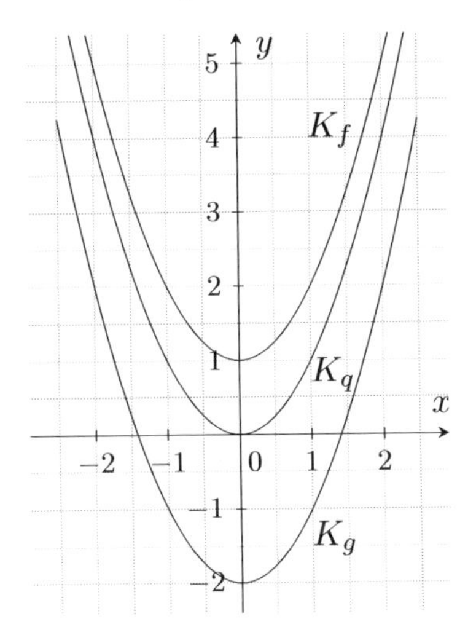

Abbildung LA.4

L A.9 Siehe Abbildung LA.5 links. K_f entsteht durch Verschieben der Normalparabel K_q um 1 nach rechts (positive x-Richtung); K_g durch Verschieben von K_q um 2 nach links (negative x-Richtung).

L A.10 Siehe Abbildung LA.5 rechts. K_f entsteht, indem man die Normalparabel K_q mit dem Faktor 2 in y-Richtung streckt; bei K_g liegt eine Streckung mit dem Faktor $\frac{1}{2}$ (bzw. Stauchung mit dem Faktor 2) in y-Richtung vor. Bei K_h kommt zusätzlich zu K_g noch eine Spiegelung an der x-Achse dazu.

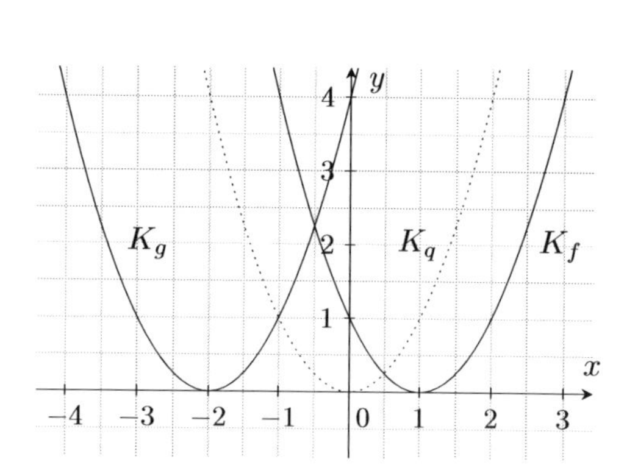

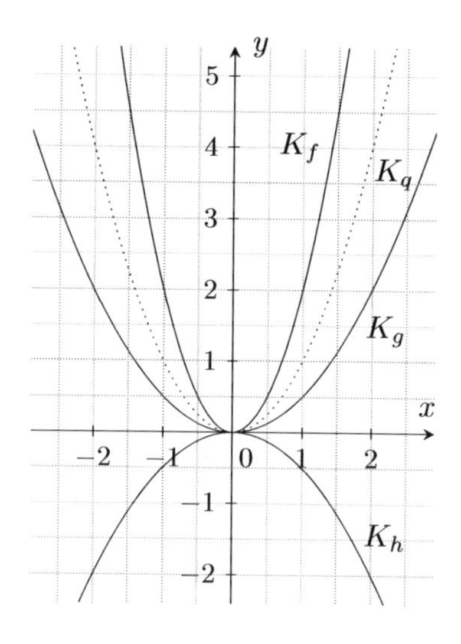

Abbildung LA.5

L A.11 Das Schaubild K_f aus Abbildung LA.3 von

$$f(x) = -\frac{1}{2} \cdot (x-2)^2 + 1$$

entsteht aus der Normalparabel $y = x^2$ durch

1. Streckung mit dem Faktor $\frac{1}{2}$ (bzw. Stauchung mit dem Faktor 2) in y-Richtung
2. Spiegelung an der x-Achse (aufgrund des $-$ vor dem $\frac{1}{2}$)
3. Verschiebung um 2 nach rechts
4. Verschiebung um 1 nach oben.

Wanderung des Scheitels:

1. $S_0\,(0\,|\,0) \to S_1\,(0\,|\,0)$
2. $S_1\,(0\,|\,0) \to S_2\,(0\,|\,0)$
3. $S_2\,(0\,|\,0) \to S_3\,(2\,|\,0)$
4. $S_3\,(2\,|\,0) \to S\,(2\,|\,1)$

Bei der Reihenfolge der Transformationen 1. – 4. ist wichtig, dass 4. zum Schluss passiert. Führt man zuerst 4. aus und spiegelt oder streckt dann, so erhält man nicht mehr K_f (mache dir dies an einer Skizze klar!). Die Reihenfolge von 1. – 3. ist jedoch egal.

L A.12 Siehe Abbildung LA.6.

a) Die Normalparabel dritter Ordnung ist punktsymmetrisch zum Ursprung $O\,(0\,|\,0)$, denn es gilt

$$f(-x) = (-x)^3 = (-1 \cdot x)^3 = (-1)^3 \cdot x^3 = -x^3 = -f(x) \quad \text{für alle } x \in \mathbb{R}.$$

(Ausführliche Erklärung zur Symmetrie im Kapitel über Kurvendiskussion.)

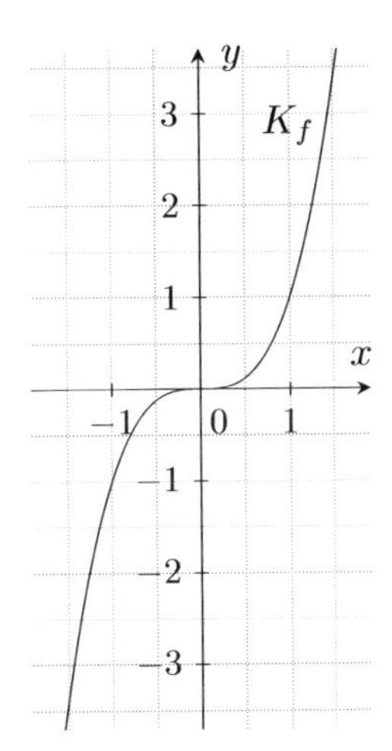

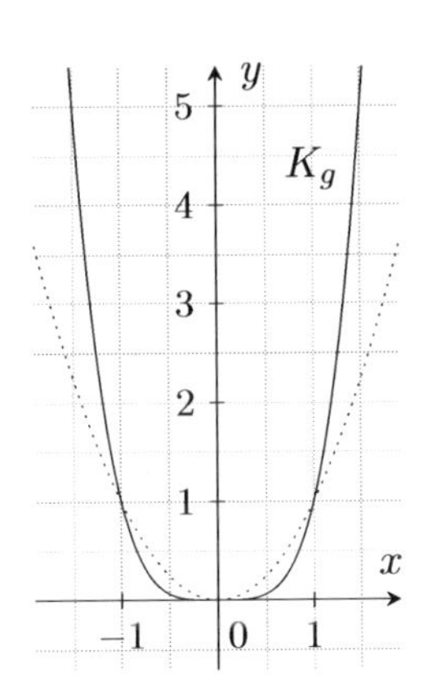

Abbildung LA.6

Die Normalparabel vierter Ordnung ist achsensymmetrisch zur y-Achse, denn es gilt

$$g(-x) = (-x)^4 = (-1 \cdot x)^4 = (-1)^4 \cdot x^4 = x^4 = g(x) \quad \text{für alle } x \in \mathbb{R}.$$

b) Für $|x| < 1$ ist K_g im Vergleich zur Normalparabel (zweiter Ordnung; gepunktet) in y-Richtung gestaucht. Dies liegt daran, dass

$$x^4 < x^2 \quad \text{für } |x| < 1 \ (x \neq 0)$$

gilt; z.B. ist $0{,}5^4 = \frac{1}{16} < \frac{1}{4} = 0{,}5^2$.
Für $|x| > 1$ ist K_g im Vergleich zur Normalparabel in y-Richtung gestreckt, weil

$$x^4 > x^2 \quad \text{für } |x| > 1$$

gilt; z.B. ist $2^4 = 16 > 4 = 2^2$.

L A.13

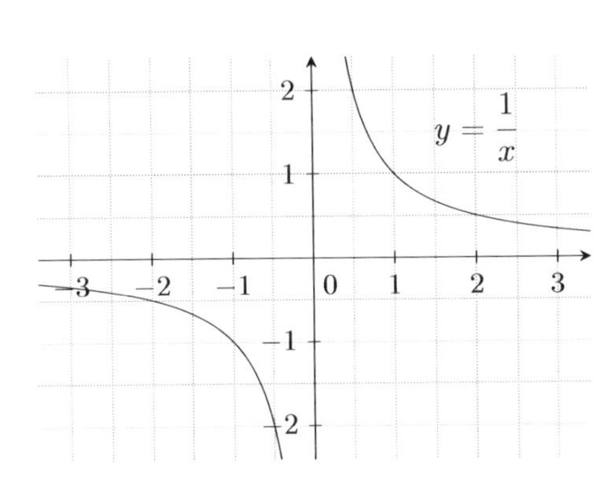

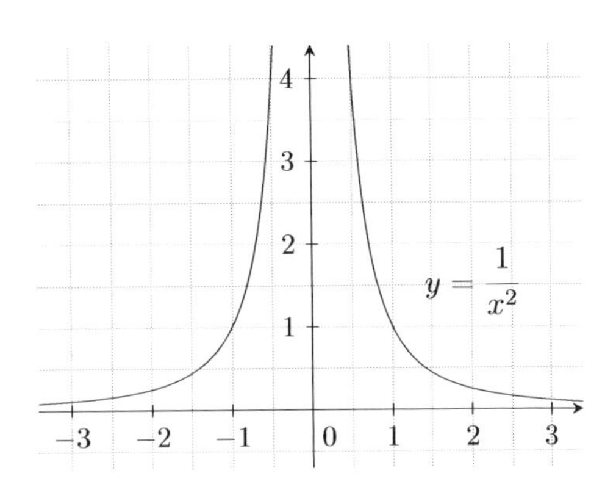

Abbildung LA.7

L A.14 Die normale Hyperbel $y = \frac{1}{x}$ wird um 2 nach rechts und um 1 nach oben verschoben. Die senkrechte Asymptote von K_f, die vormals die y-Achse war, wird zu $x = 2$, und die waagerechte Asymptote von K_f, zuvor die x-Achse, wandert auf $y = 1$ hoch.

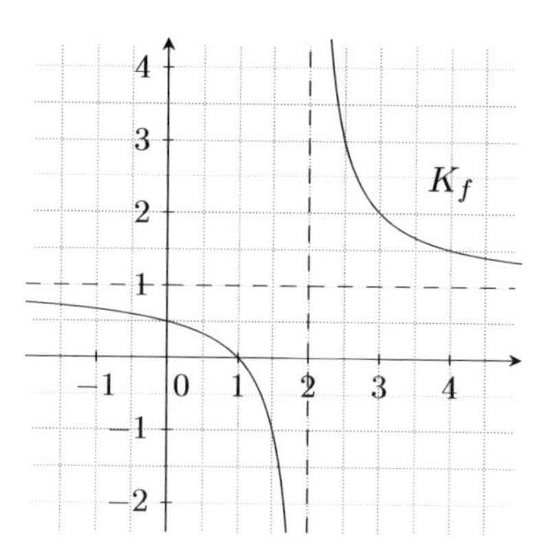

Abbildung LA.8

L A.15

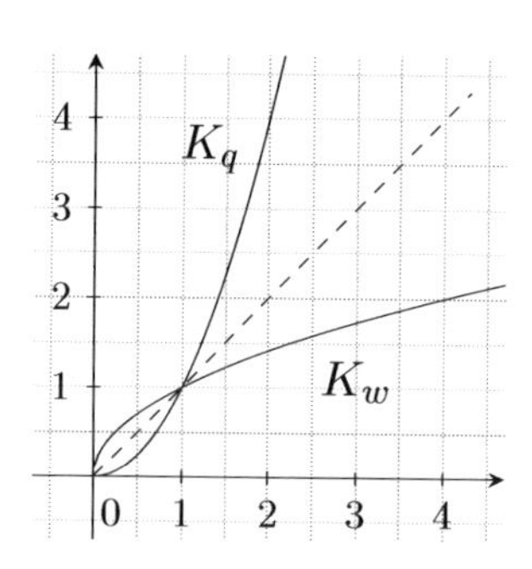

Abbildung LA.9

L A.16 K_f entsteht aus dem Schaubild der gewöhnlichen Wurzelfunktion durch Verschieben um 1 nach links und Strecken in y-Richtung mit Faktor 2.

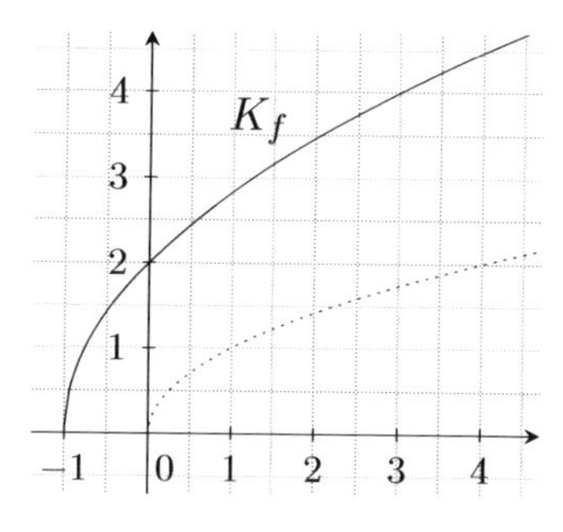

Abbildung LA.10

L A.17

a) Um K_f aus dem Schaubild $y = x^3$ zu erhalten, wird dieses um 2 nach links und um 1 nach oben verschoben.

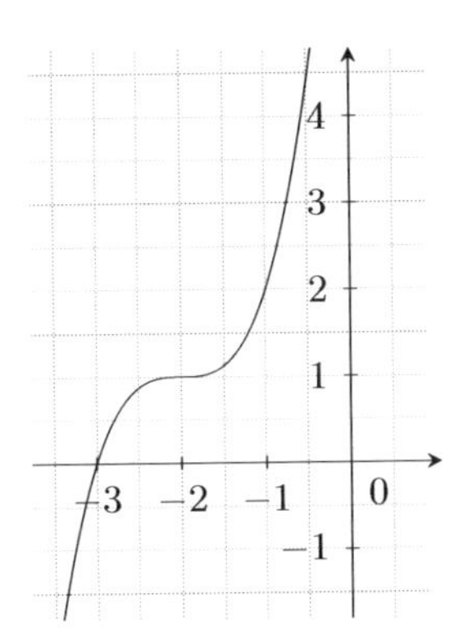

Abbildung LA.11

b) Der Wertebereich von f ist $W_f = \mathbb{R}$, da alle reellen y-Werte von f getroffen werden. (K_f wächst in Richtung $+\infty$ unbeschränkt und fällt Richtung $-\infty$ unbeschränkt.)

c) Nullstellen von K_f, d.h. Stellen mit $f(x) = 0$:

$$f(x) = (x+2)^3 + 1 = 0 \iff (x+2)^3 = -1 \overset{(\star)}{\iff} x+2 = -1 \iff x = -3.$$

In $(\star)$ wurde verwendet, dass $\heartsuit^3 = -1$ als einzige Lösung $\heartsuit = -1$ besitzt (mit dem TR kann man auch $\sqrt[3]{-1} = -1$ tippen, obwohl Wurzeln mit negativen Radikanden nicht erlaubt sind). Somit ist $N(-3\,|\,0)$ die einzige Nullstelle von K_f.

Schnittpunkt mit der y-Achse ist simpel: $Y(0\,|\,9)$, da $f(0) = 2^3 + 1 = 9$ ist.

d) $P(1\,|\,\heartsuit) \in K_f$ bedeutet $f(1) = \heartsuit$, also ist

$$\heartsuit = f(1) = 3^3 + 1 = 28.$$

$Q(\square\,|\,65) \in K_f$ bedeutet $f(\square) = 65$, d.h.

$$(\square+2)^3 + 1 = 65 \iff (\square+2)^3 = 64 \iff \square+2 = \sqrt[3]{64} = 4 \iff \square = 2.$$

L A.18

a) K_f entsteht aus dem Schaubild $y = \frac{1}{x^2}$, indem man dieses um 2 nach rechts verschiebt, mit Faktor 2 in y-Richtung streckt und anschließend noch um 2 nach unten verschiebt. Die waagerechte Asymptote wandert dabei von $y = 0$ (x-Achse) auf $y = -2$ und die senkrechte Asymptote (Pol) von $x = 0$ (y-Achse) auf $x = 2$. Siehe Abbildung LA.12.

b) f ist für alle x definiert, bei denen der Nenner nicht Null wird, also ist

$$D_f = \mathbb{R}\setminus\{2\}.$$

Wertebereich von f: Alle y-Werte oberhalb von -2 werden getroffen, da K_f in der Nähe des Pols unbeschränkt anwächst; -2 selbst wird nie erreicht, denn K_f kommt der Asymptote $y = -2$ zwar beliebig nahe, schneidet (oder berührt) sie aber nie. Somit gilt

$$W_f = \{\, y \in \mathbb{R} \mid y > -2 \,\} = (\,-2\,;\infty\,).$$

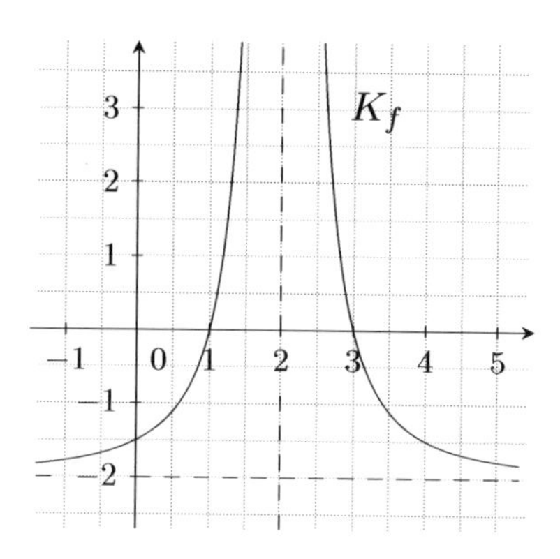

Abbildung LA.12

c) Nullstellen von K_f:

$$f(x) = \frac{2}{(x-2)^2} - 2 = 0 \iff \frac{2}{(x-2)^2} = 2 \iff (x-2)^2 = 1.$$

Nun zieht man die Wurzel unter Beachtung von $\sqrt{\heartsuit^2} = |\heartsuit|$:

$$|x-2| = 1 \iff x-2 = 1 \lor x-2 = -1,$$

also sind $x_1 = 3$ und $x_2 = 1$ die beiden Nullstellen von K_f.

Schnittpunkt mit der y-Achse: $Y\,(0\,|\,-1{,}5\,)$, da $f(0) = \frac{2}{(0-2)^2} - 2 = \frac{2}{4} - 2 = -\frac{3}{2}$.

d) $\heartsuit = f(4) = -1{,}5$. Bereits in b) haben wir gesagt, dass -2 kein Funktionswert von f ist; hier kommt nun die rechnerische Bestätigung:

$$f(\square) = \frac{2}{(\square-2)^2} - 2 = -2 \iff \frac{2}{(\square-2)^2} = 0 \quad ↯,$$

denn ein Bruch mit Zähler 2 kann niemals Null werden, egal was im Nenner steht. Somit gibt es keine Zahl $\square \in \mathbb{R}$ mit $f(\square) = -2$; kein Punkt der Gestalt $(\,\square\,|\,-2\,)$ liegt also auf K_f.

e) Schnittpunkte von K_f mit der Geraden $y = 2$:

$$f(x) = \frac{2}{(x-2)^2} - 2 = 2 \iff \frac{2}{(x-2)^2} = 4 \iff (x-2)^2 = \frac{1}{2} \quad |\sqrt{\;}$$

$$\iff |x-2| = \sqrt{\frac{1}{2}} \iff x-2 = \sqrt{\frac{1}{2}} \lor x-2 = -\sqrt{\frac{1}{2}}.$$

Die Schnittstellen sind also $x_1 = 2+\sqrt{\frac{1}{2}} \approx 2{,}71$ und $x_2 = 2-\sqrt{\frac{1}{2}} \approx 1{,}29$, die gesuchten Schnittpunkten lauten näherungsweise $S_1\,(\,2{,}71\,|\,2\,)$ und $S_2\,(\,1{,}29\,|\,2\,)$. (Überzeuge dich am Schaubild von der Richtigkeit.)

L **A.19** Punktprobe mit $(\,2\,|\,-1\,)$:

$$f(2) = -1 \iff a \cdot \sqrt{4} - 2 = -1 \iff 2a = 1 \iff a = \frac{1}{2}.$$

L A.20

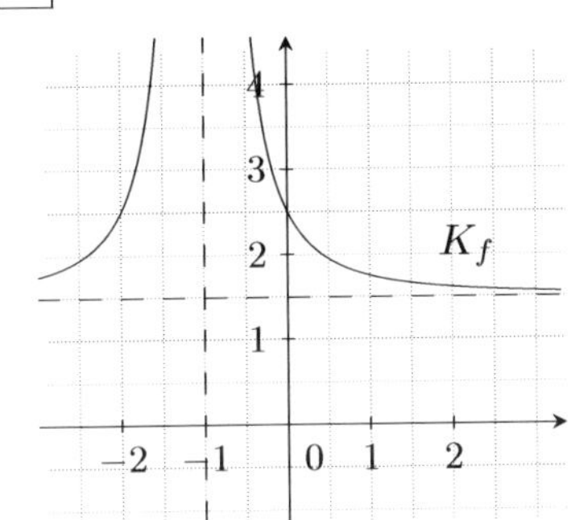

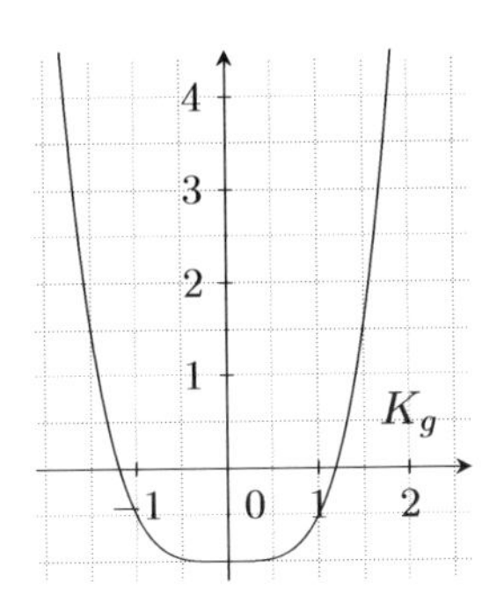

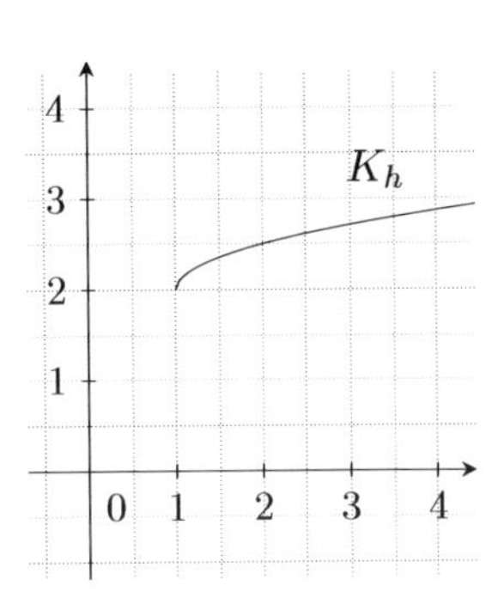

$f(x) = \dfrac{1}{(x+1)^2} + 1{,}5$

$D_f = \{\, x \in \mathbb{R} \mid x \neq -1 \,\} = \mathbb{R}\setminus\{-1\}$

$W_f = \{\, y \in \mathbb{R} \mid y > 1{,}5 \,\} = (\,1{,}5\,;\infty\,)$

$g(x) = \frac{1}{2}x^4 - 1$

$D_g = \mathbb{R}$

$W_g = \{\, y \in \mathbb{R} \mid y \geqslant -1 \,\} = [\,-1\,;\infty\,)$

$h(x) = \frac{1}{2}\sqrt{x-1} + 2$

$D_h = \{\, x \in \mathbb{R} \mid x \geqslant 1 \,\} = [\,1\,;\infty\,)$

$W_h = \{\, y \in \mathbb{R} \mid y \geqslant 2 \,\} = [\,2\,;\infty\,)$

Zu $g(x)$: Wäre $g(x) = x^4 - 1$, so müsste $g(1) = 0$ gelten, was für das dargestellte Schaubild nicht stimmt. Also setzt man $g(x) = ax^4 - 1$ an und führt eine Punktprobe mit $P\,(\,1\,|\,-\frac{1}{2}\,)$ durch (wie in der letzten Aufgabe). Ebenso bei $h(x)$ und $j(x)$.

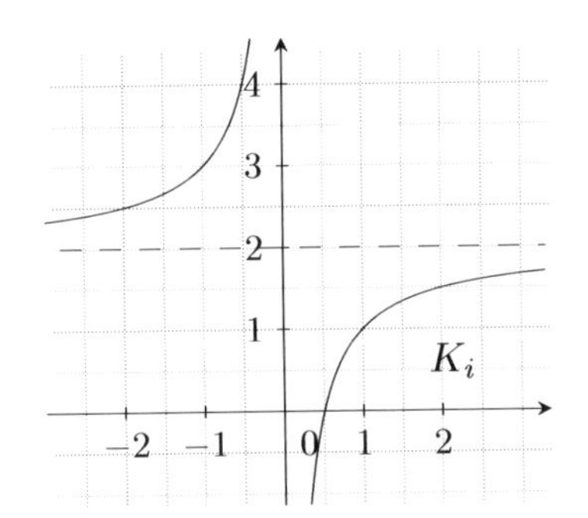

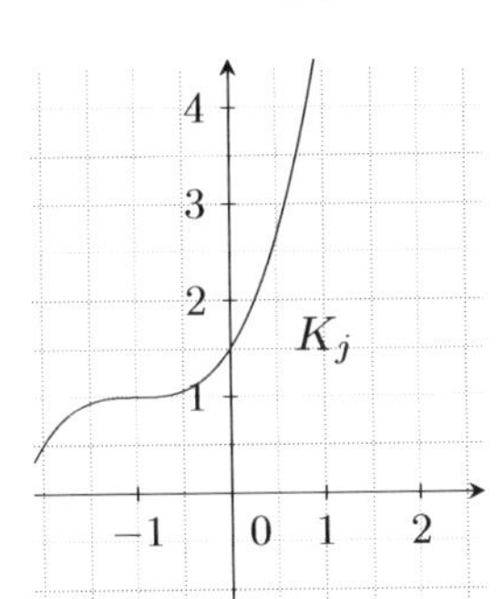

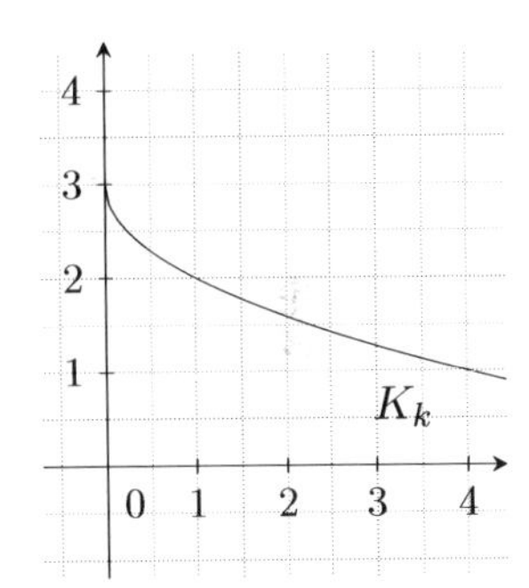

$i(x) = -\dfrac{1}{x} + 2$

$D_i = \{\, x \in \mathbb{R} \mid x \neq 0 \,\} = \mathbb{R}\setminus\{0\}$

$W_i = \{\, y \in \mathbb{R} \mid y \neq 2 \,\} = \mathbb{R}\setminus\{2\}$

$j(x) = \frac{1}{2}(x+1)^3 + 1$

$D_j = \mathbb{R}$

$W_j = \mathbb{R}$

$k(x) = -\sqrt{x} + 3$

$D_k = \{\, x \in \mathbb{R} \mid x \geqslant 0 \,\} = [\,0\,;\infty\,)$

$W_k = \{\, y \in \mathbb{R} \mid y \leqslant 3 \,\} = (\,-\infty\,;3\,]$

Stichwortverzeichnis

Ableitung, 1, 24
Ableitungsfunktion, 31
Ableitungsregeln
  Faktorregel, 4
  Potenzregel, 3
  Summenregel, 4

Beschleunigung, 100
Betragsfunktion, 30

Definitionsbereich, 125
  maximaler, 129
Differenzenquotient, 20
Differenzialquotient, 24
Differenzialrechnung, 25
differenzierbar, 30

Extremum
  globales, 58
  lokales, 58

Faktorregel, 4
Flachpunkt, 67
Funktionenschar, 113
Funktionsvorschrift, 125
Funktionswert, 125

ganzrationale Funktion, 71
Geradenschar, 113
Geschwindigkeit, 99
Grad eines Polynoms, 71
Grenzwert, 25

hinreichende Bedingung, 57
Hochpunkt, 58
  globaler, 58
  lokaler, 58

Intervall,
  abgeschlossenes, 144
  halboffenes, 144
  offenes, 144

kubische Parabel, 95

Limes, 25
Linearfaktorzerlegung, 77
Linkskurve, 68

Maximum, 58
Minimum, 58
Mittelwertsatz, 52
Mitternachtsformel (MNF), 145
momentane Änderungsrate, 102
Monotonie, 47
Monotoniesatz, 48
  für Polynome, 51

Normale, 15
notwendige Bedingung, 57
Nullproduktsatz (NPS), 145
Nullstelle (mehrfache), 91

Ortskurve, 117

Parameter, 113
Polynom, 71
  gerades, 83
  ungerades, 85
Potenzfunktion, 138
Potenzregel, 3

Rechtskurve, 68
Reduktionssatz, 79

Sattelpunkt, 43
Scharkurve, 113
Sekante, 19
Steigung eines Schaubilds, 9
streng monoton
  fallend, 47
  steigend, 47
Summenregel, 4

Tangente, 9, 21
  von außen an ein Schaubild, 16
  waagerechte, 9, 38
Tangentengleichung, 10
  allgemeine, 11
Tiefpunkt, 38, 57
  lokaler, 42

Umgebung, 57

Vieta, Satz von, 145
Vorzeichenwechsel, 39

Wendepunkt, 43, 69
Wendetangente, 66
Wertebereich, 125

Printed in Poland
by Amazon Fulfillment
Poland Sp. z o.o., Wrocław